《中国古脊椎动物志》编辑委员会主编

中国古脊椎动物志

第二卷

两栖类　爬行类　鸟类

主编 李锦玲 ｜ 副主编 周忠和

第八册（总第十二册）

中生代爬行类和鸟类足迹

李建军 编著

科学技术部基础性工作专项（2006FY120400）资助

科 学 出 版 社

北　京

内 容 简 介

中国中生代地层中脊椎动物足迹化石十分丰富，记载着古脊椎动物的类型及其行为方式和生态环境。其种类主要包括恐龙类、鸟类、鳄类及翼龙类等。截至2013年年底，中国境内在21个省市自治区的63个县级地区识别出中生代脊椎动物足迹化石51个足迹化石属、70个足迹化石种，另有37个未定属种，其地质时代从三叠纪晚期一直到白垩纪晚期。本书按照古脊椎动物的自然分类体系的顺序，系统记述了中国中生代脊椎动物足迹化石。

本书是我国凡涉及地学、生物学、考古学的大专院校、科研机构、博物馆及业余古生物爱好者的基础参考书，也可为科普创作提供必要的基础参考资料。

图书在版编目（CIP）数据

中国古脊椎动物志. 第2卷. 两栖类、爬行类、鸟类. 第8册，中生代爬行类和鸟类足迹：总第12册 / 李建军编著. —北京：科学出版社，2015.10

ISBN 978-7-03-045684-7

Ⅰ. ①中⋯　Ⅱ. ①李⋯　Ⅲ. ①古动物－脊椎动物门　动物志　中国②中生代－古动物－爬行纲－动物志－中国③中生代－古动物－鸟类－动物志－中国　Ⅳ.① Q915.86

中国版本图书馆CIP数据核字（2015）第216443号

责任编辑：胡晓春 / 责任校对：赵桂芬
责任印制：肖　兴 / 封面设计：黄华斌

科学出版社 出版

北京东黄城根北街16号
邮政编码：100717
http://www.sciencep.com

中国科学院印刷厂 印刷

科学出版社发行　　各地新华书店经销

*

2015年10月第 一 版　　开本：787×1092　1/16
2015年10月第一次印刷　　印张：18 3/4
字数：388 000

定价：188.00元

（如有印装质量问题，我社负责调换）

Editorial Committee of Palaeovertebrata Sinica

PALAEOVERTEBRATA SINICA

Volume II

Amphibians, Reptilians, and Avians

Editor-in-Chief: **Li Jinling** | Associate Editor-in-Chief: **Zhou Zhonghe**

Fascicle 8 (Serial no. 12)

Footprints of Mesozoic Reptilians and Avians

By **Li Jianjun**

Supported by the Special Research Program of Basic Science and Technology
of the Ministry of Science and Technology (2006FY120400)

Science Press
Beijing

总　序

　　中国第一本有关脊椎动物化石的手册性读物是 1954 年杨钟健、刘宪亭、周明镇和贾兰坡编写的《中国标准化石——脊椎动物》。因范围限定为标准化石，该书仅收录了 88种化石，其中哺乳动物仅 37 种，不及德日进（P. Teilhard de Chardin）1942 年在《中国化石哺乳类》中所列举的在中国发现并已发表的哺乳类化石种数（约 550 种）的十分之一。所以这本只有 57 页的小册子还不能算作一本真正的脊椎动物化石手册。我国第一本真正的这样的手册是 1960 － 1961 年在杨钟健和周明镇领导下，由中国科学院古脊椎动物与古人类研究所的同仁们集体编撰出版的《中国脊椎动物化石手册》。该手册共记述脊椎动物化石 386 属 650 种，分为《哺乳动物部分》（1960 年出版）和《鱼类、两栖类和爬行类部分》（1961 年出版）两个分册。前者记述了 276 属 515 种化石，后者记述了 110 属135 种。这是对自 1870 年英国博物学家欧文（R. Owen）首次科学研究产自中国的哺乳动物化石以来，到 1960 年前研究发表过的全部脊椎动物化石材料的总结。其中鱼类、两栖类和爬行类化石主要由中国学者研究发表，而哺乳动物则很大一部分由国外学者研究发表。“文化大革命”之后不久，1979 年由董枝明、齐陶和尤玉柱汇编的《中国脊椎动物化石手册》（增订版）出版，共收录化石 619 属 1268 种。这意味着在不到 20 年的时间里新发现的化石属、种数量差不多翻了一番（属为 1.6 倍，种为 1.95 倍）。

　　自 20 世纪 80 年代末开始，国家对科技事业的投入逐渐加大，我国的古脊椎动物学逐渐步入了快速发展的时期。新的脊椎动物化石及新属、种的数量，特别是在鱼类、两栖类和爬行动物方面，快速增加。1992 年孙艾玲等出版了《The Chinese Fossil Reptiles and Their Kins》，记述了两栖类、爬行类和鸟类化石 228 属 328 种。李锦玲、吴肖春和张福成于 2008 年又出版了该书的修订版（书名中的 Kins 已更正为 Kin），将属种数提高到416 属 564 种。这比 1979 年手册中这一部分化石的数量（186 属 219 种）增加了大约 1倍半（属近 2.24 倍，种近 2.58 倍）。在哺乳动物方面，20 世纪 90 年代初，中国科学院古脊椎动物与古人类研究所一些从事小哺乳动物化石研究的同仁们，曾经酝酿编写一部《中国小哺乳动物化石志》，并已草拟了提纲和具体分工，但由于种种原因，这一计划未能实现。

　　自 20 世纪 90 年代末以来，我国在古生代鱼类化石和中生代两栖类、翼龙、恐龙、鸟类，以及中、新生代哺乳类化石的发现和研究方面又有了新的重大突破，在恐龙蛋和爬行动物及鸟类足迹方面也有大量新发现。粗略估算，我国现有古脊椎动物化石种的总数已经超过 3000 个。我国是古脊椎动物化石赋存大国，有关收藏逐年增加，在研究方面正在努力进入世界强国行列的过程之中。此前所出版的各类手册性的著作已落后于我国古脊椎动物研究发展的现状，无法满足国内外有关学者了解我国这一学科领域进展的迫切需求。美国古生物学家 S. G. Lucas，积 5 次访问中国的经历，历时近 20 年，于 2001 年出版了一部 370 多页的《Chinese Fossil Vertebrates》。这部书虽然并非以罗列和记述属、种为主旨，而且其资料的收集限于 1996 年以前，却仍然是国外学者了解中国古脊椎动物学发展脉络的重要读物。这可以说是从国际古脊椎动物研究的角度对上述需求的一种反映。

2006 年，科技部基础研究司启动了国家科技基础性工作专项计划，重点对科学考察、科技文献典籍编研等方面的工作加大支持力度。是年 10 月科技部召开研讨中国各门类化石系统总结与志书编研的座谈会。这才使我国学者由自己撰写一部全新的、涵盖全面的古脊椎动物志书的愿望，有了得以实现的机遇。中国科学院南京地质古生物研究所和古脊椎动物与古人类研究所的领导十分珍视这次机遇，于 2006 年年底前，向科技部提交了由两所共同起草的"中国各门类化石系统总结与志书编研"的立项申请。2007 年 4 月 27 日，该项目正式获科技部批准。《中国古脊椎动物志》即是该项目的一个组成部分。

在本志筹备和编研的过程中，国内外前辈和同行们的工作一直是我们学习和借鉴的榜样。在我国，"三志"（《中国动物志》、《中国植物志》和《中国孢子植物志》）的编研，已经历时半个多世纪之久。其中《中国植物志》自 1959 年开始出版，至 2004 年已全部出齐。这部煌煌巨著分为 80 卷，126 册，记载了我国 301 科 3408 属 31142 种植物，共 5000 多万字。《中国动物志》自 1962 年启动后，已编撰出版了 126 卷、册，至今仍在继续出版。《中国孢子植物志》自 1987 年开始，至今已出版 80 多卷（不完全统计），现仍在继续出版。在国外，可以作为借鉴的古生物方面的志书类著作，有原苏联出版的《古生物志》（《Основы Палеонтологии》）。全书共 15 册，出版于 1959－1964 年，其中古脊椎动物为 3 册。法国的《Traité de Paléontologie》（实际是古动物志），全书共 7 卷 10 册，其中古脊椎动物（包括人类）为 4 卷 7 册，出版于 1952－1969 年，历时 18 年。此外，C. M. Janis 等编撰的《Evolution of Tertiary Mammals of North America》（两卷本）也是一部对北美新生代哺乳动物化石属级以上分类单元的系统总结。该书从 1978 年开始构思，直到 2008 年才编撰完成，历时 30 年。

参考我国"三志"和国外志书类著作编研的经验，我们在筹备初期即成立了志书编辑委员会，并同步进行了志书编研的总体构思。2007 年 10 月 10 日由 17 人组成的《中国古脊椎动物志》编辑委员会正式成立（2008 年胡耀明委员去世，2011 年 2 月 28 日增补邓涛、尤海鲁和张兆群为委员，2012 年 11 月 15 日又增加金帆和倪喜军两位委员，现共 21 人）。2007 年 11 月 30 日《中国古脊椎动物志》"编辑委员会组成与章程"、"管理条例"和"编写规则"三个试行草案正式发布，其中"编写规则"在志书撰写的过程中不断修改，直至 2010 年 1 月才有了一个比较正式的试行版本，2013 年 1 月又有了一个更为完善的修订本，至今仍在不断修改和完善中。

考虑到我国古脊椎动物学发展的现状，在汲取前人经验的基础上，编委会决定：①延续《中国脊椎动物化石手册》的传统，《中国古脊椎动物志》的记述内容也细化到种一级。这与国外类似的志书类都不同，后者通常都停留在属一级水平。②采取顶层设计，由编委会统一制定志书总体结构，将全志大体按照脊椎动物演化的顺序划分卷、册；直接聘请能够胜任志书要求的合适研究人员负责编撰工作，而没有采取自由申报、逐项核批的操作程序。③确保项目经费足额并及时到位，力争志书编研按预定计划有序进行，做到定期分批出版，努力把全志出版周期限定在 10 年左右。

编委会将《中国古脊椎动物志》的编写宗旨确定为："本志应是一套能够代表我国古脊椎动物学当前研究水平的中文基础性丛书。本志力求全面收集中国已发表的古脊椎动物化石资料，以骨骼形态性状为主要依据，吸收分子生物学研究的新成果，尝试运用分支系统学的理论和方法认识和阐述古脊椎动物演化历史、改造林奈分类体系，使之与演化历史更为吻合；着重对属、种进行较全面、准确的文字介绍，并尽可能附以清晰的模式标本图照，但不创建新的分类单元。本志主要读者对象是中国地学、生物学工作者及爱好者，高校师生，自然博物馆类机构的工作人员和科普工作者。"

编委会在将"代表我国古脊椎动物学当前研究水平"列入撰写本志的宗旨时，已经意识到实现这一目标的艰巨性。这一点也是所有参撰人员在此后的实践过程中越来越深刻地感受到的。正如在本志第一卷第一册"脊椎动物总论"中所论述的，自 20 世纪 50 年代以来，在古生物学和直接影响古生物学发展的相关领域中发生了可谓"翻天覆地"的变化。在 20 世纪七八十年代已形成了以 Mayr 和 Simpson 为代表的演化分类学派（evolutionary taxonomy）、以 Hennig 为代表的系统发育系统学派 [phylogenetic systematics，又称分支系统学派（cladistic systematics，或简化为 cladistics）] 及以 Sokal 和 Sneath 为代表的数值分类学派（numerical taxonomy）的"三国鼎立"的局面。自 20 世纪 90 年代以来，分支系统学派逐渐占据了明显的优势地位。进入 21 世纪以来，围绕着生物分类的原理、原则、程序及方法等的争论又日趋激烈，形成了新的"三国"。以演化分类学家 Mayr 和 Bock 为代表的"达尔文分类学派"（Darwinian classification），坚持依据相似性（similarity）和系谱（genealogy）两项准则作为分类基础，并保留林奈套叠等级体系，认为这正是达尔文早就提出的生物分类思想。在分支系统学派内部分成两派：以 de Quieroz 和 Gauthier 为代表的持更激进观点的分支系统学家组成了"系统发育分类命名法规学派"（简称 PhyloCode）。他们以单一的系谱（genealogy）作为生物分类的依据，并坚持废除林奈等级体系的观点。以 M. J. Benton 等为代表的持比较保守观点的分支系统学家则主张，在坚持分支系统学核心理论的基础上，采取某些折中措施以改进并保留林奈式分类和命名体系。目前争论仍在进行中。到目前为止还没有任何一个具体的脊椎动物的划分方案得到大多数生物和古生物学家的认可。我国的古生物学家大多还处在对这些新的论点、原理和方法以及争论论点实质的不断认识和消化的过程之中。这种现状首先影响到志书的总体架构：如何划分卷、册？各卷、册使用何种标题名称？系统记述部分中各高阶元及其名称如何取舍？基于林奈分类的《国际动物命名法规》是否要严格执行？……这些问题的存在甚至对编撰本志书的科学性和必要性都形成了质疑和挑战。

在《中国古脊椎动物志》立项和实施之初，我们确曾希望能够建立一个为本志书各卷、册所共同采用的脊椎动物分类方案。通过多次尝试，我们逐渐发现，由于脊椎动物内各大类群的研究历史和分类研究传统不尽相同，对当前不同分类体系及其使用的方法，在接受程度上差别较大，并很难在短期内弥合。因此，在目前要建立一个比较合理、能被广泛接受、涵盖整个脊椎动物的分类方案，便极为困难。虽然如此，通过多次反复研讨，参撰人员就如何看待分类和究竟应该采取何种分类方案等还是逐渐取得了如下一些共识：

1）分支系统学在重建生物演化过程中，以其对分支在演化过程中的重要作用的深刻认识和严谨的逻辑推导方法，而成为当前获得古生物学家广泛支持的一种学说。任何生物分类都应力求真实地反映生物演化的过程，在当前则应力求与分支系统学的中心法则（central tenet）以及与严格按照其原则和方法所获得的结论相符。

2）生物演化的历史（系统发育）和如何以分类来表达这一历史，属于两个不同范畴。分类除了要真实地反映演化历史外，还肩负协助人类认知和记忆的功能。两者不必、也不可能完全对等。在当前和未来很长一段时期内，以二维和文字形式表达演化过程的最好方式，仍应该是现行的基于林奈分类和命名法的套叠等级体系。从实用的观点看，把十几代科学工作者历经250余年按照演化理论不断改进的、由近200万个物种组成的庞大的阶元分类体系彻底抛弃而另建一新体系，是不可想象的，也是极难实现的。

3）分类倘若与分支系统学核心概念相悖，例如不以共祖后裔而单纯以形态特征为分类依据，由复系类群组成分类单元等，这样的分类应予改正。对于分支系统学中一些重要但并非核心的论点，诸如姐妹群需是同级阶元的要求，干群（"Stammgruppe"）的分类价值和地位的判别，以及不同大类群的阶元级别的划分和确立等，正像分支系统学派内部有些学者提出的，可以采取折中措施使分支系统学的基本理论与以林奈分类和命名法为基础建立的现行分类体系在最大程度上相互吻合。

4）对于因分支点增多而所需阶元数目剧增的矛盾，可采取以下折中措施解决。①对高度不对称的姐妹群不必赋予同级阶元。②对于重要的、在生物学领域中广为人知并广泛应用、而目前尚无更好解决办法的一些大的类群，可实行阶元转移和跃升，如鸟类产生于蜥臀目下的一个分支，可以跃升为纲级分类单元（详见第一卷第一册的"脊椎动物总论"）。③适量增加新的阶元级别，例如1997年McKenna和Bell已经提出推荐使用新的主阶元，如Legion（阵）、Cohort（部）等，和新的次级阶元，如Magno-（巨）、Grand-（大）、Miro-（中）和Parvo-（小）等。④减少以分支点设阶的数量，如仅对关键节点设立阶元、次要节点以顺序先后（sequencing）表示等。⑤应用全群（total group）的概念，不对其中的并系的干群（stem group 或"Stammgruppe"）设立单独的阶元等。

5）保留脊椎动物现行亚门一级分类地位不变，以避免造成对整个生物分类体系的冲击。科级及以下分类单元的分类地位基本上都已稳定，应尽可能予以保留，并严格按照最新的《国际动物命名法规》（1999 年第四版）的建议和要求处置。

根据上述共识，我们在第一卷第一册的"脊椎动物总论"中，提出了一个主要依据中国所有化石所建立的脊椎动物亚门的分类方案（PVS-2013）。我们并不奢求每位参与本志书撰写的人员一定接受它，而只是推荐一个可供选择的方案。

对生物分类学产生重要影响的另一因素则是分子生物学。依据分支系统学原理和方法，借助计算机高速数学运算，通过分析分子生物学资料（DNA、RNA、蛋白质等的序列数据）来探讨生物物种和类群的系统发育关系及支系分异的顺序和时间，是当前分子生物学领域的热点之一。一些分子生物学家对某些高阶分类单元（例如目级）的单系性和这些分类单元之间的系统关系进行探索，提出了一些令形态分类学家和古生物学家耳目一新的新见解。例如，现生哺乳动物 18 个目之间的系统和分类关系，一直是古生物学家感到十分棘手的问题，因为能够找到的目之间的共有裔征（synapomorphy）很少，而经常只有共有祖征（symplesiomorphy）。相反，分子生物学家们则可以在分子水平上找到新的证据，将它们进行重新分解和组合。例如，他们在一些属于不同目的"非洲类型"的哺乳动物（管齿目、长鼻目、蹄兔目和海牛目）和一些非洲土著的"食虫类"（无尾猬、金鼹等）中发现了一些共同的基因组变异，如乳腺癌抗原 1（BRCA1）中有 9 个碱基对的缺失，还在基因组的非编码区中发现了特有的"非洲短散布核元件（AfroSINES）"。他们把上述这些"非洲类型"的动物合在一起，组成一个比目更高的分类单元（Afrotheria，非洲兽类）。根据类似的分子生物学信息，他们把其他大陆的异节类、真魁兽啮型类和劳亚兽类看作是与非洲兽类同级的单元。分子生物学家们所提出的许多全新观点，虽然在细节上尚有很多值得进一步商榷之处，但对现行的分类体系无疑具有重要的参考价值，应在本志中得到应有的重视和反映。

采取哪种分类方案直接决定了本志书的总体结构和各卷、册的划分。经历了多次变化后，最后我们没有采用严格按照节点型定义的现生动物（冠群）五"纲"（鱼、两栖、爬行、鸟和哺乳动物）将志书划分为五卷的办法。其中的缘由，一是因为以化石为主的各"纲"在体量上相差过于悬殊。现生动物的五纲，在体量上比较均衡（参见第一卷第一册"脊椎动物总论"中有关部分），而在化石中情况就大不相同。两栖类和鸟类化石的体量都很小：两栖类化石目前只有不到 40 个种，而鸟类化石也只有大约五六十种（不包括现生种的化石）。这与化石鱼类，特别是哺乳类在体量上差别很悬殊。二是因为化石的爬行类和冠群的爬行动物纲有很大的差别。现有的化石记录已经清楚地显示，从早期的羊膜类动物中很早就分出两大主要支系：一支通过早期的下孔类演化为哺乳动物。下孔类，按照演化分类学家的观点，虽然是哺乳动物的早期祖先，但在形态特征上仍然和爬行类最为接近，因此应该归入爬行类。按照分支系统学家的观点，早期下孔类和哺乳动物共同组成一个全群（total group），两者无疑应该分在同一卷内。该全群的名称应该叫做下孔类，亦即：下孔类包含哺乳动物。另一支则是所有其他的爬行动物，包括从蜥臀类恐龙的虚骨龙类的一个分支演化出的鸟类，因此鸟类应该与爬行类放在同一卷内。上述情况使我们最后决定将两栖类、不包括下孔类的爬行类与鸟类合为一卷（第二卷），而早期下孔类和哺乳动物则共同组成第三卷。

在卷、册标题名称的选择上，我们碰到了同样的问题。分支系统学派，特别是系统发育分类命名法规学派，虽然强烈反对在分类体系中建立绝对阶元级别，但其基于严格单系分支概念的分类名称则是"全套叠式"的，亦即每个高阶分类单元必须包括其最早的祖先及由此祖先所产生的所有后代。例如传统意义中的鱼类既然包括肉鳍鱼类，那么也必须包括由其产生的所有的四足动物及其所有后代。这样，在需要表述某一"全套叠式"的名称的一部分成员时，就会遇到很大的困难，会出现诸如"非鸟恐龙"之类的称谓。相反，林奈分类体系中的高阶分类单元名称却是"分段套叠式"的，其五纲的概念是互不包容的。从分支系统学的观点看，其中的鱼纲、两栖纲和爬行纲都是不包括其所有后代的并系类群（paraphyletic groups），只有鸟纲和哺乳动物纲本身是真正的单系分支（clade）。林奈五纲的概念在生物学界已经根深蒂固，不会引起歧义，因此本志书在卷、册的标题名称上还是沿用了林奈的"分段套叠式"的概念。另外，由于化石类群和冠群在内涵和定义上有相当大的差别，我们没有直接采用纲、目等阶元名称，而是采用了含义宽泛的"类"。第三卷的名称使用了"基干下孔类 哺乳类"是因为"下孔类"这一分类概念在学界并非人人皆知，若在标题中舍弃人人皆知的哺乳类，而单独使用将哺乳类包括在内的下孔类这一全群的名称，则会使大多数读者感到茫然。

在编撰本志书的过程中我们所碰到的最后一类问题是全套志书的规范化和一致性的问题。这类问题十分烦琐，我们所花费时间也最多。

首先，全志在科级以下分类单元中与命名有关的所有词汇的概念及其用法，必须遵循《国际动物命名法规》。在本志书项目开始之前，1999年最新一版（第四版）的《International Code of Zoological Nomenclature》已经出版。2007年中译本《国际动物命名法规》（第四版）也已出版。由于种种原因，我国从事这方面工作的专业人员，在建立新科、属、种的时候，往往很少认真阅读和严格遵循《国际动物命名法规》，充其量也只是参考张永辂1983年出版的《古生物命名拉丁语》中关于命名法的介绍，而后者中的一些概念，与最新的《国际动物命名法规》并不完全符合。这使得我国的古脊椎动物在属、种级分类单元的命名、修订、重组，对模式的认定，模式标本的类型（正模、副模、选模、副选模、新模等）和含义，其选定的条件及表述等方面，都存在着不同程度的混乱。

这些都需要认真地予以厘定，以免在今后以讹传讹。

其次，在解剖学，特别是分类学外来术语的中译名的取舍上，也经常令我们感到十分棘手。"全国科学技术名词审定委员会公布名词"（网络2.0版）是我们主要的参考源。但是，我们也发现，其中有些术语的译法不够精准。事实上，在尊重传统用法和译法精准这两者之间有时很难做出令人满意的抉择。例如，对phylogeny的译法，在"全国科学技术名词审定委员会公布名词"中就有种系发生、系统发生、系统发育和系统演化四种译法，在其他场合也有译为亲缘关系的。按照词义的精准度考虑，钟补求于1964年在《新系统学》中译本的"校后记"中所建议的"种系发生"大概是最好的。但是我国从1922年杜就田所编撰的《动物学大词典》中就使用了"系统发育"的译法，以和个体发育（ontogeny）相对应。在我国从1978年开始的介绍和翻译分支系统学的热潮中，几乎所有的译介者都沿用了"系统发育"一词。经过多次反复斟酌，最后，我们也采用了这一译法。类似的情况还有很多，这里无法一一列举，这些抉择是否恰当只能留待读者去评判了。

再次，要使全套志书能够基本达到首尾一致也绝非易事。像这样一部预计有3卷23册的丛书，需要花费众多专家多年的辛勤劳动才能完成；而在确立各种体例和格式之类的琐事上，恐怕就要花费其中一半的时间和精力。诸如在每一册中从目录列举的级别、各章节排列的顺序，附录、索引和文献列举的方式及详简程度，到全书中经常使用的外国人名和地名、化石收藏机构等的缩写和译名等，都是非常耗时费力的工作。仅仅是对早期文献是否全部列入这一点，就经过了多次讨论，最后才确定，对于19世纪中叶以前的经典性著作，在后辈学者有过系统而全面的介绍的情况下（例如Gregory于1910年对诸如Linnaeus、Blumenbach、Cuvier等关于分类方案的引述），就只列后者的文献了。此外，在撰写过程中对一些细节的决定经常会出现反复，需经多次斟酌、讨论、修改，最后再确定；而每一次反复和重新确定，又会带来新的、额外的工作量，而且确定的时间越晚，增加的工作量也就越大。这其中的烦琐和日久积累的心烦意乱，实非局外人所能体会。所幸，参加这一工作的同行都能理解：科学的成败，往往在于细节。他们以本志书的最后完成为己任，孜孜矻矻，不厌其烦，而且大多都能在规定的时限内完成预定的任务。

本志编撰的初衷，是充分发挥老科学家的主导作用。在开始阶段，编委会确实努力按照这一意图，尽量安排老科学家担负主要卷、册的编研。但是随着工作的推进，编委会越来越深切地感觉到，没有一批年富力强的中年科学家的参与，这一任务很难按照原先的设想圆满完成。老科学家在对具体化石的认知和某些领域的综合掌控上具有明显的经验优势，但在吸收新鲜事物和新手段的运用、特别是在追踪新兴学派的进展上，却难以与中年才俊相媲美。近年来，我国古脊椎动物学领域在国内外都涌现出一批极为杰出的人才，其中有些是在国外顶级科研和教学机构中培养和磨砺出来的科学家。他们的参与对于本志书达到"当前研究水平"的目标起到了关键的作用。值得庆幸的是，我们所邀请的几位这样的中年才俊，都在他们本已十分繁忙的日程中，挤出相当多时间参与本志有关部分的撰写和／或评审工作。由于编撰工作中技术性任务量大、质量要求高，一部分年轻的学子也积极投入到这项工作中。最后这支编撰队伍实实在在地变成了一支老中青相结合的队伍了。

大凡立志要编撰一本专业性强的手册性读物，编撰者首要的追求，一定是原始资料的可靠和记录及诠释的准确性，以及由此而产生的权威性。这样才能经得起广大读者的推敲和时间的考验，才能让读者放心地使用。在追求商业利益之风日盛、在科普读物中往往充斥着种种真假难辨的猎奇之词的今天，这一点尤其显得重要，这也是本编辑委员会和每一位参撰人员所共同努力追求并为之奋斗的目标。虽然如此，由于我们本身的学识水平和认识所限，错误和疏漏之处一定不少，真诚地希望读者批评指正。

感谢 《中国古脊椎动物志》编研工作得以启动，首先要感谢科技部具体负责此项工作的基础研究司的领导，也要感谢国家自然科学基金委员会、中国科学院和相关政府部门长期以来对古脊椎动物学这一基础研究领域的大力支持。令我们特别难以忘怀的是几位参与我国基础性学科调研并提出宝贵建议的地学界同行，如黄鼎成和马福臣先生，是他们对临界或业已退休、但身体尚健的老科学工作者的报国之心的深刻理解和积极奔走，才促成本专项得以顺利立项，使一批新中国建立后成长起来的老古生物学家有机会把自己毕生积淀的专业知识的精华总结和奉献出来。另外，本志书编委会要感谢本专项的挂靠单位，中国科学院古脊椎动物与古人类研究所的领导和各处、室，特别是标本馆、图书室、负责照相和绘图的技术室，以及财务处的同仁们，对志书工作的大力支持。编委会要特别感谢负责处理日常事务的本专项办公室的同仁们。在志书编撰的过程中，在每一次研讨会、汇报会、乃至财务审计等活动中，他们忙碌的身影都给我们留下了难忘的印象。我们还非常幸运地得到了与科学出版社的胡晓春编辑共事的机会。她细致的工作作风和精湛的专业技能，使每一个接触到她的参撰人员都感佩不已。在本志书的编撰过程中，还有很多国内外的学者在稿件的学术评审过程中提出了很多中肯的批评和改进意见，使我们受益匪浅，也使志书的质量得到明显的提高。这些在相关册的致谢中都将做出详细说明，编委会在此也向他们一并表达我们衷心的感谢。

《中国古脊椎动物志》编辑委员会

2013 年 8 月

特别说明：本书主要用于科学研究。书中可能存在未能联系到版权所有者的图片，请见书后与科学出版社联系处理相关事宜。

本 册 前 言

我受《中国古脊椎动物志》编辑委员会的委托，编写中生代爬行类和鸟类足迹分册。在中国，脊椎动物足迹化石的研究虽然起步比较早，但由于从事专门研究的人比较少，因此其研究程度一直不太深入，水平也较低。加之脊椎动物足迹化石的研究在世界上没有统一的规范，其分类和命名的原则等一直也没有统一的标准，就使得本册的编撰很难达到其他脊椎动物实体化石志书的编撰水平。然而，近年来以恐龙为主的脊椎动物足迹化石在我国频频被发现，越来越多的人参与到这项研究工作中来，本册志书的出版对提高我国脊椎动物足迹化石的研究水平并与国际接轨将起到一定的促进作用。

随着各种脊椎动物足迹的发现，足迹化石的重要性也逐渐被认识到：足迹化石可以提供很多造迹动物的信息，特别是在恢复古环境、古生态等方面具有无可替代的作用。但是，尽管根据足迹的形态基本可以确定造迹动物的亚目级类群归属，却无法准确鉴定到科及科以下分类阶元。因此，在分类命名时科及科以下阶元使用独立的分类系统：足迹科（Ichnofamily）、足迹属（Ichnogenus）和足迹种（Ichnospecies）。即使这样，还是有很多足迹属种在初始命名时，没有归入任何足迹科中。

到 2013 年年底，我国已经发现了中生代爬行动物和鸟类足迹化石 51 属 70 种，包括恐龙足迹 38 属 55 种，翼龙足迹 1 属 3 种，其他爬行动物足迹 3 属 3 种，鸟类足迹 9 属 9 种。另有 37 个恐龙足迹、翼龙足迹和鸟类足迹未定属种。

本册志书的编撰是在我国先辈研究工作的基础上进行的，在编撰过程中还得到了很多专家学者和同行的指导和帮助。杨钟健是中国足迹化石研究的创始人，共建立了 6 个足迹属、7 个足迹种，奠定了中国中生代脊椎动物足迹研究的基础。继杨钟健先生之后，甄朔南先生在 1982 年开始领导北京自然博物馆古生物专业人员积极从事恐龙足迹的研究工作，成为中国恐龙足迹研究的奠基人之一。甄朔南先生等 1996 年编辑出版的《中国恐龙足迹研究》专著，是本册志书编撰的重要基础参考资料。国际著名四足动物足迹专家、美国科罗拉多大学地质系教授、恐龙足迹博物馆馆长 Martin G. Lockley 多次到中国进行中生代四足动物的考察和研究，在中国化石足迹学的研究上做出了重大贡献，在本册志书的编撰过程中，Martin G. Lockley 提供了大量的相关文献资料及其他方面的指导和帮助；Jerry D. Harris 教授提供相关资料并给予很好建议；李日辉研究员在研究山东发现的恐龙足迹方面做出了重要贡献，并为本册志书提供了大量山东发现的恐龙及鸟类足迹照片；邢立达博士最近几年在研究中国四足动物足迹方面做出了重要贡献，研究描述了中国境内的许多四足动物足迹化石地点，大大丰富了本册志书的编撰内容，同时还为本册志书提供大量相关足迹照片及相关资料，丰富了本志书所涉及的足迹学术语，并使其含义更加准确；白志强教授在本志书的编撰过程中给了许多很重要的指导和建议；李大庆博士在研究甘肃地区的四足动物足迹方面也做了大量工作，并积极协助拍摄甘肃永靖盐锅峡的恐龙足迹。此外，北京自然博物馆胡柏林先生协助拍摄有关足迹化石照片（重庆，长沙）；重庆自然博物馆在拍摄该馆保存的恐龙足迹化石时给予大力支持；陈伟、朱松林在拍摄足迹照片时给予大力协助；中国科学院古脊椎动物与古人类研究所标本库房管理员郑芳、张伟、黄文辉协助拍摄足迹标本并查找相关足迹化石编号，特别是找到了丢失已久的早期研究的足迹化石标本，使本册志书所含资料更加充实；王琼拍摄自然博物馆存恐龙足迹化石及模型照片；自贡恐龙博物馆研究员彭光照、叶勇协助拍摄野外足迹及库房内保存的恐龙足迹照片；北京自然博物馆张玉光研究员、王宝鹏博士协助野外拍摄和测量等工作；王宝鹏博士协助整理参考文献；北京大学丁玉女士、桑德森展览装饰有限公司罗龙女士协助绘制有关插图；北京大学丁玉女士，中国科学院古脊椎动物与古人类研究所徐光辉研究员协助查阅相关资料；北京自然博物馆志愿者陈琳女士协助扫描大量相关资料；中国地质博物馆讲解员高源先生协助拍摄保存在该馆的恐龙足迹化石照片；以及经邢立达博士介绍，王申娜女士和摄影师肖诗白先生允许使用其在重庆綦江拍摄的翼龙足迹照片，在此一并感谢。另外，本册志书在编撰过程中，邱占祥和李锦玲研究员对文稿提出了诸多有益的改进意见，在此表示特别的感谢。

本册涉及的机构名称及缩写

【缩写原则：1. 本志书所采用的机构名称及缩写仅为本志使用方便起见编制，并非规范名称，不具法规效力。2. 机构名称均为当前实际存在的单位名称，个别重要的历史沿革在括号内予以注解。3. 原单位已有正式使用的中、英文名称及 / 或缩写者（用 * 标示），本志书从之，不做改动。4. 中国机构无正式使用之英文名称及 / 或缩写者，原则上根据机构的英文名称或按本志所译英文名称字串的首字符（其中地名按音节首字符）顺序排列组成，个别缩写重复者以简便方式另择字符取代之。】

（一）中国机构

*AGM — 安徽省地质博物馆（合肥）Anhui Geological Museum (Hefei)

*BMNH — 北京自然博物馆 Beijing Museum of Natural History

CQMNH — 重庆自然博物馆 Chongqing Museum of Natural History

*CUT — 成都理工大学（原成都地质学院，四川）Chengdu University of Technology (former Geological College of Chengdu, Sichuan Province)

DYM — 东阳博物馆（浙江）Dong Yang Museum (Zhejiang Province)

*GMC — 中国地质博物馆（北京）Geological Museum of China (Beijing)

GSLTZP — 甘肃省第三地质矿产勘查院古生物研究开发中心（兰州）Fossil Research and Development Center of the Third Geology and Mineral Resources Exploration Academy of Gansu Province, China (Lanzhou)

HDT — 华夏恐龙足迹研究和开发中心（甘肃永靖）Huaxia Dinosaur Tracks Research and Development Center (Yongjing, Gansu Province)

*HNGM — 河南地质博物馆（郑州）Henan Geological Museum (Zhengzhou)

HYM — 河源博物馆（广东）Heyuan Museum (Guangdong Province)

HUGM — 湖南地质博物馆（长沙）Hunan Geological Museum (Changsha)

IGPLU — 临沂大学地质古生物研究所（山东）Institute of Geology and Paleontology of Linyi University (Shandong Province)

*IVPP — 中国科学院古脊椎动物与古人类研究所（北京）Institute of Vertebrate Paleontology and Paleoanthropology, Chinese Academy of Sciences (Beijing)

LCBLR — 临沭县国土资源局（山东）Linshu County Bureau of Land and Resources (Shandong)

JYSDM — 嘉荫神州恐龙博物馆（黑龙江）Jiayin Shenzhou Dinosaur Museum (Heilongjiang Province)

LDNG — 刘家峡恐龙国家地质公园（甘肃永靖）Liujiaxia Dinosaur National Geopark (Yongjing, Gansu Province)

LDRC — 禄丰恐龙研究中心（云南）Lufeng Dinosaur Research Center (Yunnan Province)

MDBSM — 魔鬼城恐龙及奇石博物馆（新疆）Moguicheng Dinosaur and Bizarre Stone Museum (Xinjiang Uygur Autonomous Region)

*NGM — 南京地质博物馆（江苏）Nanjing Geological Museum (Jiangsu Province)

*NIGPAS — 中国科学院南京地质古生物研究所（江苏）Nanjing Institute of Geology and Palaeontology, Chinese Academy of Sciences (Jiangsu Province)

NXDM — 南雄恐龙博物馆（广东）Nanxiong Dinosaur Museum (Guangdong Province)

NXBLR — 南雄县国土资源局（广东）Nanxiong County Bureau of Land and Resources (Guangdong Province)

NXGM — 宁夏地质博物馆（银川）Ningxia Geological Museum (Yinchuan)

OCGM — 鄂托克旗综合地质博物馆（内蒙古）Otog Comprehensive Geological Museum (Nei Mongol Autonomous Region)

OFMGV — 鄂托克旗野外地质遗迹博物馆（内蒙古）Otog Field Museum of Geological Vestiges (Nei Mongol Autonomous Region)

PRCGP — 甘肃省古生物研究中心（兰州）Paleontological Research Center of Gansu Province (Lanzhou)

*QIMG — 青岛海洋地质研究所（山东）Qingdao Institute of Marine Geology (Shandong Province)

QJGM — 重庆綦江国家地质公园博物馆 Qijiang National Geopark Museum (Chongqing)

ZCDM — 诸城恐龙博物馆（山东）Zhucheng Dinosaur Museum (Shandong Province)

*ZDM — 自贡恐龙博物馆（四川）Zigong Dinosaur Museum (Sichuan Province)

ZDRC — 诸城恐龙研究中心（山东）Zhucheng Dinosaur Research Center (Shandong Province)

ZMM — 诸城市博物馆（山东）Zhucheng Municipal Museum (Shandong Province)

（二）外国机构

*AMNH — American Museum of Natural History（New York）美国自然历史博物馆（纽约）

IGPTU — Institute of Geology and Paleontology, Tohoku University (Japan, Sendai) 日本东北大学地质古生物研究所（仙台）

TGU — Tokyo Gakugei University (Japan) 东京学艺大学（日本）

*TMM — Texas Memorial Museum (USA) 得克萨斯纪念馆（美国）

UCMNH — University of Colorado Museum of Natural History (former University of Colorado at Denver-Museum of Western Colorado, Boulder, USA) 科罗拉多大学自然历史博物馆（原美国丹佛科罗拉多大学 - 西科罗拉多博物馆）

目 录

导　言

　　遗迹学（Ichnology）是研究现代和古代生物生活时形成的足迹、爬迹、潜穴、钻孔以及其他痕迹的科学，主要研究现生和古代动物遗迹的形态，造迹动物的种类、生活习性及生活环境，遗迹形成的地点、时间和方式，遗迹对其他生物和物理化学环境的影响，以及上述这些资料和数据对地质学和生物学的意义等（Frey，1975）。化石遗迹学（Paleoichnology）目前已经演变成为古生物学的一个分支，有时 Paleoichnology 被缩写成 Palichnology 或直接使用 Ichnology。因此，遗迹学（Ichnology）在狭义范围内常常只包括足迹化石学（Thulborn，1990）。

一、痕迹化石及足迹化石的含义和概念

　　在《国际动物命名法规》（第四版）（卜文俊、郑乐怡译，2007）中，将痕迹化石定义为有机体活动产物的化石，主要是动物活动的结果，比如洞穴、蛙孔、巢穴、管道、足迹等，而非动物体的一个部分。Ichnos 为希腊文，意思是脚步、步距、脚印或者足迹、痕迹等。Ichnotaxon 在《国际动物命名法规》（第四版）中被翻译为痕迹化石分类单元。同理，Ichnology（实际上是 Paleoichnology 的简称）应该被译为痕迹化石学，其研究内容包括一切石化了的印痕（impressions）、印模（moulds）和铸模（casts）。其中那些没有固定形态的印痕，我们还可泛称为印痕，如皮肤印痕等；而那些有固定的形态的可称为印模（moulds）和铸模（casts），足迹（footprints，tracks）就是其中的主要代表。足迹化石在数量上也在所有痕迹化石中占绝对优势。因此，足迹化石学就是 Ichnology的狭义概念。正如化石（fossils）是古生物学（Paleontology）的研究对象一样，足迹（footprints，tracks）化石就是足迹化石学（Ichnology）的研究对象。在足迹化石的研究中，也常出现下列概念性术语：

　　恐龙扰动（dinoturbation or trampling）：这个词系由 Lockley 和 Conrad（1989）首次提出，源于生物扰动（bioturbation）。恐龙扰动多用于足迹研究中，主要指示恐龙对地面的践踏面积，而不像生物扰动指示生物对地层中三维空间的影响。

　　足迹化石组合（ichnoassemblage）：保存在一个地点，同一层面的足迹化石的总和（Hunt et Lucas，2006）。

　　足迹化石群落（ichnocoenosis）：保存在同一地点的连续层位的足迹化石组合（Hunt et

Lucas, 2006, 2007）。

足迹化石相（ichnofacies）：不同地区的相同地质时代的足迹化石群落的组合及演替关系（Lockley et al., 1994b; Hunt et Lucas, 2006, 2007）。

足迹化石动物群（ichnofauna）：通过对化石足迹的研究所确定出来的造迹动物组成的动物群叫做足迹化石动物群。这是一个比较模糊的概念，可以是足迹化石组合、足迹化石群落，也可以是足迹化石相，其范围可以局限在一个地区，也可以是大范围的区域，往往用于一个特殊的地理区域或者特殊的岩石地层单位中的足迹化石组合。

足迹化石分类单元（ichnotaxon），简称足迹分类单元：基于有机体活动所形成产物的化石的分类单元。包括动物的痕迹、行踪、穴道的化石，不属于动物体的一部分。在足迹化石分类中，一般用于科及科以下的分类阶元，包括足迹化石科（简称足迹科）、足迹化石属（简称足迹属）和足迹化石种（简称足迹种），并将足迹化石科按照亲缘关系归入脊椎动物实体化石的高级分类单元中。

足迹化石种（ichnospecies），简称足迹种（isp.）：一般能识别出的最低层次的化石足迹分类阶元。与其他生物和古生物的命名一样，采用林耐双名法，由一个足迹化石属（ichnogenus）属名和一个足迹种本名（specific name）构成。一般情况下不容易精确地定义出一个足迹种。这是因为足迹的形态除了受造迹动物的脚部形态的影响以外，还会受到许多非生物因素的影响。有时可能将一条行迹中的不同位置的足迹细分成好几个足迹种，甚至足迹属。比如同一个动物在一次行走时，有时用所有的趾着地行走，有时仅用较少的趾着地奔跑，有时跳跃等，所留下的足迹在形态上会有很大差别。如果这些足迹再分别保存，就很容易被鉴定成不同的足迹种甚至足迹属。

足迹化石属（ichnogenus），简称足迹属（igen.）：足迹化石学中的一个分类阶元。其中包含一个或多个足迹化石种，由一个名词构成。足迹属的定义完全是以形态为依据的。一个足迹化石不一定与造迹动物的某个属相联系。有时可以看成是几个属的动物进行相似活动所留的遗迹。在有些情况中，即使某个足迹属的词根与某个由骨骼确定的属的词根相同，也不一定表明这个足迹属就一定是这个属的动物所留。在脊椎动物的足迹化石学中，一个属的重要性远远大于种的重要性。因此，足迹化石属是最基础、最重要的分类阶元。

足迹化石科（ichnofamily），简称足迹科（ifam.）：由一个或多个形态较近似的足迹属组成。一个形态科内的足迹属、种的造迹动物，不一定在自然系统分类中也在同一科。这是因为足迹化石的分类标准是以形态为基础的。形态科一般使用较少，有的学者甚至建议在足迹化石中没有必要再进行比属更高级的分类。但是我们建议，应该将足迹科尽量放在自然系统分类的目中，以对其造迹者的自然分类位置有参考作用。

足迹（footprint，track）：指动物的脚踩在地表上的、单个的直接印迹，以及直接印迹上的自然铸模（cast），足迹化石是古代动物活动的证据，是由活动的脊椎动物的足在沉积物表面留下的痕迹，当沉积物成岩后，这个痕迹仍然保留在层面上。足迹化石包括下凹的足迹和上凸的足迹。

造迹动物（trackmaker）：指留下足迹、痕迹的古动物。

二、脊椎动物足迹化石的形成和保存方式

足迹化石是动物在具有一定湿度、黏度、颗粒度的地表停留或行走时留下的足迹形成化石后的称谓。而适合于留下和保存足迹的湿度、黏度、颗粒度地表条件往往出现在湖滨、海滨以及河滨滩地等环境中。因此，滨湖相和滨海相沉积中容易保存足迹化石，而动物的足迹化石也往往伴随着波痕和泥裂等层面构造一起保存。

动物留下足迹后，如果阳光充足并保持足够时间的照射，保存足迹的地表就会硬化。这时如果洪水来临，洪水携带的泥沙沉淀下来就会把足迹保护起来，这样就容易形成足迹化石（Paik et al., 2001）。但是，如果含足迹的地表还没有完全固化，这时受到水流或其他营力的作用，足迹就会遭到破坏，甚至毁灭，足迹就不容易保存下来。因此，在干旱地区的湖滨、海滨、河滨等沉积环境中保存足迹的可能性就高一些。这也是大面积的恐龙足迹的出现总是在代表干旱的环境的原因之一。应该特别注意的是，足迹形成后在被沉积物掩埋前，需要有干燥、硬化的过程。这在古生物实体化石的保存过程中是不需要的。硬化的足迹被沉积物掩埋保存后，随着地壳下降，在成岩作用下含足迹的沉积层转变成岩石层，足迹化石就形成了。然后，随着地壳上升并在差异风化的作用下，足迹就会暴露出来，为人们所发现（图1）。

由于地面的湿度和坡度等性质不同，即使同一种甚至同一个体的动物留下足迹的形

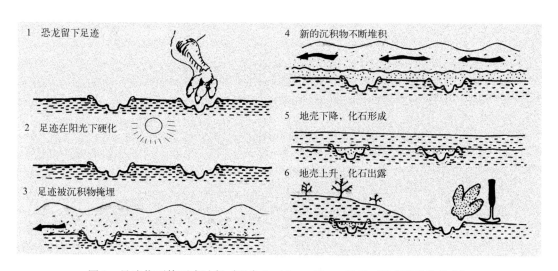

图 1　足迹化石的形成过程（引自 Lockley et Hunt, 1995，略有修改和补充）

态也会有所差别：在特别稀湿的泥地中，恐龙的脚离开地面以后，周围的稀泥会自动回填到留下足迹的地方，使足迹不同程度地遭到破坏，甚至荡然无存。相反，如果是在十分坚硬的地面上，则不会留下足迹。脊椎动物只有走在湿度、黏度、颗粒度适中的地表上才有可能留下完好而精美的足迹（图 2）。因此，恐龙足迹的形态除了受到恐龙足部的生物学特征的控制之外，还受到地表性质的影响（Lockley, 1998a）。

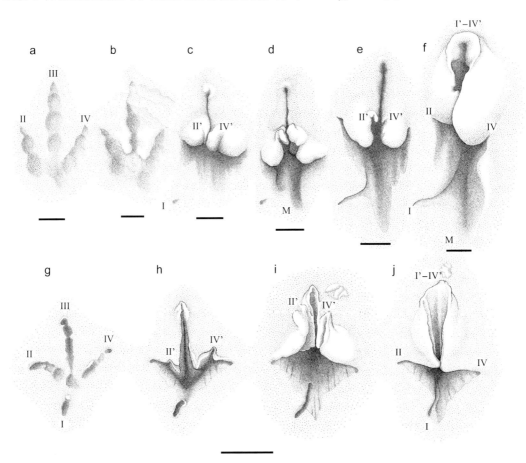

图 2　相同的动物在不同湿度的地表上留下不同的足迹（引自 Gatesy et al., 1999）

a–f. 在格陵兰三叠纪地层中发现的走在不同地表上的兽脚类恐龙足迹化石（这些不是在一条行迹中的足迹，因此不能肯定这是同一个个体留下的足迹，但应该是同一个种类的）；g–j. 同一只现生的珍珠鸡在不同地表上留下的足迹。在坚硬的地表上，足迹准确地反映了动物脚底的形状（a, g）；随着地表沉积物中水分的增加，动物的脚就越陷越深（b–f, h–j），结果在动物向上拔出脚的时候，II 趾和 IV 趾靠拢在一起，就使得动物足上 II、IV 趾的进入迹（II, IV）和拔出迹（II', IV'）是分开的（c–e, h, i），或在远端形成单一的出口（f, j）；与鸟类足迹不一样，较深的三叠纪的兽脚类恐龙足迹（d–f）中保存了清晰的蹠骨印迹（M）；图中 b 代表着一个被其他足迹挤压了的足迹；图中兽脚类恐龙足迹化石（a–f）保存在哥本哈根大学地质博物馆，编号为 MGUH VP3386–3391（图中 I–IV 代表趾迹；II'、III' 代表 II 趾和 IV 趾的拔出迹；M 代表蹠骨印迹）。比例尺长 5 cm

脊椎动物足迹化石有下凹和上凸的两种：下凹的足迹是动物的脚印本身保存在岩层上面所形成的层面构造；上凸的足迹保存在岩层的底面，是动物留下下凹足迹后，在下一次的水浸中，水中携带的沉积物将下凹的足迹充填后所形成的"铸模"。上凸的足迹常保存在上覆岩层的底面。实际上，上凸的足迹就是大自然制作的远古动物的脚的铸模，甚至可以显现软体足部的形态和细部特征。因此，凸出的足迹有利于人们对恐龙脚部软组织的研究。而且，动物足迹有关数据的测量在凸出的"铸模"上更容易做到。

一般情况下，动物足迹化石在差异风化比较明显的地方更容易暴露出来。在这样的地方，如果保存下凹足迹的岩层比其上覆岩层坚硬，上覆岩层遭受风化首先被剥蚀掉，下伏岩层层面上保存的下凹动物足迹就容易被发现。反之，如果在差异风化中，保存下凹足迹的岩层首先被风化掉，上覆岩层的底层面的凸出的足迹"铸模"就会显现出来。在许多情况下，后来的沉积物形成的岩石与保存足迹的岩层岩性差异很小，就很难形成大面积的层面暴露，这样即使里面保存着恐龙足迹化石，也不容易显现出来，不为人们所知。在自然界中，凹、凸两种形式保存的足迹化石都很常见（图3）。在偶尔的情况下，还可同时发现同一足迹的上凸和下凹两种形式保存的足迹化石。

另外，保存足迹化石的环境条件常常并不适合保存骨骼化石，反之亦然。因此，足迹化石和骨骼化石往往不在一起保存（Thulborn, 1990）。

图3　上凸（A）和下凹（B）的恐龙足迹

A. 跷脚龙足迹 *Grallator*，产于美国马萨诸塞州下侏罗统（Martin Lockley 提供）；B. 查布足迹 *Chapus*，产于中国内蒙古鄂托克旗下白垩统

三、中生代爬行动物和鸟类足迹的主要鉴别特征

足迹化石显现出许多特征，这些特征中有些能够反映生物的种类和身体形状。但是，如上所述，有些特征则是因为足迹形成时的地表环境，甚至是在沉积过程中形成的，与生物体无关。我们在描述足迹化石时，应尽可能区分足迹特征形成的原因。一般将与生物种类和生物体形状有关的足迹化石特征详细描述，作为区分足迹化石种类的重要特征（Lull, 1904）。中生代爬行动物和鸟类足迹的主要鉴别特征包括：

1）两足行走还是四足行走。这个特征主要反映了动物的种类和身体姿态，主要有四种类型：第一种，动物完全两足行走，前肢从来都不着地，比如鸟类和有些兽脚类恐龙；第二种，动物基本两足行走，只是在休息的时候前足着地，留下印迹，比如禽龙和某些鸭嘴龙；第三种，动物基本四足行走，但是身体的重心放在后腿上，比如异样龙足迹（Anomoepus）、卡利尔足迹（Caririchnium）；第四种，动物完全四足行走，而且体重平均分配到四只脚上，比如大型蜥脚类恐龙。

2）尾迹的有无。这个特征能够反映生物的特性，但主要取决于动物的运动姿态，动物在快速奔跑时尾巴一般是不落地的，而一般慢速行走时，尾巴会有时落地有时不落地，所以在描述尾迹的时候，还要考虑到造迹动物的运动速度。有些动物的尾巴永远不着地，比如，跷脚龙足迹（Grallator）和安琪龙足迹（Anchisauripus）等。

3）前后足足迹的相对大小和形状。这一特征十分重要，能够反映造迹动物的基本身体形态，甚至生物类型，但是这个特征也常常会受到地表因素的干扰。因此，在使用这个特征的时候，要一起讨论地表情况，排除干扰。在脊椎动物中，后足的形状和大小还可以反映出造迹动物的进化阶段，因此，后足足迹特征更加重要。

4）落地趾（指）的数量。这也是反映造迹生物类型的重要特征。动物在进化过程中，特别是行走速度的进化能够清晰地反映到足迹当中。一般地讲，动物奔跑得越快，其落地脚趾的数目就越少。

5）趾（指）的长度。这个特征包括绝对长度和相对长度。绝对长度可以反映造迹动物的个体大小；相对长度有时更显得重要，用得最多的是后足中趾相对于侧趾突出来的长度，这个特征可以使用"中趾并齐率"进行描述。

6）趾（指）间角。这个特征除了受生物体的特征控制以外，很大程度上受到足迹形成时地表性质的影响。一般测量时，是测量各趾（指）中轴线间的夹角。

7）爪迹的有无。这有时是用来判断兽脚类恐龙和鸟脚类恐龙的一个重要特征。兽脚类恐龙的足迹往往出现尖锐的爪迹，而鸟脚类的足迹上或无爪迹，或可见到圆形的钝爪，或者蹄、甲的印迹。

8）蹠（掌）骨的印迹。这个特征能够反映生物的走路姿态和在奔跑方面的进化程度。

在奔跑速度上比较进步的种类中，蹠（掌）骨都提升，加入到腿的长度中去。甚至大型蜥脚类恐龙的蹠（掌）骨也并拢提升，使四肢呈柱状，以有力支撑庞大身躯。

9）左右脚足迹。在足迹研究中，如果发现完整的行迹，就比较容易判断左右脚。但是在那些只有单个足迹或者无法识别行迹的情况下，确定左右脚有时是很困难的。一般情况下，足迹中的趾（指）式由趾（指）垫印迹反映出来，从内侧的拇趾（指）向最外侧的 V 趾（指），趾（指）节数逐渐增加，一般 I 趾（指）2 节，II 趾（指）3 节，III 趾（指）4 节，IV 趾（指）5 节。在四趾类型的后足足迹中，拇趾往往和其他三个趾的方向不一致，很多拇趾指向后方；而在五趾（指）类型的足迹中，正相反，指向后方的是 V 趾（指）。

四、足迹化石学研究的相关术语和测量方法

1. 反映动物解剖特征的术语和测量方法

足迹长（footprint length）：足迹的最前一点和最后一点间的距离。测量时测量线应与足迹长轴平行，有时足迹实际长度会被爪尖和跟部的拖曳印迹所影响，因此有时足迹的长会与跟（蹠）部长度和 III 趾各关节长度的和不一致（图 4，图 5）。

足迹宽（footprint width）：足迹两侧最远端之间的距离，与足迹长垂直（图 4，图 5）。

趾（指）迹（digit print）：脊椎动物的趾（指）的印迹。

趾（指）节骨（phalanx）：构成趾（指）的小型长骨。

趾长（digit length）：从指端（包括爪、甲）的印迹到该趾的最后一个垫的后边缘的连线长度。有时趾发生

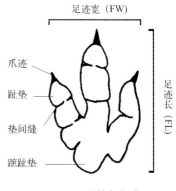

图 4　足迹的长与宽

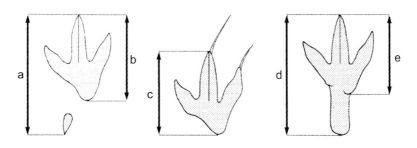

图 5　不同足迹长的测量（引自 Thulborn，1990）
a. 足迹全长，包括拇趾印迹；b. 不包括拇趾印迹的足迹长；c. 不包括爪子划痕的足迹长；
d. 包括蹠骨的足迹长；e. 不包括蹠骨的足迹长

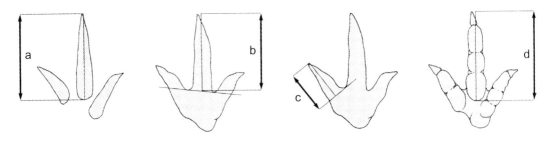

图 6 趾长的测量（引自 Thulborn, 1990）

a. 各趾独立时直接测量；b. 各趾不独立时，测量两个趾叉 (hypex) 顶点连线的中点到趾尖的距离；c. 内侧趾
或外侧趾趾长的测量；d. 趾垫清晰的足迹中，趾长为最后一个趾垫的后缘（近端）到趾尖的距离

弯曲时，趾长的测量也按照曲线进行（图 6）。

趾宽（digit width）：趾迹的宽度。这不是一个很重要的特征。受地表性质的影响，即便同一个体在行走时，趾宽也会有很大变化。在一条行迹中，若干个趾宽的平均值具有一定的意义。测量时，测量与趾长垂直方向的趾迹侧边缘间的距离。在兽脚类恐龙足迹中，趾宽由近端向远端逐渐变细。在有特殊意义的情况下，趾宽可作为足迹鉴别特征，尤其在鸟脚类足迹的鉴定中。

趾（指）间角（divarication between digits）：两趾（指）中线间的夹角（图 7）。在表示趾（指）间角时使用趾（指）角式。比如，在三趾型动物后足中，趾角式为：II- 角度 -III- 角度 -IV。在五趾型足迹中为：I- 角度 -II- 角度 -III - 角度 -IV- 角度 -V。

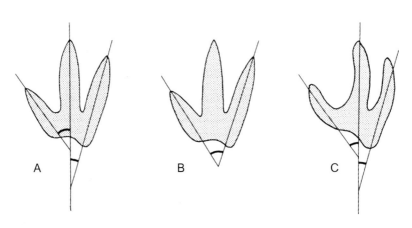

图 7 趾间角测量（引自 Thulborn，1990）

A. 各趾中线间的夹角；B. 三趾足迹中外侧趾间的夹角；C. 弯曲脚趾趾间角的测量

趾叉（hypex）：相邻两趾（指）之间的跟部连接区域，一般为趾间角顶点部位。

趾尖三角形（anterior triangle）：在三趾型恐龙足迹中，II、III、IV 趾趾尖（并非爪尖）连线组成的三角形。趾尖三角形的形状代表着中趾（III 趾）凸出于两侧趾的程度。

中趾并齐率（digit III projection ratio）：中趾与侧趾并齐部分的长度（R）与中趾突

出于两侧趾长度（P）的比值（R/P）。一般用于三趾型足迹的特征描述中，这个值越小，中趾凸出越多。在小型足迹中，中趾超出侧趾的长度较大，中趾并齐率接近于1；在大型三趾型足迹中，中趾突出的程度较小，与两侧趾并齐的长度较大，这个数值接近2（图8）。

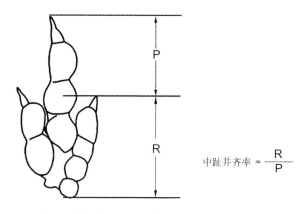

$$中趾并齐率 = \frac{R}{P}$$

图 8　中趾并齐率（参考 Olsen et al., 1998）
P. 中趾超出两侧趾的长度；R. 中趾与侧趾并齐部分的长度

趾数（number of dactyls）：足趾的数目。

功能趾数（functional dactyls）：在足迹上印出印迹的趾的数目，也就是恐龙行走时着地的脚趾数目。一般来说，足迹上印出的趾的数目不一定代表造迹动物实际的趾数，因为有时足上的趾开始退化，趾位升高并不在地面留下印迹，功能趾不包括行走时不着地的脚趾。所以，在今后的描述中，如果没有特殊说明，趾（指）数所指的是功能趾（指）数，比如，三趾型代表该足迹有三个功能趾，二趾型代表两个功能趾。

垫（pad）：足下部各趾（指）关节处的肉质增生部分，由于位置的不同又有不同的名称。

【说明】关于垫与骨节之间的关系，一直有不同的看法。很久以前，人们就意识到清晰足迹中的趾垫印迹应该和造迹动物的趾节有一定的关系。从理论上讲人们可以通过足迹中的趾垫数目推断造迹恐龙脚趾中的趾节骨数目。而且，还可以根据趾垫的大小来确定脚趾的粗细和大小。许多科学家都根据这个推论来复原恐龙足部的骨骼。但是，对于趾（指）垫与趾（指）节骨的位置关系有不同的看法。1879 年，Sollas 描述来自南威尔士的兽脚类足迹 *Anchisauripus* 时指出：足迹上的趾垫应该与趾节骨的节间位置相对应。在 20 世纪早期，Lull（1904, 1915, 1917）和 Soergel（1925）等也认为足迹中的趾垫位于趾节骨的节间处，而不是关节处（图9A）。但是，Heilmann（1927）详细研究了许多鸟类的足部趾垫与骨节对应的关系后，对 Lull 的观点提出了质疑。他发现现生鸟的趾垫与趾节排列的关系很复杂：在有些鸟类中，趾垫位于趾节骨节间处，另一些则位于关节处，甚至还有些趾垫的位置是变化的。实际上，Sollas（1879）早就试图通过考察现生鸸鹋的脚部结构验证他的结论，可是发现实际情况与他的结论不相符。更糟糕的是，Lucas 和 Stettenheim（1972）发现现生鸟类趾垫的位置甚至在同种的不同个体内也都有变化。于是，

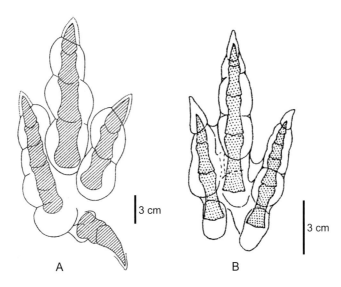

图 9　恐龙足迹趾垫与骨骼关节的关系图

A. 恐龙足迹 *Anchisauripus exsertus* 及足部骨骼位置关系推测图，趾垫与趾（指）节骨节间相对应（引自 Lull, 1904）；B. 恐龙足迹 *Grallator suleatus* 及足部骨骼位置关系推测图，趾垫与趾（指）节骨关节相对应（引自 Baird, 1957）

他们得出结论认为在鸟类中趾垫和趾节骨的位置关系变化很大，好像没有固定的关系。Peabody（1948）也观察了很多现生鸟类的足部结构，比如，火鸡和美洲鸵鸟等。他发现绝大部分所观察的鸟类的趾垫均位于脚趾骨的关节处。因此，在他复原的兽脚类恐龙足迹 *Grallator cursorius* 的骨骼复原图中，使其趾垫位于关节处。Baird（1957）通过研究一些走禽的脚部特征，也同意 Peabody 上述的结论，并在文章的插图中，将趾垫对应于趾骨的关节处（图 9B）。实际上许多兽脚类恐龙和鸟脚类足迹都具有三个功能趾，而且 II、III、IV 趾上的骨节数分别为 3、4、5（包括爪）。在保存较好的兽脚类足迹中，我们常可见到清晰的趾垫，II、III、IV 趾上的趾垫分别为 2、3、4 个，即 II 趾 2 个垫，对应三个趾节骨的两个关节；III 趾上 3 个垫，对应四个趾节骨的三个关节。因此，Thulborn（1990）指出，尽管现生鸟类中趾垫和指节的关系有些不稳定，我们还是可以认为：动物的脚趾关节很少位于两个趾垫的垫间缝处。换句话说，趾垫很少位于趾节骨节间处。另外，在许多兽脚类足迹中，每个脚趾后部（近端）大多有一个脚垫，被称为蹠趾垫。这个脚垫应该位于蹠骨和近端趾骨近端的关节处。因此，目前大多数恐龙足迹研究者认为足迹上的趾垫应该对应于趾节骨的关节处（图 9B）。

趾（指）垫（phalangeal pad）：趾（指）上各关节处的垫。

掌指垫（metacarpo-phalangeal pad）：近端指节骨与掌骨远端关节处的垫。

蹠趾垫（metatarso-phalangeal pad）：近端趾节骨与蹠骨远端关节处的垫。

垫间缝（crease between pads）：趾（指）垫之间的缝隙。

行迹（trackway）：由一个运动的动物所留下的一串连续的足迹。一般从技术角度看，要有 6 个以上（两足行走的动物 3 个以上）连续的足迹所形成的行迹才比较好，可以测量所需要的数据。在特殊情况下，根据两个连续的足迹恢复出来的行迹也是有一定参考价值的。

复步长（stride length）：在同一条行迹中，两相邻同侧足迹上相应点间的距离，也就是同一只脚运动一次后的距离（图 10）。测量这个数据时要测量两个足迹上相应点间的距离，而不是足迹边缘间的最小距离。复步往往是与行迹中线平行的。复步的长度是随着动物运动速度的变化和行进姿态变化而变化的。

单步长（pace length）：在同一行迹中，两个相邻的左右足迹上相应点间的距离（图 10）。这个长度的测量是与中轴线相交的。它在中轴线上的投影就是复步长度的 1/2。

相对复步长（relative stride length）：复步长（SL）与臀高（$h = 4FL$）的比值。臀高一般是足长的 4 倍。通过复步长与臀高的比值大致可以推断恐龙的运动速度。一般 $SL/h \leqslant 2$ 为正常行走；$2.0 < SL/h < 2.9$ 为小跑；$SL/h \geqslant 2.9$ 为奔跑（Alexander, 1976）。

步幅角（pace angulation）：在 3 个连续后足或（前足）足迹中，相应点间的连线所形成的夹角（即两条相邻单步形成的夹角）。3 个连续的足迹是左 - 右 - 左，或右 - 左 - 右，相应的点一般选在 III 趾的蹠趾垫的中点（图 10）。在同一条行迹中，这个数值常常与其他数据相关，行迹宽，复步短，步幅角就小；行迹窄，复步长，这个角度就大。一些两足行走的兽脚类恐龙奔跑时步幅角可接近 180°（图 10）。

行迹宽（trackway width）：行迹宽度，动物行走时左、右足迹中轴线所在的两条平行线之间的距离（图 10）。

行迹外宽（external trackway width）：在一条行迹中，左后足足迹和右后足足迹外侧边缘间的距离，一般测量左右足足迹外侧边缘切线间的距离（图 10）。

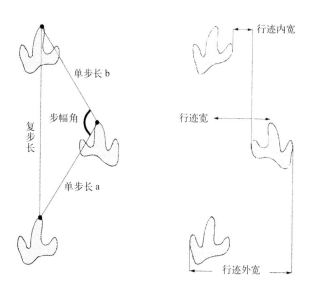

图 10　兽脚类行迹示意图（引自 Thulborn, 1990）

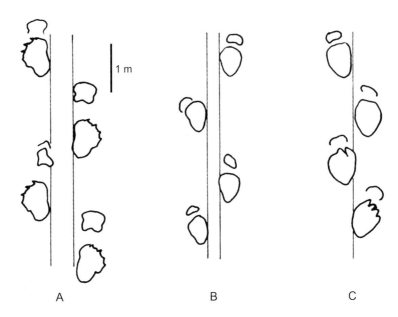

图 11　蜥脚类行迹示意图（引自 Lockley et Hunt, 1995）

A. 较宽的行迹内宽；B. 中度行迹内宽；C. 窄的行迹内宽

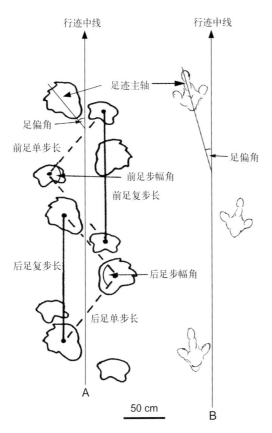

图 12　行迹中线及足偏角

A. 蜥脚类行迹（引自 Lockley, 2002）；B. 兽脚类行迹

行迹内宽 (internal trackway width, gauge)：在一条行迹中，左后足足迹和右后足足迹内侧边缘间的距离（图10，图11），一般测量左右足足迹内侧边缘切线间的距离。行迹内宽可以反映造迹动物身体的宽度和行走能力。行迹内宽是蜥脚类足迹的重要特征，一般来说，侏罗纪的蜥脚类恐龙行迹内宽较小，接近零；而白垩纪蜥脚类恐龙的行迹较宽，内宽一般为 20–50 cm (Lockley et Hunt, 1995)。

行迹中线 (mid-line of trackway)：为一条想象的曲线或直线，是造迹动物的身体中轴面与地平面的交线。假设在动物行走时这条线在地面上留下的痕迹，它到两侧足迹的距离是相等的。若动物不改变运动方向，这条行迹中线就是直线；若动物改变运动方向，这条线就表现为曲线。在实际应用中，就是左右足迹内侧之间形成区域的中线（图12）。

足偏角（divarication of foot from midline）：足迹长轴与行迹中线相夹的锐角（图12）。这个角角顶所指的方向多数与行迹方向相反，有时则相同，这是因为有的足迹是向外偏，有的则向内侧偏。这个值有时是正数，有时是负数，有时是零。一般是将向外侧所形成的偏角视为正角，将向内偏所形成的偏角视为负角。测量这个值时，必须弄清整个足迹的长轴方向与各趾所指的方向间的区别。

足迹主轴（axis of the footprint）：用于测量足迹长、宽等数据时的一条参考线（图12，图13）。足迹主轴所在的位置，也就是足重心所在的指（趾）——一般是足迹上最长指（趾）的位置，包括下列4种情况：

1）内侧轴型（entaxony）：足迹上最重要、最长的指（趾）是内侧指（趾），比如I指（趾）或II指（趾），人的脚就属于内侧轴型，其他动物很少见（图13A）。

2）中轴型（mesaxony）：足迹上最重要、最长的指（趾）是中指（趾），一般是第III指（趾），多数主龙类（archosaurians），包括恐龙具有这种形状的足。另外，人类的手上中指最长，也属于中轴型（图13B）。

3）双轴型（paraxony）：足迹上第III指（趾）和第IV指（趾）同等重要，且等长，足的重心在这两个指（趾）中间，这种形状的足在爬行动物中很少见，多见于偶蹄类哺乳动物（图13C）。

4）外侧轴型（ectaxony）：足迹上最重要、最长的指（趾）是外侧指（趾），多数是第V趾，常见于鳞龙类（lepidosaurs）爬行动物（图13D）。

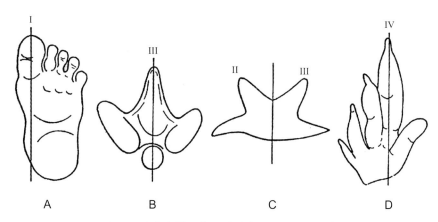

图13　足迹主轴示意图（引自 Leonardi, 1986）
A. 内侧轴型；B. 中轴型；C. 双轴型；D. 外侧轴型

一般情况下，双轴型足迹的轮廓图为轴对称图形；中轴型足迹的轮廓图近似轴对称图形，有时中指（趾）会向一侧偏斜；内侧轴型和外侧轴型的足迹轮廓则为不对称图形。

躯干长（glenoacetabular length）：四足行走动物的行迹中，前足单步长的中点与同一步伐中后足单步中点间的距离，即肩带和腰带间的距离（图14）。

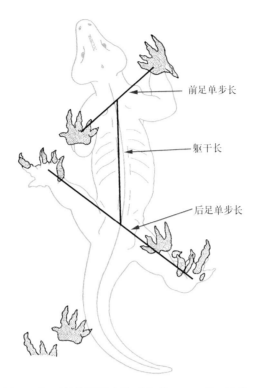

前足单步长

躯干长

后足单步长

图 14　躯干长的测量方法（参考 Leonardi, 1986）

尾迹（tail trace）：动物尾巴在地表的拖曳迹，恐龙足迹中很少发现。在恐龙足迹中，缺少尾迹的现象说明恐龙行走时尾巴不着地。在两足行走的恐龙中，行走时躯干与地面平行，尾巴抬起与地面平行或上翘。

足姿（foot posture）：动物在行走时脚部各个部位着地的程度。反映到足迹上就可形成不同姿态的印迹。脊椎动物可形成以下几种足姿：

1）**蹠行式**（plantigrade）：行走时整个脚掌面（跗骨、蹠骨加趾节骨）落地。有些脊椎动物在行走时其腕 - 掌关节（或跗 - 蹠关节）、掌（蹠）骨及趾（指）节骨着地，也被称为蹠行式。足迹中显示全部脚掌及趾的印迹，在趾（指）迹的后面留有较长的印迹。比如人类的足迹以及世界上广泛分布的手兽足迹 (*Chirotherium*) 就属于这种蹠行式（图 15，图 16A）。

2）**趾（指）行式**（digitigrade）：趾（指）骨和跗（掌）骨的远端着地。足迹中可保存全部趾（指）迹和蹠（掌）骨远端形成的蹠趾（掌指）垫 (metatarso-or metacarpo-phalangeal pads) 的印迹（图 15，图 16B）。

3）**半趾（指）行式**（semi-digitigrade）：只有部分趾（指）节骨着地；足迹中只有趾（指）迹，没有蹠趾（掌指）垫的印迹。快速行走的兽脚类恐龙可留下半趾行式印迹（图 16C），而且趾着地的部分越少，造迹动物运动的足迹越快。

4）**蹄行式**（unguligrade）：用最远端的一趾（指）节骨着地行走，最远端的趾（指）节骨远端还可以再长有甲或蹄。现生奇蹄类和偶蹄类哺乳动物常留下蹄行式足迹（图 15）。

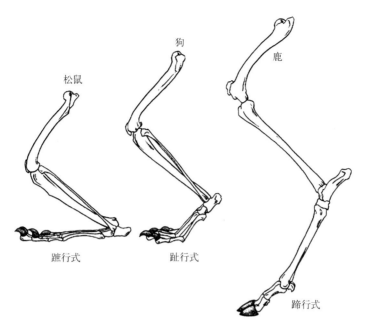

图 15　哺乳动物不同足姿示意图

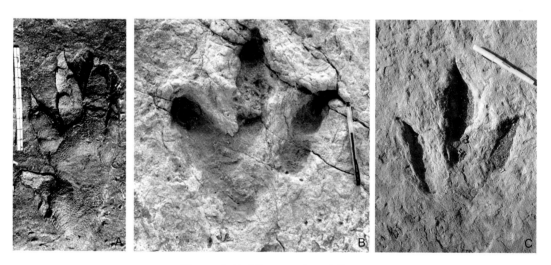

图 16　爬行动物不同足姿形成的足迹

A. 跖（蹠）行式：手兽足迹 *Chirotherium storetonense*（保存在英国利物浦地质学会 Liverpool Geol. Soc.），整个脚掌着地（引自 Sarjeant, 1975）；B. 趾行式：查布足迹 *Chapus lockleyi*（保存在内蒙古鄂托克综合地质博物馆），可见蹠趾垫；C. 半趾行式：亚洲足迹未定种 *Asianopodus* isp.，只保留部分趾迹（保存在内蒙古鄂托克综合地质博物馆）

　　一般情况下两足行走、三趾型恐龙的行走方式为趾行式。这种运动方式为恐龙奔跑提供了很好的条件。趾行式的出现是因为蹠骨都加入到腿的总长度之中，只有远端和趾的关节处可着地（图 17，图 18），从而增加了腿的长度使动物的重心提高，比如运动员

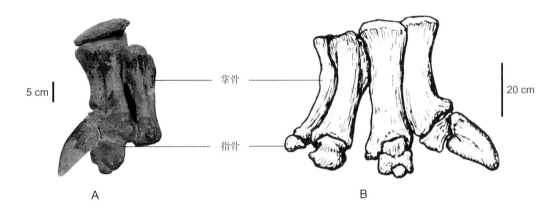

图 17 蜥脚类前足

A. 杨氏马门溪龙（*Mamenchisaurus youngi*）左前足（ZDM0083）；B. 托尼龙（*Tornieria*）右前足素描
（引自 Thulborn, 1990）

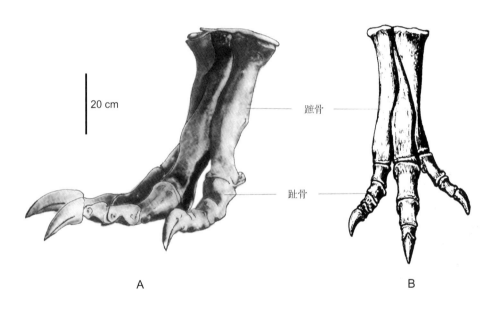

图 18 兽脚类后足

A. *Tyranosaurus*；B. *Allosaurus*

短跑时或是跳跃时都将脚掌抬起只用脚掌前部和脚趾着地奔跑。在四足行走的恐龙中，由于身体较重，它们的身体结构向着承重稳定方向发展，而不是向着快速奔跑的方向发展。它们的四肢像柱子，直立在身体之下。它们的行走方式也是趾行式的，蹠（掌）骨向上提升并拢，只有蹠（掌）骨远端及趾（指）骨着地，四肢基本成上下垂直的柱状。

趾（指）式（phalangeal formula）：表示脚上各趾（指）节数的一种方法。将每个趾（指）的趾（指）节数按照 I–V 趾的顺序写出数字，数字之间用短横线（或顿号）隔开。比如，陆生爬行动物后足的基本趾数为 2-3-4-5-4，表明 I 趾 2 个趾节，II 趾 3 个趾节，III 趾 4 个趾节，IV 趾 5 个趾节和 V 趾 4 个趾节。

内侧（medial）：指动物的脚靠近中线的一侧，即 I 趾（指）所在的一侧（或在三趾类型中的 II 趾所在的一侧）。

外侧（lateral）：指远离中线的一侧，即 V 趾（指）外侧（或在三趾型足迹中 IV 趾外侧）。

中间趾（指）（median digit）：三趾（指）足迹中的 III 趾（指），五趾（指）足迹中的 II，III 和 IV 趾（指）。

边缘趾（指）（outer digit）：三趾（指）足迹中的 II 和 IV 趾（指）。五趾（指）足迹中的 I 和 V 趾（指）。

行走方式（locomotion）：动物行走时着地足的数目。包括：

1）四足行走（quadrupedal）：四足完全着地，足迹在行迹中线两侧保存按韵律交错排列的前、后足足迹。若单步很长时就可看到一组一组间隔有一定的距离。

2）两足行走（bipedal）：两后足行走。从足迹上看左右足迹前后交错排列。

3）半两足行走（semi-bipedal）：平时用两足行走，偶尔用前足着地。这在足迹上的反映为：动物运动速度较慢时、拐弯时以及停下时都可以有前足印迹。

2. 反映足迹形态的术语

下凹足迹（concave imprint, mould, negative imprint）：动物踩下的足迹。下凹足迹化石保存在岩层正面。

上凸足迹（convex imprint, cast, positive imprint）：在下凹的足迹中形成的铸模。当保存下凹足迹的岩层比较容易风化，而其上覆岩层比较坚硬不容易风化的时候，在差异风化的作用下，保存下凹足迹的岩层首先被风化，就在上覆岩层的底面暴露出上凸的足迹。因此，上凸的足迹保存在岩层的底面。

【说明】有些中文文献（甄朔南等，1996； 邢立达等，2007）将英文术语 positive imprint 和 negative imprint 分别翻译成"正型足迹"和"负型足迹"，分别代表"上凸足迹"和"下凹足迹"。但是，"正型足迹"容易与名词"正型标本"、"正模标本"等相混淆。另外，"正型足迹"又会给人造成原始下凹足迹的印象，而将"下凹足迹"认为是"正型足迹"，将"上凸足迹"认为是"负型足迹"（曾祥渊，1982；杨兴隆、杨代环，1987），与这两个术语的基本含义完全相悖。因此建议在今后的描述中不使用"正型足迹"和"负型足迹"的术语，而使用不易混淆的"上凸足迹"和"下凹足迹"。另外，在拍摄足迹特写照片的时候，拍摄者尽量使主光源来自于照片的左上方。因为这种光源方向使人们容易看出足迹的凹凸。但是在野外，光源方向是无法改变的。当光源来自于其他方向时，照片就很容易给人们造成视觉误差，把上凸的足迹看成下凹的，把下凹的看成上凸的。在这种情况下，拍摄者就要在照片上标出光源方向，以便读者正确判断足迹的凹凸。

重叠迹（overlapped imprint）：四足动物的运动比两足动物要复杂。表面上看，四足行走的动物向前运动时一条后腿和另一侧的前腿同时向前迈，这时，另一条后腿和对角对称的前腿向后蹬，推动整个身体前进；但实际情况没那么简单，斜角对称的左右腿并不是同时运动的。这样，斜角对称的左右足也不会是同时着地。在低等脊椎动物运动过程中，有一个四足同时落地的时刻，这就是该动物将重心从一对斜角对称的左右腿换到另一对斜角对称的左右腿上的时刻。在高等陆生脊椎动物中，行走能力加强，在行走过程中，没有四足同时落地的时刻。在一对斜角对称的左右腿运动之间有一个"时间差"。这就使得有些种类中，在行进时后足总是踩在前足刚留下的足迹上面形成重叠迹（图37）。

挤压脊（expulsion rim, displacement rim, raised rim, bourrelet）：足迹周围被挤压起来的沉积物（图19，图37），取决于沉积物表面的黏度，常常伴随着足迹内与地面垂直的沉积物隆起，以及足迹周围沉积物表面的放射状裂缝 (Allen, 1997; Manning, 2004)。

图19　挤压脊（引自 Lockley, 2002）

保存在美国新墨西哥州上三叠统中的蜥脚类足迹，在斜射阳光照耀下显示清晰挤压脊构造挤压脊明显的足迹往往保存在足迹形成的原始层面上。

幻迹（transmitted print, ghost print）：动物行走时，脚踩在地表层，常常也对下面一层甚至几层产生挤压，而使下面的岩层也形成足迹的痕迹。成岩后，可以一层层分开。这种在动物脚直接接触的岩层的下面一层或几层上形成的足迹印痕，称为幻迹（图20）。这些幻迹越向下越不清晰。幻迹周围一般不形成挤压脊。

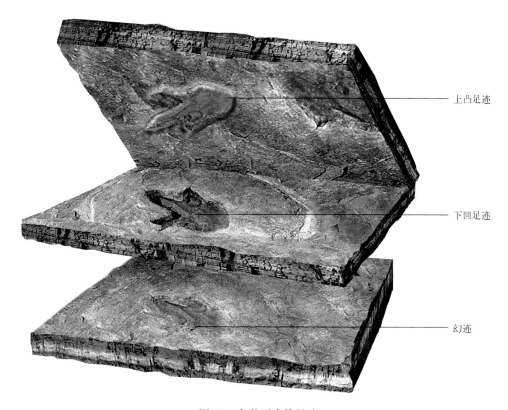

上凸足迹

下凹足迹

幻迹

图 20　各种形式的足迹

上面给出的是足迹化石研究中的一些常见术语。在有关术语的介绍中，为了便于理解，本书附上了相关的图片。足迹的分类和研究目前还主要以形态为主要依据，因此相关的图片是必不可少的，也希望在今后的研究和描述中，在发表的文章中也要给出一些图片，这些图片至少应该包括：足迹野外分布图、足迹行迹局部图（显示单步、复步、行迹宽等的测量位置）、足迹轮廓图及特写照片［显示足迹长、宽，以及趾（指）间角的测量位置等］。

五、脊椎动物足迹的分类和命名

最早使用双名法为脊椎动物足迹命名的是德国科学家 Kaup。他在 1835 年使用双名法首次为在德国三叠纪砂岩中发现的手兽足迹化石命名。由于当时他不能确定该足迹化石是哺乳动物还是爬行动物的，于是就为这批足迹化石创立了两个名字：手兽（*Chirotherium barthii*）和手龙（*Chirosaurus barthii*），并指出如果最后这个足迹证明是哺乳动物就使用前面的名字——手兽，如果是爬行动物就使用后面的名字——手龙。后来的研究证实这个足迹是爬行动物所留，但是根据优先权，前面的名字手兽（*Chirotherium barthii*）为有效名称，而名称手龙（*Chirosaurus barthii*）由于排在后面而被废弃。这是最早根据双名法命名的脊椎动物足迹。

Hitchcock 在 1836 年系统研究了康涅狄格河谷发现的恐龙足迹化石，建立了足迹化石学（Ichnology），并使用双名法为脊椎动物足迹命名。在后来的研究中，大多数足迹化石学家也都使用双名法为足迹化石命名。由于脊椎动物足迹的形态还受地表性质的影响，所以有时即使同一条行迹中足迹的形态也有很多变化，因此，大多数科学家基本接受这样一个事实：一个足迹属（ichnogenus），甚至一个足迹种（ichnospecies）中的足迹形态的变化范围可能会很大（Thulborn, 1990, p. 97）。值得强调的是，足迹属和足迹种的名称只是给足迹化石的，并不是给足迹的造迹动物的，所以，有的时候足迹属、足迹种中的名称与造迹动物无关，比如，*Anchisauripus* 的造迹动物并不是以植物为食的原蜥脚类恐龙 *Anshisaurus*，而是一种兽脚类恐龙。

但是，在科及科以上的分类中，就没有统一的标准。不同的足迹化石学家把已经建立起来的足迹属和足迹种根据自己的观点，归入不同的高一级阶元当中。在现行的足迹化石命名办法中，对足迹属以上的分类阶元没有统一的标准。

总结起来，有三种主要的分类原则（Thulborn, 1990; Billon-Bruyat et Mazin, 2003）：

第一，科及科以下的阶元使用足迹化石学中的特殊分类阶元，包括足迹科（ichnofamily）、足迹属（ichnogenus）和足迹种（ichnospecies），并将足迹阶元归入现行的林耐自然分类系统中。比如，跷脚龙足迹属（*Grallator*）归入跷脚龙足迹科（Grallatoridae）。然后，将跷脚龙足迹科归入自然分类系统中的兽脚目（Theropoda）。反对这个分类系统的学者认为足迹化石并不是生物体本身，因此没有理由把它们放在生物体的分类系统中。同时，林耐的分类系统中暗示着相同类群的生物之间存在演化关系，但是足迹之间并没有演化关系。

第二，为所有痕迹化石单独建立一个类似林耐系统的分类系统，在这个系统中，不仅有足迹种、足迹属和足迹科，还有足迹目（ichnoorder），甚至足迹纲（ichnoclasses）。这个分类系统中的足迹属、种与林耐生物分类系统中的造迹动物一一对应。但是，这个分类系统最大困难就是很难确切地鉴定造迹动物的属种类型，而无法把足迹正确地归入到分类系统中。

第三，建立一个完全独立的分类系统，与林耐生物分类系统无关。这个分类系统最大问题就是无法确定一个共同遵守的分类原则：是按照功能进行分类，还是按照形态进行分类。另外，如果建立一个与造迹动物无关的分类系统，把它放在古生物志书中也就没有什么意义了。

Lull（1904）按照上述第一个系统对足迹进行了描述。虽然 Lull 没有使用足迹分类单元（ichnotaxon），而仍然使用林耐生物分类单元（taxon），但是，在定义种、属、科，甚至目的特征的时候，则完全按照足迹的特征定义。Baird（1957）在对美国新泽西州 Milford 发现的三叠纪爬行动物足迹化石进行描述时，与 Lull（1904）一样也将足迹科、足迹属和足迹种归入林耐生物分类系统中的不同的目里面。然而，与 Lull 不一样的是，Baird 使用了 Form-family（形态科），而属和种则仍然使用 genus 和 species。Haubold（1971）直接将足迹属、足迹种放在林耐生物分类系统中的科当中，只是 Haubold 将有些科定义为 Morpho Familia。甄朔南等（1983, 1986, 1996; Zhen et al., 1989, 1994）、李建军等（2006, 2010, 2011; Li et al., 2012），以及 Xing 等（2009d, 2013c）等描述在中国不同地区发现的恐龙足迹时均将足迹属、足迹种归入不同的足迹科（ichnofamily）中，并将足迹科归入林耐生物分类系统的相应的目或者亚目下面。但是，有些足迹科并没有明确的定义，只是简单地给出足迹属和足迹种可能的造迹动物。邢立达等（2007）以及 Xing 等（2013h）干脆不使用足迹科，而将足迹属直接放入生物分类系统的亚目下面。

本志书的分类系统基本按照 Lull（1904）最先使用的分类系统，将足迹属（ichnogenus）和足迹种（ichnospecies）归入不同的足迹科（ichnofamily），并将足迹科及其中的足迹属和足迹种归入到林耐生物分类系统的亚目或者目当中。有些目前没有确定足迹科的足迹属种直接归入林耐生物分类系统的亚目或者目以下。

六、足迹化石研究的意义

足迹化石有许多不同于骨骼化石的特点，尤其是动物的足迹是在生活期间遗留下来的，因此，可以提供许多关于动物的生活状态、行为和习性以及当时的古地理和古环境方面的特殊信息，这样的信息有时是很难从骨骼化石中得到的。

1. 填补骨骼化石空白

一只脊椎动物只有一副骨架，但是在它的一生中可以留下大量的足迹，并且保存足迹的岩层多数是在半干旱甚至干旱环境下形成的。这种环境对恐龙骨骼化石的保存十分不利。越是干旱的地方，发现食物的机会就越少，恐龙行走的距离就越长，形成和保存足迹的可能性也就越大。我国恐龙足迹保存比较多的内蒙古鄂托克地区恐龙骨骼化石十分稀少，但是通过对恐龙足迹的发现和研究，我们了解了那里曾经生活过很多种类的恐龙。在欧洲二叠纪到三叠纪的新红砂岩中几乎没有骨骼化石的发现，并且除了孢粉化石以外，其他类别的生物化石也十分稀少，但是其中广泛分布脊椎动物足迹化石。

2. 提供古动物生活习性方面的信息

1）古动物居群习性：在脊椎动物足迹的研究中，常常发现不同个体动物的足迹分布呈现出一些规律，从而可以判断造迹动物当时的个体数量，以及不同个体之间的关系。在内蒙古鄂托克地区下白垩统中发现了成串的蜥脚类恐龙足迹平行排列，而且有中间小旁边大的趋势，于是就可以推断出这是一群蜥脚类恐龙在迁徙过程中留下的足迹，个体小的幼年恐龙行进在中间受到成年个体的保护（Lockley，2002）。在另外一个同层位化石点中发现许多分布零散的、没有统一方向的鸟类足迹，在这些鸟类足迹化石中穿插了许多平行的小型兽脚类行迹，而个体较大的兽脚类足迹的运动方向则与这些平行的行迹没有什么联系。这个现象表明小型个体的兽脚类恐龙在攻击猎物、或者迁徙时，是集体行动（图21）。

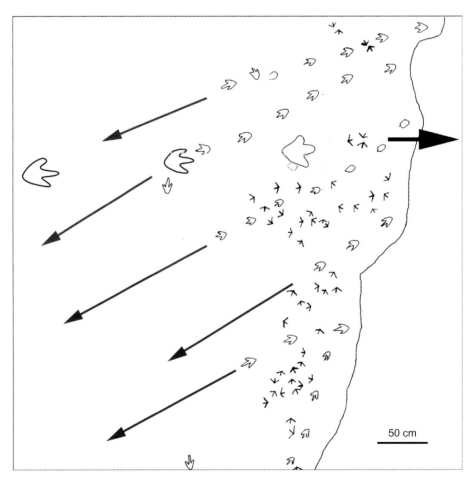

图 21　内蒙古鄂托克旗查布地区 15 号点小型恐龙足迹和鸟类足迹平面分布图局部
红色箭头代表小型兽脚类恐龙运动方向，可以看出，这些小型兽脚类恐龙的运动方向基本平行，表明它们在统一行动；黑色箭头表示大型兽脚类恐龙的运动方向，与小型兽脚类足迹的方向无关，表明它们可能单独行动；鸟类足迹杂乱

2）动物运动方式及速度：通过足迹之间的相对位置关系，可以测量古动物行走时复步和单步的长度，以及足迹长等数据。有些科学家根据对现代动物研究曾经给出一些计算恐龙的行走速度的公式，比较有名的是 Alexander（1976）提出的公式：

$$V = 0.25\, g^{1/2} \cdot \lambda^{1.67} \cdot h^{-1.17}$$

式中，g 为重力加速度（一般取值 9.8）；λ 为复步长；h 为臀高（等于 4 倍足长）

甚至在互联网上已经有专门计算恐龙运动速度的计算软件（Dinosaur Speed Calculator——http://www.sorbygeology.group.shef.ac.uk/DINOC01/dinocal1.html）。我们可以在计算软件中直接输入足迹长（$FL = h/4$）和复步长（$SL = \lambda$），速度计算软件就直接给出造迹动物的运动速度。一般将复步长与臀高的比值（λ / h）称为相对复步长 (relative stride length)，这个值小于等于 2 时，认为古动物是在行走；这个值在 2 和 2.9 之间是在小跑；大于 2.9 时，在快速奔跑。在内蒙古鄂托克地区发现了一串恐龙行迹，其足迹长（$FL = h/4$）为 0.28 m，但是它的复步长（λ）为 5.6 m！相对复步长（λ / h）达到了 5，说明该恐龙在快速奔跑。经过计算，这条恐龙的奔跑速度为 43.85 km/h！是目前世界上发现的跑得最快的恐龙。

3）古动物的行走姿态：首先，根据足迹可以直接看出恐龙是四足行走还是两足行走，同时根据足迹的排列关系可以推断出恐龙是左右脚交错迈出，而不是像袋鼠那样双脚并拢跳跃的。另外，根据足迹可以判断恐龙行走时落地脚趾的数目，许多两足行走的恐龙后脚上的第 I 趾是不落地的。

4）表明一些庞大的恐龙是能够在陆地上行走的：根据恐龙骨骼化石判断，有些恐龙，特别是蜥脚类恐龙的个体十分庞大，有人不相信它们的四肢强壮到能撑起庞大的身躯。有些科学家在复原蜥脚类恐龙的时候就将它们放在水中，认为它们需要依靠水的浮力才能够生存。直到 20 世纪 40 年代，Bird（1944）首次发现了蜥脚类恐龙足迹保存在陆地沉积环境中。后来，世界各地陆续发现大量的蜥脚类恐龙的足迹，证明了庞大的蜥脚类恐龙是可以在陆地上行走的。

5）再现古代动物的生活情景：在世界上许多地方发现了肉食性的兽脚类恐龙足迹和植食性的蜥脚类恐龙足迹混杂在一起保存的现象。例如，在美国得克萨斯州的 Paluxy Creek 河边发现了一串蜥脚类足迹（图 22）和一串兽脚类足迹保存在一起（Bird, 1944, 1954），可能记录了亿万年前的一场追逐。

6）游泳的痕迹：Bird（1944）曾经报道在美国得克萨斯州白垩纪地层中发现了蜥脚类恐龙行迹，但是奇怪的是，大都是前足的足迹，只是在拐弯的地方发现了一个后足足迹（图 23）。人们很难想象庞大的蜥脚类恐龙抬起后肢、仅靠前肢行走的姿态。研究人员对这个现象的解释是，恐龙当时在游泳！由于水的浮力，恐龙在水中后肢浮起，仅靠前肢踩在湖底，带动身体在水中前进，在拐弯的时候，后脚登地，留下了一个后足足迹。

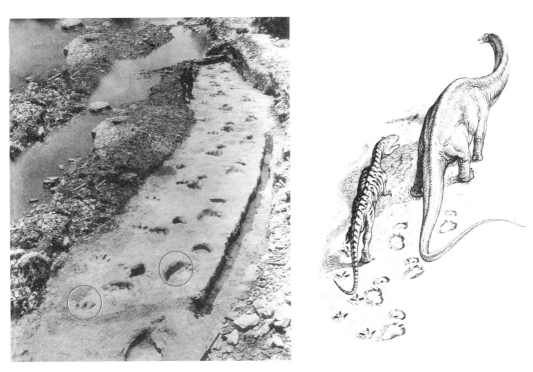

图 22　美国得克萨斯州的 Paluxy Creek 莫里逊组（上侏罗统）发现的兽脚类追逐蜥脚类的足迹
（引自 Bird, 1944）

后足印迹

图 23　发现于美国得克萨斯州班德拉县 Mayan Ranch 下白垩统的蜥脚类行迹（引自 Bird, 1944）

图中显示 11 个前足足迹，在拐弯的地方出现一个后足足迹，研究人员推断是蜥脚类恐龙在水中游泳时留下的但是，Lockley（1991）、Lockley 和 Hunt（1995）则认为由于该足迹的造迹蜥脚类恐龙身体的重心靠近前肢，使得前足对地面的压力较大，而在下一层形成幻迹（underprint）。因此，Bird（1944）报道在得克萨斯州白垩纪地层中含蜥脚类行迹的层面并不是恐龙当时行走的地面，而是下面一层。

3. 为地层学研究提供证据

足迹化石不仅能够提供生物种类的信息，而且还能为长距离的地层对比提供证据（Sarjeant, 1975）。脊椎动物足迹化石的发现还扩大了该类动物的生存空间，记录了它们的活动范围，扩大了关于它们的地理和地史分布的信息。一些科学家尝试利用足迹化石进行地层对比（Lockley et al., 1994b, 2008; Lockley, 1998b; Carrano et Wilson, 2001），甚至出现了Palichnostratigraphy——古足迹地层学这样的名词（Lockley et al., 1994b）。这也许是今后发展的一个新的分支学科。在地层对比中，一般利用恐龙足迹组合进行地层的对比。比如，在四川峨眉地区发现的一批个体比较小的恐龙足迹（Zhen et al., 1994），包括 *Minisauripus chuanzhuensis*，*Grallator emeiensis* 和 *Velociraptorichnus sichuanensis* 等。2004 年，在韩国南海郡下白垩统 Haman 组内也发现了 *Minisauripus chuanzhuensis*，*Koreanoris hamanensis*，以及 *Velociraptorichnus* 和 *Grallator*（Lockley et al., 2005, 2007）。2005 年，在山东莒南下白垩统中也发现了 *Minisauripus zhenshuonani* 以及 *Grallator* 和 *Velociraptorichnus* 组合（李日辉等，2005a；Lockley et al., 2008）。经过对比，这三个产地的足迹化石组合十分相似，而韩国南海郡和我国山东的足迹化石产地的含足迹层位还有其他化石证明属于Barremian–Albian期，从而认为四川峨眉地区含上述足迹组合的夹关组的地质时代也属于早白垩世 Barremian–Albian 期（李日辉等，2005a；Lockley et al., 2008）。

4. 为古环境和古气候分析提供资料

1）足迹化石恒为原地埋藏：我们知道骨骼化石经常在埋藏之前经过搬运，这对古动物实际生活环境的恢复常常造成困难。足迹化石为原地埋藏，可以为环境恢复提供资料。图 24、图 25 就是根据恐龙足迹恢复古环境的一个实例。图中 A1–A4 是同一条蜥脚类恐龙足迹的侧面观，可以看出由右向左足迹越来越浅，表明地表含水分越来越少，恐龙从泥泞的地方走上岸。因此，可以认为在足迹形成的地方是水盆地的边缘，恐龙足迹行走的相反方向是水盆地的方向。

2）根据足迹化石的种类判断古气候：在长期的恐龙足迹的研究中发现一个规律，即蜥脚类足迹很少与鸟脚类足迹保存在一起。蜥脚类恐龙足迹常出现在蒸发量大于降水量的干旱地区的湖边滩地沉积中，这些沉积中鸟脚类足迹化石比较少。而在那些多含煤层的、潮湿气候的沉积环境中则很少见到蜥脚类足迹组合（Lockley et al., 1994c）。比如，美国西部的 Morrison 组中发现了很多蜥脚类足迹和兽脚类足迹（Dodson et al., 1980;

图 24　内蒙古鄂托克查布地区下白垩统立体保存的蜥脚类足迹
①足迹 A4；②足迹 A3；③足迹 A1 和 A2

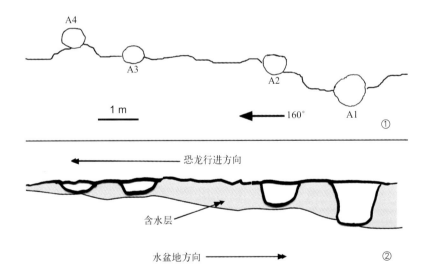

图 25　内蒙古鄂托克查布地区下白垩统立体保存的蜥脚类足迹平面图及立面图
①足迹平面分布图；②环境复原图；A1, A2, A3, A4 分别代表同一条行迹中的 4 个足迹

Lockley et al., 1998a），代表 Morrison 期的干旱性气候。另外，在云南楚雄上白垩统红层中也发现了许多蜥脚类恐龙足迹，足迹化石保存在钙质粉砂岩层面上（陈述云、黄晓钟，1993），也代表着干旱环境（Lockley et al., 2002）。实际上，在几乎所有以红色沉积

为主的陆相盆地中，白垩纪足迹化石点都有大量的蜥脚类足迹化石组合（Lockley et al., 2002），说明蜥脚类比较适应干旱地区的生活。

七、足迹化石学的起源和发展

足迹化石研究是古生物学和地质学的一个很古老的分支。人类最早是什么时候注意到岩石中的足迹化石已经无从考证了。最早的有记载的足迹化石的发现应该是 1802 年：在美国马萨诸塞州康涅狄格河谷（Connecticut Valley）中的 South Hadley 的三叠系红色砂岩中发现了一件含三趾型足迹的化石（图 26）。化石是被一个叫做 Pliny Moody 的美国小孩发现的（Sarjeant, 1975; Steinbock, 1989; Thulborn, 1990）。由于这些足迹都是三趾型，那时恐龙还不被人们所认识，于是很自然地就认为这是巨鸟的足迹。Moody 将这件足迹化石摆放在自己家里。后来几经周折，1839 年这件化石被转到了马萨诸塞州 Amherst 学院化学和自然历史学教授 Hitchcock（1793–1864）手中。当时 Hitchcock 已经开始了足迹学的研究。1841 年，Hitchcock 教授发表文章将 Moody 发现的足迹化石命名为 *Ornithoidichnites fulicoides*，因为他认为这批足迹像是美洲瓣蹼鹬（*Fulica americana*）的足迹。美洲瓣蹼鹬是鸟纲鹤形目秧鸡科的一类涉禽。

图 26　Pliny Moody 1802 年发现的恐龙足迹化石（李振宇拍摄）

关于化石足迹的文章最早出现在 1828 年，当年的《伦敦和巴黎观察家》（London & Paris Observer）杂志发表了一篇未署名的简讯，描述了 1824 年在苏格兰的 Dumfries 郡 Corncockle Muir 的一个采石场红色砂岩中发现的一批足迹化石。Buckland（1828）根据宽阔的行迹、很短的复步认为这是龟鳖类足迹。后来，这批足迹被认为是两栖动物迷齿螈（Labyrinthodont）的足迹（Sarjeant, 1975）。

Hitchcock 教授开始研究足迹化石是 1835 年。当时马萨诸塞州 Greenfield 的市民经常到附近的采石场采石头作为铺路石。铺路石上常保存着类似火鸡爪的印迹。Hitchcock 亲自到附近的采石场采集到了很多三趾型足迹化石，并于 1836 年发表了第一篇描述这些足迹化石的文章。他订立了一个新属 7 个新种，属名为 Ornithichnites，意思是石化的鸟类足迹。Hitchcock 还为这门新的学科创立了名词 ichnolithology——足迹化石学，后来简化成 ichnology。

Hitchcock 创立了足迹化石学之后，又收集了大量的足迹化石，并建立了足迹化石博物馆——Appleton Cabinet。他还建立了一套足迹化石的命名系统，使用林耐双名法。为了便于与生物体本身相区别，Hitchcock 使用了 ichnogenus（足迹属）和 ichnospecies（足迹种）。

1842 年，Owen 博士创立了 Dinosaur 一词（Owen, 1842）。1856 年北美发现了第一件恐龙化石（Leidy, 1856）。但是，Hitchcock 却坚持认为他在康涅狄格河谷中发现的这些足迹化石不属于恐龙。这主要是由于当时还没有发现小型兽脚类恐龙，已经发现的恐龙大多是那些大型鸟脚类、兽脚类以及蜥脚类。Hitchcock 直到去世也不认为他描述的那些足迹属于恐龙足迹，一直坚持认为它们是巨型鸟类的足迹（Thulborn, 1990）。

但是，在 19 世纪后半叶，随着越来越多的恐龙化石，特别是完整恐龙骨架的发现，终于使人们相信康涅狄格河谷中红色砂岩上的足迹化石是恐龙所为。人们后来也确实认识到在中生代有一些很像鸟的恐龙。Cope 在 1867 年 12 月 31 日坚定地指出："康涅狄格河谷中砂岩上发现的足迹化石是中生代兽脚类恐龙所留"（Cope, 1867）。赫胥黎也曾经利用恐龙足迹和鸟类足迹十分相似这一事实，论证达尔文进化论的正确性（Huxley, 1868）。在 19 世纪后半叶足迹化石学已是一门重要的学科。一直到 1930 年，世界上许多国家都报道了大量的脊椎动物足迹化石的发现，有大量的关于恐龙足迹的文章发表。这是足迹化石学研究的第一个高潮。

但是，从 20 世纪 30 年代开始，脊椎动物足迹化石的研究陷入了低谷。因为除了描述之外，在研究上再也没有什么突破。许多科学家不再关心足迹化石，相关论文也少了，即使有，也是发表在那些科学家很难见到的杂志上（Sarjeant, 1975）。

一直到 20 世纪 50 年代，Lull（1953）发表的"Triassic life of the Connecticut Valley"一文，给寂静的脊椎动物足迹化石研究领域投入了一颗重磅炸弹，重新掀起了恐龙足迹研究的热潮。特别是他提出并修订的恐龙足迹分类命名系统，为恐龙足迹的研究指明了方向。

因此，在 20 世纪 50 至 60 年代，足迹化石学研究进入了第二个高潮。

最近一次高潮始于 20 世纪 80 年代，一直到现在方兴未艾。除了世界各地不断有大量的脊椎动物足迹的报道以外，英籍美国学者 Lockley 也起到了重要的作用。在 1989 年和 1991 年召开的两次国际恐龙足迹学术研讨会上，有上百名科学家参加了大会，并发表了大量的关于世界各地发现的恐龙足迹的文章，使恐龙足迹研究的热度达到顶峰。2007 年 10 月在美国新墨西哥州又召开了国际脊椎动物足迹学术讨论会，涉及所有脊椎动物的足迹化石，有更多的人加入到足迹化石的研究当中来。

随着足迹化石的大量发现，研究也越来越深入。研究已经不仅仅限于形态描述、确定属种，有大量的文章开始着重于古生态学、古行为学、古环境学以及古地理学的研究。有些学者利用电子计算机根据足迹化石的形态对恐龙足部形态及行走时造迹动物脚的运动过程进行三维复原（Padian, 1999; Gatesy et al., 1999），还有一些科学家试图利用足迹与通过骨骼识别的动物类群进行比较（李建军等，2011）。

20 世纪 80 年代以后，世界上发现恐龙足迹的地点越来越多。目前，除了南极洲以外，世界上各个大陆都有恐龙足迹的报道。尤其是在美国以及西欧等地，恐龙足迹化石产地十分密集。同时在韩国、日本、东南亚以及中国等地也都发现了成批的恐龙足迹。

八、中国脊椎动物足迹研究的历史和现状

杨钟健（C. C. Young, 1897–1979）是中国脊椎动物足迹化石研究的奠基人。1929 年，他和德日进（P. Teilhard de Chardin）在陕西省神木县发现了中国第一件脊椎动物足迹化石。这件化石是一枚三趾型足迹，经研究属于禽龙类恐龙足迹。德国科学家 Kuhn（1958）将其命名为杨氏中国足迹（*Sinoichnites youngi* Kuhn, 1958），以纪念杨钟健的贡献。1943年杨钟健研究并命名了四川广元足迹（Young, 1943）。1960 年，杨钟健发表了 "Fossil footprints in China" 一文，总结了中国当时发现的所有恐龙足迹，这是中国脊椎动物足迹研究的重要参考文献。包括后来被认为是古近纪鲎留下的足迹（Xing et al., 2012d）、傣族西双版纳足迹（*Xishuangbanania daieuensis*）（杨钟健，1979a）在内，杨钟健先生一共命名了 6 个足迹属 7 个足迹种。

1940 年日本古生物学家 Yabe（矢部）等在今天的辽宁朝阳羊山地区发现了 4000 多枚恐龙足迹，并命名为佐藤热河足迹（*Jeholosauripus s-satoi* [①] Yabe, 1940）。

北京自然博物馆以甄朔南为首的研究小组自 1983 年在四川岳池发现岳池嘉陵足迹以来，一直从事以恐龙足迹为主的脊椎动物的研究工作，并与国外同行建立了广泛的联

---

① Yabe 等 1940 命名时在种本名中使用 "-"，根据国际动物命名法规，应改为 *Jeholosauripus ssatoi*。

系。他们先后研究了四川岳池、云南晋宁、四川峨眉、内蒙古鄂托克、内蒙古乌拉特中旗等地的恐龙足迹和鸟类足迹（甄朔南等，1983，1986；Zhen et al.，1994；李建军等，2010）以及南极地区的鸟类足迹化石（李建军、甄朔南，1994），并于1996年出版了《中国恐龙足迹研究》（甄朔南等，1996）。这部著作除了介绍一些恐龙足迹的研究方法之外，还概括了当时在中国公开发表的所有中生代脊椎动物足迹化石。这本书后来成为研究中国脊椎动物足迹的一部必备工具书。在我国的四川峨眉地区和山东莒南还发现了目前世界上已知最小的恐龙足迹——川主小龙足迹（*Minisauripus chuanzhuensis* Zhen et al.，1994）。在这两个地区还发现了两个趾的恐龙足迹，被确定为四川快盗龙足迹（*Velociraptorichnus sichuanensis* Zhen et al.，1994）和山东驰龙足迹（*Dromaeopodus shandongensis* Li et al.，2008；李日辉等，2005a）。

进入21世纪以来，脊椎动物足迹化石的研究在中国逐渐复苏：内蒙古鄂托克旗查布地区自1975年发现大批恐龙足迹之后，一直没有进行系统研究。直到1999年，由中国、日本、英国和美国组成联合考察队，对该地区的恐龙足迹进行了重新考察，才开始了对这一地区的恐龙足迹的详细研究。已经有多篇文章对这里的足迹化石进行了系统而详细的报道（Lockley et al.，2002；Li et al.，2006；Azuma et al.，2006；李建军等，2011），目前这个地区的恐龙足迹研究工作正在继续。内蒙古鄂托克旗的恐龙足迹出露面积300多平方公里，足迹分布在许多层位，除兽脚类恐龙足迹以外，还有大量的蜥脚类恐龙足迹和鸟类足迹化石。

2000年，甘肃地质资源调查局古生物研究中心在甘肃省永靖地区盐锅峡下白垩统河口群内发现了十多个恐龙足迹化石点。彭冰霞（2003）曾经对甘肃永靖发现的大型蜥脚类恐龙足迹进行了古环境和古生态分析；李大庆等（2000，2001）和Du等（2001）对这些足迹化石进行了系统研究和报道。甘肃的这些恐龙足迹包括大量的蜥脚类、兽脚类、鸟脚类足迹，以及鸟类和翼龙类等足迹，种类之丰富，引起了世界的关注。

李日辉等（李日辉、张光威，2000，2001；李日辉等，2002，2005a，2005b）对山东一些地区发现的恐龙足迹和鸟类足迹进行过系统的研究和描述；陈伟（2000）对中国已经发现的恐龙足迹进行了系统总结；张永忠等（2004）报道了辽西地区侏罗纪的恐龙足迹化石；中国地质科学院地质研究所旷红伟、柳永清等的研究团队对山东沭河裂谷及莱阳盆地的十几个白垩纪早期的恐龙足迹化石点进行了广泛的考察和研究，特别是在恐龙足迹化石点的地质背景以及古地理和古环境意义的研究方面做了大量工作（柳永清等，2012；旷红伟等，2013；陈军等，2013；汪明伟等，2013；彭楠等，2013；王宝红等，2013；许欢等，2013）。

2007年以来，邢立达等报道了多处在中国境内发现的恐龙足迹化石（邢立达等，2007；Xing et al.，2009a，2009b，2009c，2009d，2010a，2010b，2011a，2011b，2011c，2011d，2012a，2012b，2012c，2013a，2013b，2013c，2013d，2013e，2013f，2013g，2013h，2013i；邢立

达，2010）。我国是世界上脊椎动物足迹保存最多、种类最丰富的国家之一，吸引了许多国外科学家，他们纷纷来到中国，研究描述中国境内的恐龙足迹（Matsukawa et al., 1995, 2006; Lockley et al., 2002, 2006b, 2007, 2008, 2010a; Azuma et al., 2006; Fujita et al., 2007; Lockely and Matsukawa, 2009）。

Lockely 和 Gillette（1989）将单个足迹超过 1000 个、行迹超过 100 条的恐龙足迹化石产地定为大规模脊椎动物足迹化石产地。而世界上排在前十位的恐龙足迹化石产地中有九个是 1980 年后发现的（见表 1）。从表 1 可以看出，世界十大恐龙足迹化石产地中有四个在中国。其中，辽宁朝阳羊山地区的恐龙足迹名列世界第二，山东诸城排名第三［后经过大规模清理和详细考察研究，确定山东诸城的恐龙足迹化石产地为中国最大、足迹最丰富的足迹化石产地（Lockley et al., 2015）］，内蒙古鄂托克旗查布地区名列第五，甘肃永靖名列第六。从数量和规模而言，我国的恐龙足迹在世界上具有举足轻重的地位。

表 1 世界上规模最大的十个恐龙足迹化石产地（参考 Lockley et Gillette, 1989，有补充）

序号	层 位	产 地	足迹 / 个	行迹 / 条	参考文献
1	上白垩统	澳大利亚 Lark Quarry	>4000	>500	Thurlborn et Wade, 1984
2	中侏罗统	中国辽宁朝阳	≈4000	—	Young, 1960; Zhen et al., 1989
3	下白垩统	中国山东诸城	≈4000		Lockley, 2006b; Li et al., 2011
4	上侏罗统	苏联 Mt. Kugitang-Tau	≈2700	—	Romashko, 1986
5	下白垩统	中国内蒙古鄂托克	>2000	—	Lockley et al., 2002；李建军等, 2011
6	下白垩统	中国甘肃永靖	>1600		Li et al., 2006
7	下白垩统	韩国 Jingdong	—	≈250	Lim et al., 1989
8	上侏罗统	美国科罗拉多 Purgatoire	≈1300	≈100	Lockley, 1986
9	下白垩统	加拿大 Peace River	≈1200	≈100	Currie, 1983
10	中侏罗统	美国犹他州 Salt Valley	>1000	>100	Lockley et Gillette, 1989

到 2013 年，我国已经在 21 个省市自治区的 63 个县级地区发现了中生代爬行动物和鸟类足迹化石（图 27），共计 51 属 70 种，包括恐龙足迹 38 属 55 种，翼龙足迹 1 属 3 种，其他爬行动物足迹 3 属 3 种，鸟类足迹 9 属 9 种。另有 37 个未定属种，包括恐龙足迹 30 个未定属种，翼龙足迹 3 个未定种和鸟类足迹 4 个未定种。另外，还发现了一例疑似恐龙蹲伏迹和一例疑似哺乳动物足迹，其地质时代从三叠纪晚期一直到白垩纪晚期。

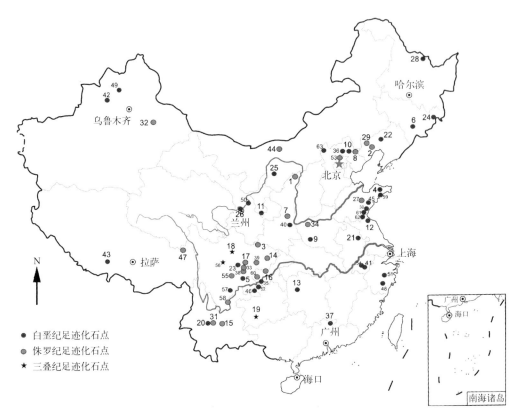

图 27　中国中生代足迹化石点分布图

1. 陕西神木（Teilhard de Chardin et Young, 1929, Li et al., 2012）；2. 辽宁朝阳（Yabe et al., 1940; Zhen et al., 1989）；3. 四川广元（Young, 1943; Zhen et al., 1989）；4. 山东莱阳（Young, 1960）；5. 四川宜宾（Young, 1960）；6. 吉林辉南（Young, 1960）；7. 陕西铜川（Young, 1960）；8. 河北承德（Young, 1960）；9. 河南内乡（赵资奎，1979）；10. 河北滦平（杨钟健，1979b；Matsukawa et al., 2006；纪友亮等，2008）；11. 宁夏固原（宗立一等，2013）；12. 江苏连云港（张传藻，1980；Xing et al., 2010a）；13. 湖南辰溪（曾祥渊，1982）；14. 四川岳池（甄朔南等，1983）；15. 云南晋宁（甄朔南等，1986）；16. 重庆南岸（杨兴隆、杨代环，1987）；17. 四川资中（杨兴隆、杨代环，1987；Lockley et al., 2003）；18. 四川彭县（杨兴隆、杨代环，1987）；19. 贵州贞丰（王雪华、马骥，1989；吕洪波等，2004；Xing et al., 2013a）；20. 云南楚雄（陈述云、黄晓钟，1993）；21. 安徽古沛盆地（金福全、颜怀学，1994）；22. 辽宁阜新（商平，1986）；23. 四川峨眉（Zhen et al., 1994）；24. 吉林延吉（Matsukawa et al., 1995）；25. 内蒙古鄂托克（Lockley et al., 2002；李建军等，2006）；26. 甘肃永靖（李大庆等，2000, 2001；Li et al., 2002, 2006；Xing et al., 2013c）；27. 山东蒙阴（李日辉等，2002）；28. 黑龙江嘉荫（董枝明等，2003）；29. 辽宁北票（Lockley et al., 2006b; Xing et al., 2009b）；30. 山东莒南（李日辉等，2005a, b）；31. 云南禄丰（Lü et al., 2006; Xing et al., 2009d）；32. 新疆鄯善（Wings et al., 2007）；33. 四川威远（高玉辉，2007）；34. 河南义马（吕君昌等，2007）；35. 重庆綦江（邢立达等，2007；Xing et al., 2012a）；36. 河北赤城（Xing et al., 2009c, 2011b, 2012b）；37. 广东南雄（Xing et al., 2009a）；38. 四川自贡贡井区（彭光照等，2005；Matsukawa et al., 2006）；39. 重庆大足（杨兴隆、杨代环，1987；Matsukawa et al., 2006；Lockley et al., 2009）；40. 陕西商洛（Matsukawa et al., 2006；胡松梅等，2011）；41. 安徽黄山（余心起等，1999；Matsukawa et al., 2006）；42. 新疆乌苏（Matsukawa et al., 2006）；43. 西藏日喀则（Matsukawa et al., 2006）；44. 内蒙古乌拉特中旗（李建军等，2010）；45. 山东诸城（Xing et al., 2010b; Li et al., 2011；王宝红等，2013；旷红伟等，2013）；46. 四川古蔺（邢立达，2010）；47. 西藏昌都（Xing et al., 2011a）；48. 浙江丽水（Matsukawa et al., 2009）；49. 新疆克拉玛依（Xing et al., 2011d; Xing et al., 2013e; He et al., 2013）；50. 甘肃兰州（蔡雄飞等，1999）；51. 浙江东阳（Lü et al., 2010）；52. 贵州赤水（Xing et al., 2011c）；53. 北京延庆（张建平等，2012）；54. 安徽休宁（余心起，1999）；55. 四川富顺（Xing et al., 2011e）；56. 四川天全（王全伟等，2005；Xing et al., 2013b）；57. 四川昭觉（叶勇等，2012）；58. 四川会东（Xing et al., 2013f）；59. 山东即墨（Xing et al., 2012c）；60. 重庆永川（Xing et al., 2013d）；61. 山东临沭（旷红伟等，2013；Xing et al., 2013g）；62. 山东郯城（旷红伟等，2013）；63. 河北尚义（柳永清等，2012）

系 统 记 述

爬行纲 Class REPTILIA

蜥臀目 Order SAURISCHIA

蜥脚型亚目 Suborder SAUROPODOMORPHA

蜥脚下目 Infraorder SAUROPODA

评注 蜥脚类全部四足行走，因此留下的足迹包括前足足迹和后足足迹。目前，在全球三叠纪到白垩纪地层中有大量的蜥脚类足迹发现。蜥脚类足迹最吸引人们眼球的特点就是它们巨大的个体。多数蜥脚类足迹的个体都形成圆形或者椭圆形的坑，足迹周边常有被挤起来的"挤压脊（expulsion rim）"。蜥脚类的行迹内宽有的比较宽，有的比较窄。一般情况下，较窄的行迹内宽代表恐龙的行走能力较强，腿比较长，行走速度也快，而行迹内宽较宽的种类则代表相反的情况。蜥脚类的后足足迹一般椭圆形，保存好的种类中，在椭圆形足迹的前部边缘常可见到一些凹槽，代表着蜥脚类恐龙后足的脚趾或者爪迹，有时拇趾印迹可突破椭圆形轮廓边缘。蜥脚类的后足足迹长多大于宽，并以一定的角度（多数为20°–30°）向外偏斜；趾迹弯曲，不易进行趾的长度和趾间角的测量；足迹的其他地方常形成没有什么特征的椭圆形趾垫印迹。蜥脚类足迹的大小变化较大，最大的蜥脚类后足足迹的直径可达到 1.5 m，比如，*Gigantosauropus* (Mensink et Mertmann, 1984)。当然，也有很多中小型的个体，比如，在内蒙古鄂托克旗查布地区 6 号点发现的 *Brontopodus birdi* 的后足足迹一般 20–30 cm 长（Lockley et al., 2002；李建军等，2011）；在内蒙古鄂托克旗还发现了后足长度不足 10 cm 的幼年蜥脚类足迹（编者个人考察，尚未正式描述），成年蜥脚类的后足足迹长多数在 50 cm 至 100 cm 之间；后足足迹长与步距长的比一般在 1 : 7 到 1 : 8 左右；步幅角约 120°–140°。前足足迹形态变化较大，大多形成向前弯曲的半圆形或者马蹄形（Thulborn, 1990），而且还常受到后足的挤压，比如，*Brontopodus changlingensis*（陈述云、黄晓钟，1993），还有些前足足迹表现为圆形或亚圆形（Ishigaki, 1989; Lee et Lee, 2006）；前足足迹大小相当于后足的一半左右，指迹一般不清楚，拇指上也没有较大爪迹，前足印迹宽常大于长。尽管如此，也还有很多蜥脚类足迹的形状不符合上述模式，出现一些奇怪的形状（Thulborn, 1990）。另外，在蜥脚类足迹中，很少有尾迹的报道。

科不确定 Incertae ichnofamiliae

雷龙足迹属 Ichnogenus *Brontopodus* Farlow, Pittman et Hawthorne, 1989

模式种 伯德雷龙足迹 *Brontopodus birdi* Farlow, Pittman et Hawthorne, 1989

鉴别特征 四足行走，前足足迹 U 形，长与宽近等长，在行迹中前足足迹略向外偏转，II、III、IV 指愈合并聚集在一个指垫内，I 指和 V 指各自形成指垫，前足无爪迹；后足足迹个体较大，长大于宽，I、II、III 趾上各有一个爪迹，爪尖指向外侧方，足迹相对于行迹前进方向发生偏转，行迹宽，前后足足迹均不接触行迹中线，后足行迹宽大于前足行迹宽，步幅角 100°–120°，无尾迹。

中国已知种 *Brontopodus birdi*, *B. changlingensis*, *B.* isp.。

分布与时代 西藏（昌都）、内蒙古、甘肃、四川、云南、山东，早侏罗世到晚白垩世。

评注 足迹属 *Brontopodus* 是 Farlow 等（1989）根据在美国得克萨斯州早白垩世阿尔布期地层中发现的蜥脚类足迹而建立的。Farlow 等（1989）在建立新足迹属种时，并没有将其归入足迹科内，并认为当时没有条件为 *Brontopodus* 建立足迹科。但是，他们认为得克萨斯州的这些蜥脚类足迹应为 Brachiosauridae 科的恐龙所留。而 Lockley 等（2002）在描述内蒙古鄂托克旗下白垩统发现的 *Brontopodus birdi* 足迹种时，将其归入 titanosaurid 类群。目前在中国境内有过蜥脚类足迹报道的地点包括：内蒙古鄂托克旗（Lockley et al., 2002；李建军等，2006），甘肃永靖（李大庆等，2000，2001；Li et al., 2006），重庆大足（杨兴隆、杨代环，1987；Matsukawa et al., 2006），云南楚雄（陈述云、黄晓钟，1993），四川昭觉（叶勇等，2012），浙江丽水（Matsukawa et al., 2009），江苏连云港（Xing et al., 2010a），西藏昌都（Xing et al., 2011a），山东诸城（Xing et al., 2010b），北京延庆（张建平等，2012）等。其中，重庆大足发现的蜥脚类足迹的时代属于侏罗纪早期，是亚洲年代最古老的蜥脚类足迹。内蒙古鄂托克、甘肃永靖、云南楚雄和四川昭觉的蜥脚类均被归入 *Brontopodus* 足迹属。一般情况下，大型蜥脚类足迹的行迹比较宽，前后足的比也在 1∶2 左右，而有些小型蜥脚类足迹的前足与后足的比可以达到 1∶5（Santos et al., 1994），前后足差距较大！查布 6 号点的足迹前足与后足的比为 1∶2–1∶2.75，而云南楚雄的足迹为 1∶1.9–1∶2.9。一般来讲，前足比较小的足迹，行迹窄，前足大的足迹，行迹就较宽（Lockley et al., 2002）。由于现在研究程度不太深入，今后前后足足迹的面积比或许可以作为区别足迹种的鉴别特征。

Xing 等（2011a）描述了西藏昌都莫荣地区中侏罗世地层中发现的蜥脚类足迹，并将这些足迹归入 *Brontopodus*。发现的足迹共有 8 组。每组由一个前足足迹和一个后足足迹组成，但足迹保存十分不清晰。

伯德雷龙足迹 *Brontopodus birdi* Farlow, Pittman et Hawthorne, 1989

（图 28—图 35）

众模　AMNH3065，TMM40638-1，产自美国得克萨斯州萨默维尔县 (Somervel County)，Glen Rose（玫瑰谷）恐龙谷国家公园帕卢克西河（Paluxy River）河床。

归入标本　鄂托克旗野外地质遗迹博物馆（OFMGV）查布 5 号点 CHABU5 ⑤ -A1–A4（图 32）；查布 6 号点蜥脚类足迹，编号为：CHABU6-12–136，共 125 个足迹形成 4 条平行的行迹（图 29）；查布 8 号点鄂托克旗野外地质遗迹博物馆（OFMGV）展厅内蜥

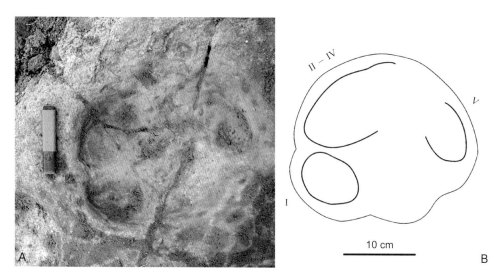

图 28　伯德雷龙足迹（*Brontopodus birdi*）幼年个体右前足足迹

A. OFMGV-CHABU6-110, 保存在内蒙古鄂托克旗野外地质遗迹博物馆；B. 线条轮廓；图中 I, II–IV, V 为前足各指的位置，其中 II–IV 指联合形成一个趾垫

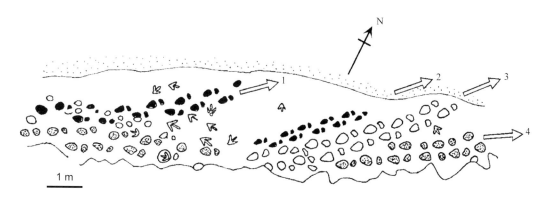

图 29　内蒙古鄂托克旗查布 6 号点伯德雷龙足迹（*Brontopodus birdi*）和三趾型兽脚类粗壮亚洲足迹（*Asianopodus robustus*）足迹分布图（引自 Lockley et al., 2002）

图中 1, 2, 3, 4 为行迹前进方向

图 30 伯德雷龙足迹（*Brontopodus birdi*）成年个体左前足足迹（野外编号：OFMGV-
CHABU8-15）

脚类足迹（图 30，图 31），编号为 CHABU8-2–11, 18, 20, 23, 27, 28, 30–32, 34–36, 38, 40,
43, 45, 50–89, 91, 93–283；LDNG-Site 2-SA28 和 LDNG-Site 2-SA7（Li et al., 2006）等保
存在甘肃刘家峡恐龙国家地质公园野外展厅内的蜥脚类足迹化石（图 33，图 34）。

鉴别特征 四足行走，前足足迹 U 形，无爪迹，I 指和 V 指指迹与 II–IV 指形成的
联合指垫分开，后足足迹长 30–100 cm，长大于宽，I–III 趾具爪迹，在保存较好的标本中，
也可见到 IV、V 趾的爪迹；行迹内宽较大，前后足足迹均离开行迹中线，行迹内宽一般是
后足长的 1–1.5 倍，前足后足之间的距离为 0.5–1.2 倍后足长。复步长大约是后足足迹的 2–5
倍，步幅角 100°–120°，前足与后足的面积比大于或等于 1：3，躯干长是后足长的 3–4 倍。

分布与时代 北美，中国内蒙古、甘肃、山东；早白垩世。

评注 尽管中国境内发现的蜥脚类恐龙足迹化石较多，但是只有内蒙古鄂托克旗和
甘肃永靖的蜥脚类足迹保存比较精美，鉴定特征明显，因此可以直接鉴定到种。其中，
内蒙古鄂托克旗早白垩世地层中发现的蜥脚类恐龙足迹是中国境内保存最清晰的地点之
一，甚至还保存了伯德雷龙足迹（*Brontopodus birdi*）的立体铸模（图 32），显示了造迹
恐龙当时脚踩下的深度。这也是世界上保存最好的足迹铸模之一。另外，在山东郯城北（旷
红伟等，2013）和棠棣戈庄（王宝红等，2013）也有属于伯德雷龙足迹的蜥脚类足迹的
报道，其中郯城北清泉寺 [汪明伟等（2013）将这个足迹化石产地命名为 Site III] 的巨
型蜥脚类足迹引人关注（图 35），其后足足迹的直径达到 1 m 左右，与甘肃永靖发现的
伯德雷龙足迹（*Brontopodus birdi*）相似，应属同一类型；王宝红等（2013）报道的棠棣

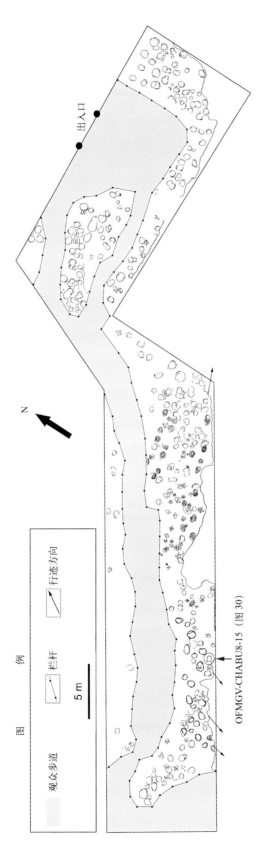

图 31　内蒙古鄂托克旗野外地质遗迹博物馆恐龙足迹分布图

图 32　伯德雷龙足迹 (*Brontopodus birdi*) 后足足迹铸模（引自李建军等，2011）

足迹编号：OFMGV-CHABU5 ⑤ -A1（图中记号笔长度 14 cm）

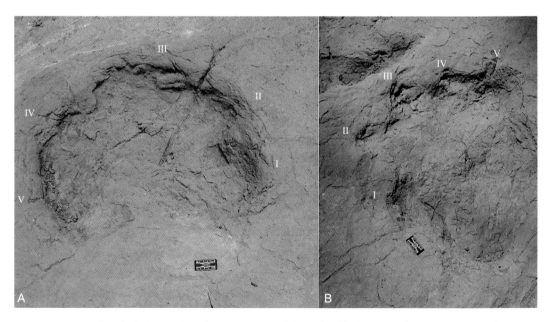

图 33　甘肃刘家峡恐龙国家地质公园野外展厅内保存的伯德雷龙足迹（*Brontopodus birdi*）

A. 左前足足迹，B. 右后足足迹；图中比例尺为 5 cm

图 34　甘肃刘家峡恐龙国家地质公园 1 号化石点保存的伯德雷龙足迹（*Brontopodus birdi*）
（李大庆提供）

显示后足足迹对前足足迹的影响（比例尺长 60 cm）

图 35　山东郯城北清泉寺大型蜥脚类足迹产地全景（引自旷红伟等，2013）

戈庄 Site A 发现的三个大型蜥脚类足迹虽然风化严重，但是，可测得足迹大小为 78 cm 长、55 cm 宽，尤其是可清晰地辨别出 II、III 趾的"锯齿状"趾迹，显示 II、III 趾趾端的爪迹，属于伯德雷龙足迹（*Brontopodus birdi*）的特征。

苍岭雷龙足迹 *Brontopodus changlingensis* (Chen et Huang, 1993) Lockley, Wright, White, Matsukawa, Li, Feng et Li, 2002

（图 36，图 37）

Chuxiongpus Changlingensis：陈述云、黄晓钟，1993，269 页

Chuxiongpus canglingensis：甄朔南等，1996，56 页

Chuxiongpus Zheni：陈述云、黄晓钟，1993，272 页

Chuxiongpus zheni：甄朔南等，1996，56 页

选模　CYCD-04-FP3，目前标本仍然保存在野外（云南省楚雄彝族自治州苍岭乡元吉屯村，地理坐标 25°2.48′N, 101°40.063′E）。

副选模　CYCD-04-FP5, 6, 7, 18, 110, 114, 115。标本编号引自陈述云和黄晓钟（1993），其中 CYCD 是野外足迹地点编号，但是文章未给出 CYCD 的含义，而且文章中足迹平面分布图未编号，因此无法确定正模和其他参考标本位置。

Lockley 等（2002）重新绘制了化石产地足迹平面分布图，并在野外制作了标本的模型，编号为（UCMNH）CU-MWC 214.28，基本上代表了 *Brontopodus changlingensis* 的主要特征，被指定为 *Brontopodus changlingensis* 的选模标本（原始足迹化石未编号），模型现保存在科罗拉多大学自然历史博物馆（原美国丹佛科罗拉多大学 - 西科罗拉多博物）（UCMNH）。为了完成本志书的编纂，笔者和张玉光于 2011 年 12 月前往云南楚雄苍岭的足迹化石产地进行考察，现场观察认为选模标本 (UCMNH) CU-MWC 214.28 模型的原足迹确是保存最好、特征最全的足迹。其实，早在 1993 年陈述云和黄晓钟已将该足迹编号为 CYCD-04-FP3（图 37）。

鉴别特征　四足行走，前足足迹月牙形（受挤压变形），宽大于长，宽度 17–28 cm；长 13–18 cm，后足足迹长卵圆形，后部小，前部大，长 28–47 cm，后足足迹的面积是前足足迹的 2.5 倍，后足足迹长轴外偏，与行迹中线夹角为 30°，行迹内宽为 5–15 cm；趾迹不清晰，无尾迹。

产地与层位　云南楚雄苍岭，上白垩统江底河组；四川昭觉，下白垩统飞天山组。

评注　陈述云和黄晓钟（1993）描述了云南楚雄苍岭蜥脚类足迹，并将其命名为苍岭楚雄足迹 *Chuxiongpus changlingensis*（原文中误写成 *Chuxiongpus Changlingensis*）和甄氏楚雄足迹 *Chuxiongpus zheni*（原文中误写成 *Chuxiongpus Zheni*）。Lockley 等

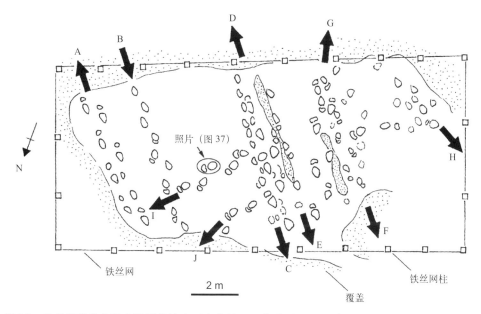

图 36　云南省楚雄彝族自治州苍岭乡元吉屯村西坡苍岭雷龙足迹（*Brontopodus changlingensis*）
化石产地足迹分布平面图（引自 Lockley et al., 2002）

图中黑色箭头表示行迹前进方向，红色圆圈圈定拍摄照片的足迹，详见图 37

图 37　苍岭雷龙足迹（*Brontopodus changlingensis*）选模标本（UCMNH）CU-MWC 214.28
（张玉光拍摄）

图中右后足足迹踩在右前足足迹上，使得右前足足迹呈月牙形；比例尺为 5 cm

（2002）经过详细对比认为：首先，楚雄足迹属（*Chuxiongpus*）的这两个种之间的差别不易鉴别，只是后足与前足叠加的程度稍有不同，不足以分开两个足迹种，因此，甄

氏楚雄足迹 *Chuxiongpus zheni*（陈述云、黄晓钟，1993）属于无效名称。第二，楚雄足迹属（*Chuxiongpus*）的行迹内宽（internal trackway width, gauge）较大，变化在 5–15 cm。虽然这个数值的变化大，但是从前足与后足的大小差别较大（平均为 1：2.5）这个事实也可以判断楚雄的蜥脚类恐龙足迹的内宽较大，符合雷龙足迹（*Brontopodus*）的鉴别特征。另外，楚雄的蜥脚类足迹中虽然没有清晰的趾迹，但是其前后足的形态和大小比值也与雷龙足迹相似。因此将其归入雷龙足迹属（*Brontopodus*），楚雄足迹属（*Chuxiongpus*）是雷龙足迹属（*Brontopodus* Farlow, Pittman et Hawthorne, 1989）的同物异名，应视为无效足迹属。但是，由于楚雄的足迹个体小于雷龙足迹属（*Brontopodus*）的模式种，Lockley 等（2002）仍然保持陈述云和黄晓钟（1993）建立的第一个种本名 *changlingensis*，因此形成组合足迹种 *Brontopodus changlingensis*。

另外，甄朔南等（1996）在收录苍岭楚雄足迹种的时候，认为原文种本名"*changlingensis*"拼写有误，于是按照苍岭的汉语拼音将苍岭楚雄足迹的拉丁名 *C. changlingensis* 改写成 *C. canglingensis*。但是，根据国际动物命名法规，本志仍然维持陈述云和黄晓钟（1993）的原始拼写。

刘建等 [①] 报道在四川凉山彝族自治州昭觉县三岔河乡三比罗嘎村下白垩统飞天山组紫红色粉砂岩层面上发现了大批恐龙足迹，有上千个，包括大型蜥脚类恐龙足迹。刘建等 [①] 认为这些蜥脚类恐龙足迹与云南楚雄苍岭地区发现的蜥脚类恐龙足迹 *Brontopodus changlingensis* 相同。Xing 等（2015）描述了保存在刘建等 [①] 描述的层面下面一层层面上的蜥脚类恐龙足迹，并认为其属于雷龙类型足迹（*Brontopodus*-type），是巨龙类恐龙（titanosaurs）所留。

雷龙足迹属未定种 *Brontopodus* isp.

材料　发现于山东临沭曹庄镇马庄村一带（岌山地区）的蜥脚类行迹，Xing 等（2013g）将其编号为 LSI-S1-RM1–3，LP2，LP3，SLI-S9-RM1–2，LP2–3，LSI-T21，共 10 个足迹，以及两条行迹 LSVIII-S1 和 LSVIII-S2（足迹数目不详）。

产地与层位　山东临沭，下白垩统大盛群田家楼组。

评注　旷红伟等（2013）、陈军等（2013）报道了发现在山东临沭曹庄镇马庄村岌山一带的 2 个足迹化石点，并将其命名为临沭 A 和临沭 B。其中临沭 A 含足迹化石 10 层，保存蜥脚类足迹化石 100 个；临沭 B 含足迹化石 7 层，含蜥脚类足迹 127 个。从其规模上看，层数和足迹数量都十分壮观，但足迹未被详细描述和进一步分类。Xing 等（2013g）也在岌山一带对那里发现的大量的恐龙足迹做了野外测量和考察工作，并命名了 8 个足

---

　①刘建（Liu J），李奎（Li K），杨春燕（Yang C Y），江涛（Jiang T）. 2009. 四川昭觉恐龙足迹化石的研究及其意义. 中国古生物学会第十次全国会员代表大会暨第 25 届学术年会论文摘要集. 195–196

迹化石点(LSI–LSVIII)。Xing 等（2013g）文章中并没有指明 LSI–LSVIII 和旷红伟等（2013）临沭 A 和临沭 B 之间的关系，但根据文章中对足迹和化石产地的描述，旷红伟等（2013）、陈军等（2013）和 Xing 等（2013g）应该描述的是岌山地区同一个足迹化石群。其中，Xing 等（2013g）对足迹的描述比较详细。在岌山地区发现了大量的蜥脚类足迹化石，主要有两大类：一类是个体较大的，另一类是个体中小型的，且前后足足迹的大小差别很大的类型，属于副雷龙足迹 *Parabrontopodus*（详见下文）。

其中大个体的保存最好的后足足迹是 LSI-S1-LP3、前足足迹是 LSI-S1-LM3。主要特征为：前足半圆形，无爪迹，宽大于长，长 33.5 cm，宽 38.8 cm。指掌部前凹。后足椭圆形，长 55.5 cm，宽 44.4 cm，距离同组前足（LM3）21 cm，I 趾和 II 趾爪迹发育，III 趾和 IV 趾的爪迹较弱，V 趾只表现为一个圆形凸起，内侧三个爪尖偏向侧面。前足以 33.6° 的角度向行迹中线外侧偏斜，后组的偏斜角度只有 29.3°。前足行迹内宽 40.5–51.5 cm，后足行迹内宽只有 14.6–18.3 cm。Xing 等（2013g）根据岌山地区大型蜥脚类足迹的行迹较宽、前后足足迹的大小比为 1∶1.5 左右、前足 U 形、后足长大于宽、第 I–III 趾上有爪迹等特点认为岌山大型蜥脚类足迹与 *Brontopodus* 相似。本志书将其归入雷龙足迹未定种（*Brontopodus* isp.）。另外，在临沭岌山地区发现的最大的足迹是后足足迹（LSI-T21），长 79 cm，从其形状看，也属于雷龙足迹（*Brontopodus*）。

副雷龙足迹属 Ichnogenus *Parabrontopodus* Lockley, Farlow et Meyer, 1994

模式种　麦金托什副雷龙足迹 *Parabrontopodus mcintoshi* Lockley, Farlow et Meyer, 1994

鉴别特征　中到大型蜥脚类足迹（一般足迹长为 50–90 cm），四足行走，行迹窄，行迹内宽为零（即行迹中线紧贴后足足迹内边缘），后足长大于宽，足迹中轴线向外偏斜；I、II、III 趾的爪迹向外旋转；前足足迹半圆形，明显小于后足足迹，前足与后足足迹的面积比较小，一般为 1∶4–1∶5（Lockley et al., 1994a）。

中国已知种　中国尚无已命名的足迹化石种归入此属中，只有 Xing 等（2010a）和邢立达（2010）分别描述了一个未定种。

分布与时代　江苏、四川、山东，早侏罗世至早白垩世。

副雷龙足迹属未定种 1 *Parabrontopodus* isp. 1

（图 38，图 39）

材料　足迹化石发现于江苏省东海县南古寨（34°36′19″N, 118°25′38″E）下白垩统田家楼组（孟瞳组），南古寨 II 号点足迹编号 T7.1a 和 T7.1b，III 号点行迹编号 T2–T6；甘肃华夏恐龙足迹研究和发展中心将其中的 T3.6a、T3.8b 和 T4.1b 制作了模型，保存在该中心，编号为 HDT.207–209，足迹化石原件仍然保存在野外。旷红伟等（2013）记录的郯城县高峰头镇北蔺村东侧下白垩统大盛群田家楼组发现的 19 个蜥脚类足迹（未编号）。Xing 等（2013g）描述的保存在山东临沭 I 号足迹化石点的 LSI-S2-LM1–4, RM1–4, LP2–4, RP2–5（共 15 个足迹组成一条行迹），天然铸模 LSI-S2-RP2c 和 LSI-S2-RP3c，零散足迹 LSI-T1–19；临沭 II 号足迹化石点的 LSII-S1-LP1 和 LM1；临沭 V 号足迹化石点的 LSV-S1-LM1–3, RM1–3, LP2–4, RP1–3（共 12 个足迹组成一条行迹），零散足迹 LSV-T1–9；临沭 VIII 号足迹化石点的 LSVIII-S2 行迹，以及一些没有编号的零散蜥脚类足迹。

产地与层位　江苏东海、山东郯城和临沭，下白垩统大盛群田家楼组（孟疃组）。

评注　Xing 等（2010a）记述了江苏省东海县南古寨下白垩统孟疃组的足迹化石，包括四个足迹化石点，分别被命名为 Site I、Site II、Site III 和 Site IV。四个足迹化石点位于同一层位。但是，Xing 等（2010a）仅描述了前三个足迹化石点，只提到 Site IV 保存了 9 个足迹，未指明足迹类型。在详细描述的三个足迹化石点 Site I、Site II 和 Site III 中，均有蜥脚类足迹保存。Site I 和 Site II 分别保存了一个前足足迹和一个后足足迹组合，没有发现最小行迹单元（在四足行走的行迹中至少保存一个由前足足迹形成的行迹三角形和一个由后足足迹形成的行迹三角形，每个行迹三角形有三个连续足迹；在两足行走的行迹中，至少有三个连续的足迹）。在江苏省东海县南古寨 Site III 中发现了 42 个足迹，形成 5 条行迹，分别被命名为 T2、T3、T4、T5 和 T6。其中最大足迹达到 92 cm 长、77 cm 宽。在蜥脚类足迹中一般根据行迹内宽（internal trackway width），以及前后足足迹的大小比来区别 *Brontopodus* 和 *Parabrontopodus*。*Brontopodus* 的行迹内宽较大，而 *Parabrontopodus* 的行迹内宽值为零；*Brontopodus* 的前足和后足的面积比一般为 1∶3 或以上，*Parabrontopodus* 的这个比为 1∶4 或者 1∶5，前后足足迹的大小相差更大些。邢立达等描述的江苏东海的 Site III 中的蜥脚类足迹的行迹内宽为零，而且前后足足迹大小差异较大（其中 T3 前后足足迹面积的比为 1∶5），因此归入足迹属 *Parabrontopodus*。但是，由于江苏东海 Site III 的蜥脚类恐龙足迹的前足远离行迹中线，区别于 *Parabrontopodus* 其他种。而且，江苏东海的足迹保存不很清晰，不宜进行种级鉴定，故归入未定种。在江苏东海 Site I 和 Site II 中，由于未发现完整的行迹，因此无法判断行迹内宽，但是，这两个点分别保存了相邻的前后足足迹各一组，可以测量出前后足足迹的面积比。根据 Xing 等（2010a）数据得出 Site I 前足（T7.1a）和后足（T7.1b）的面积比为 1∶3.9，接近 1∶4，可以归入 *Parabrontopodus*。但是，Site II 中前足（T8.1a）和后足（T8.1b）的面积比为 1∶2.9，不属于 *Parabrontopodus*。汪明伟等（2013）对上述 Xing 等（2010a）描述的 Site III 进行了再次考察，新识别出 12 个足迹化石。

旷红伟等（2013）在郯城县高峰头镇北蔺村东侧（118°25′07″E, 34°34′53″N）的下白垩统大盛群田家楼组发现了 19 个蜥脚类足迹，其中 16 个形成 3 条行迹，汪明伟等（2013）将化石点命名为 Site I，并对足迹进行了简单的测量描述（没有按照识别出的行迹进行

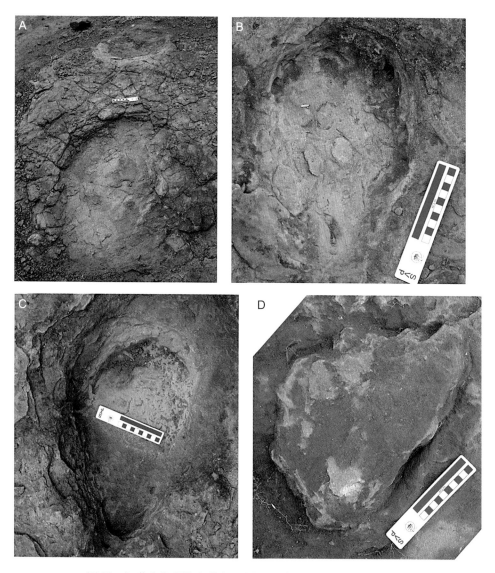

图 38　江苏东海蜥脚类恐龙足迹照片（引自 Xing et al., 2010a）

A. Site I 前足足迹（左右不祥，野外编号：T7.1a）；B. Site III 左后足足迹（野外编号 T3.8b）；C. Site III 右后足足迹（野外编号 T4.1b）；D. Site III 左（?）后足足迹（野外编号 T2.1b）

测量）：足迹平均长 27.4 cm（最大长 36 cm，最小长 17 cm），平均宽 17.7 cm（最大宽 23 cm，最小宽 12 cm），足迹具五趾，趾垫明显，I 趾最大，II–V 趾逐渐变小。其形态与 Xing 等（2010a）记述的江苏省东海县南古寨下白垩统孟疃组的蜥脚类足迹化石一致，也归入副雷龙足迹属未定种 1（*Parabrontopodus* isp. 1）。

Xing 等（2013g）描述了山东临沭岌山地区下白垩统的一批中小型蜥脚类恐龙足迹。山东临沭岌山地区的蜥脚类足迹化石主要可分成两大类：一类个体较大（前足长 33 cm，后足长 55 cm 左右），属于雷龙足迹未定种（Xing et al., 2013g）；另一类个体中小型（前足长 14 cm，后足长 27 cm 左右）。在中小型蜥脚类足迹中保存最好的两条行迹分别为 LSI-S2 和

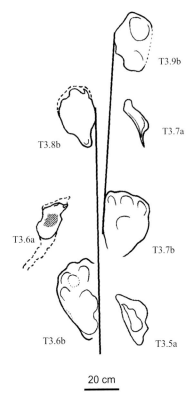

图 39　江苏东海蜥脚类恐龙行迹平面图（引自 Xing et al., 2010a）
T3.5a，T3.6a,b，T3.7a,b，T3.8b，T3.9b：足迹野外编号；图中显示行迹内宽（即左后足足迹 T3.6b 和右后足足迹 T3.7b 内侧切线间的距离）为零，前足足迹（T3.5a，T3.6a 和 T3.7a）远离行迹中线

LSV-S1，Xing 等（2013g）对其进行了详细描述：LSI-S2 前足宽大于长，平均长 13.7 cm，平均宽 19.1 cm；后足长大于宽，长 27.1 cm，宽 25.2 cm。LSV-S1 前足宽大于长，平均长 8.5 cm，平均宽 13.9 cm；后足长大于宽，长 27.0 cm，宽 20.7 cm；前足和后足足迹均为椭圆形，纵轴方向中部略狭窄。后足足迹可见三趾印迹（I–III），比起前足足迹后足足迹更靠近行迹中线，前足足迹以平均 51°–53° 的角度向行迹中线外侧偏斜；而后足足迹的偏斜角度只有 16°–20°，后足行迹内宽平均 5.3 cm。Xing 等（2013g）注意到岚山地区中小型蜥脚类足迹具有明显的狭窄型行迹，前后足足迹的面积比为 1∶3.5，远远小于大型雷龙足迹的 1∶1.5 等特点，认为岚山地区中小型蜥脚类足迹与副雷龙足迹属（*Parabronropodus*）有些相似。但是考虑到足迹保存状态很不理想以及副雷龙足迹属大都限制在侏罗纪地层中的现象，Xing 等（2013g）未正式将岚山中小型足迹归入副雷龙足迹属（*Parabronropodus*）。笔者认为，岚山的中小型蜥脚类足迹与 Xing 等（2010a）描述的江苏东海南古寨的副雷龙足迹属（*Parabronropodus*）很相似，主要表现在：个体大小相近（后足长分别为 27 cm 和 35 cm），步幅角（前足 100° 左右，后足 110° 左右）相同，足迹偏转角度（前足分别为 51°–53° 和 50°–70°；后足分别为 16°–20° 和 16°–19°）一致；只是由于东海足迹形成时，地面更泥泞，使得东海足迹的长宽比更大，足迹看起来稍长。另外，两地个别保存清晰的足迹的细部特征也十分相似（Xing et al., 2013g）。这些相似的特征更加证实临沭岚山地区的中小型蜥脚类足迹与东海南古寨的中小型蜥脚类足迹出自同一类型的造迹者。因此，岚山地区的蜥脚类足迹与江苏东海的中小型蜥脚类足迹应属于同一种副雷龙足迹未定种。

副雷龙足迹属未定种 2 *Parabrontopodus* isp. 2

（图 40）

材料　保存在四川省泸州市古蔺县椒园乡中山村二社和平机砖厂一处悬崖峭壁上的 220 个蜥脚类足迹，形成 10 条行迹（图 40）。

产地与层位　四川泸州，下侏罗统自流井组。

图 40 四川古蔺蜥脚类足迹化石产地（引自邢立达，2010）

评注 邢立达（2010）报道了在四川省泸州市古蔺县椒园乡中山村二社和平机砖厂发现的 220 个四足行走蜥脚类足迹，前足新月形，长 25 cm，宽 36 cm，后足有轻微爪迹，长 58 cm，宽 40 cm。形态极不对称。邢立达（2010）认为椒园乡的蜥脚类足迹属于 *Breviparopus*-like/*Parabrontopodus*-like 足迹。但是，*Breviparopus* 的模式种前后足足迹距离很近，几乎连在一起，而且前后足连在一起的长度为 115 cm，明显大于古蔺椒园乡的蜥脚类足迹长度。因此，本志书将古蔺椒园乡的蜥脚类足迹归入 *Parabrontopodus* 未定种。实际上，古蔺椒园乡的恐龙足迹尚需进一步详细研究。

蜥脚下目足迹化石属种不定 1 Sauropoda igen. et isp. indet. 1
（图 41）

材料 保存在重庆市大足县邮亭乡前进村长河碥铁路边的下侏罗统珍珠冲组粉砂岩层面上的 100 多个蜥脚类足迹。足迹产地的地理坐标为：29°27′4.08″N, 105°47′3.9″E。

评注 杨兴隆和杨代环（1987）首次报道了这批恐龙足迹。保存足迹的岩层很陡，

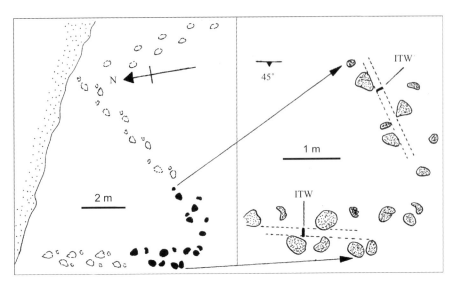

图 41　大足蜥脚类足迹野外现场分布图（引自 Lockley et Matsukawa, 2009）
左侧为现场分布图，右侧为左侧图中黑色部分的放大，显示较宽的行迹内宽；ITW——行迹内宽；
45°为岩层倾角，也是现场坡度

倾角大约为 45°。杨兴隆和杨代环（1987）共识别出 4 条行迹，均为四足行走，前足小，长 10 cm，宽 20 cm，半圆形或者新月形，后足个体较大，长 36 cm，宽 26 cm，椭圆形和圆形等。趾垫不清晰，足迹较深。前后足足迹的单步均为 1 m 左右。杨兴隆和杨代环（1987）绘制了局部行迹轮廓图，但没有给足迹命名，只是将其归入四足行走恐龙足迹。他们最后推测其为原蜥脚类恐龙所留。Matsukawa（2006）经过对足迹现场的再次考察，认为大足的足迹属于蜥脚类恐龙足迹，由于足迹产出层位为下侏罗统珍珠冲组，因此指出大足的蜥脚类足迹是亚洲发现的最古老的蜥脚类足迹。Lockley 和 Matsukawa（2009）绘制了蜥脚类足迹分布图（图 41），并指出，大足蜥脚类足迹属于侏罗纪不常见的蜥脚类行迹类型。一般情况下，侏罗纪的蜥脚类行迹比较窄，而白垩纪的蜥脚类行迹较宽（Lockley et Hunt, 1995），但大足的侏罗纪蜥脚类足迹却显示较大的行迹内宽。中国出现的蜥脚类足迹大多归入雷龙足迹属（*Brontopodus*），但大足地区蜥脚类足迹的时代为侏罗纪早期。这个事实会阻碍大足早侏罗世的蜥脚类足迹被归入雷龙足迹属（*Brontopodus*）。因此，大足的蜥脚类足迹具体分类位置有待今后进一步的研究。

蜥脚下目足迹化石属种不定 2 Sauropoda igen. et isp. indet. 2
（图 42，图 43）

材料　ZMM-LG1，保存在诸城市博物馆的含 4 个蜥脚类足迹（LG1.1, 1.2, 1.3, 1.4）的足迹化石标本；ZDRC-F1，保存在诸城恐龙研究中心的含 6 个蜥脚类足迹（F1.1, 1.2, 1.3, 1.4, 1.5, 1.6）的足迹化石标本。两足迹化石标本均采自山东省诸城市石桥子镇张祝河湾村，两个足迹化石点相距 10 m；保存在诸城棠棣戈庄野外 Site B 足迹点的 26 个蜥脚类足迹，编号为（诸城棠棣戈庄）Site B-B1–23, B4', B19', B21'。

产地与层位　山东诸城，下白垩统大盛群田家楼组。

评述　Xing 等（2010b）描述了保存在山东诸城市博物馆和诸城恐龙研究中心的 10 个蜥脚类足迹。其中保存在山东诸城市博物馆的足迹化石（ZMM-LG1）由于采集比较早，足迹保存完好，作为主要描述依据（图 42）。保存在诸城市博物馆的 4 个蜥脚类足迹（LG1.1, 1.2, 1.3, 1.4）形态相似，不易区分前后足。但是，Xing 等（2010b）根据足迹 LG1.1 和 LG1.4 的长宽比小于 LG1.2 和 LG1.3 的长宽比认为 LG1.1 和 LG1.4 为前足足迹，LG1.2 和 LG1.3 为后足足迹。于是，前足足迹（LG1.1 和 LG1.4）平均长 40.5 cm，平均宽 28.6 cm；后足足迹（LG1.2 和 LG1.3）平均长 43.6 cm，平均宽 30 cm。足迹中趾迹或爪迹不清晰，但是足迹中部有隆起，可能是恐龙行走时，足底对地面压迫、抬起后基底物质反弹的结果。另外，由 LG1.1, 1.2, 1.3 和 1.4 组成的行迹宽度较大，与 *Brontopodus birdi* 有明显区别。保存在诸城恐龙研究中心的 6 个足迹风化严重。由于两批足迹化石均采自同一地点，而且足迹之间分布也很相似，因此，这两批足迹应属于同

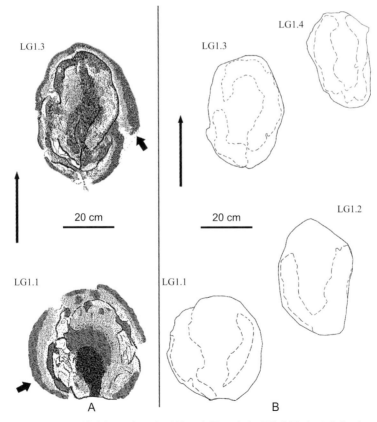

图 42　山东诸城石桥子镇张祝河湾下白垩统田家楼组内发现的蜥脚类足迹化石 (ZMM-LG1)
（引自 Xing et al., 2010b）

A. 素描图，B. 行迹分布图；化石保存在诸城市博物馆

图 43 保存在山东省诸城棠棣戈庄 Site B 足迹点的拐弯的蜥脚类足迹（引自王宝红等，2013）

左上角为 Site B-11（白方框中足迹）特写

一类型。Xing 等（2010b）认为这 10 个足迹属于蜥脚类足迹，未做进一步鉴定。笔者同意 Xing 等（2010b）的鉴定，由于行迹的宽较大，以及前后足迹的大小差别较小而将其归入蜥脚下目足迹化石属种不定类型。Xing 等（2010b）将发现于石桥子镇张祝河湾村的蜥脚类足迹的地层层位确定为莱阳群杨家庄组，但经旷红伟等（2013）多次野外调查和区域对比查明，该地赋存足迹的"莱阳群"应为沂沭断裂带大盛群田家楼组（旷红伟等，2013；Xing et al.，2013g）。

王宝红等（2013）描述了保存在诸城棠棣戈庄 Site B 足迹点早白垩世晚期大盛群田家楼组地层中的 26 个蜥脚类足迹（图 43）。棠棣戈庄 Site B 足迹化石点在 Xing 等（2010b）描述的诸城市石桥子镇张祝河湾村的蜥脚类足迹化石点东南方向 1 km 左右。棠棣戈庄 Site B 足迹的后足足迹呈椭圆形坑，长略大于宽，最深为 4.8 cm，大小为 37 cm×24 cm，具五个趾，足迹前方一般有两三个倒 V 字形小爪痕，整个足迹向外偏转，行迹较窄；前足足迹大小约 30 cm×23 cm，深度最深达 5 cm，指迹不清晰。值得一提的是，这些蜥脚类足迹呈半圆形分布，圆弧直径为 3.57 m，表明当时蜥脚类正在拐弯行走，转弯半径大约 1.8 m。经详细对比，王宝红等（2013）认为诸城棠棣戈庄 Site B 的蜥脚类足迹与 Xing 等（2010b）描述的诸城市石桥子镇张祝河湾村的蜥脚类足迹属于同一类型。

蜥脚下目足迹化石属种不定 3 Sauropoda igen. et isp. indet. 3

（图 44）

材料 保存在北京延庆县千家店 S309 公路旁上侏罗统土城子组第三段中的一批足迹。足迹产地编号为 YQSID，蜥脚类足迹未编号。足迹均以幻迹形式保存。

产地与层位 北京延庆，上侏罗统土城子组。

评注 张建平等（2012）描述了北京延庆县千家店地区上侏罗统土城子组的恐龙足迹化石。这是北京地区首次发现确切的恐龙足迹化石。张建平等（2012）在这个产地中识别出三角足迹（相似属）cf. *Deltapodus* isp.，并未提及图 44 中的蜥脚类足迹。但是，这个足迹的照片已经显示在张建平等（2012）文章图 3 中。最明显的特点是在足迹前方可见到一个明显的拇趾印迹，是典型的蜥脚类恐龙足迹特点。

图 44 北京延庆千家店上侏罗统土城子组中保存的蜥脚类足迹（白志强提供）

蜥脚下目足迹化石属种不定 4 Sauropoda igen. et isp. indet. 4

（图 45）

材料 保存在山东诸城皇华镇黄龙沟足迹产地的 6 条蜥脚类行迹。

产地与层位 山东诸城，下白垩统莱阳群杨家庄组。

评注 黄龙沟足迹产地最早是 Li 等（2011）描述的。他们发现了很多兽脚类足迹化石。文章发表后，当地政府对足迹化石产地进行了大面积的发掘，最后暴露出来近

图 45　山东诸城黄龙沟足迹化石点保存的蜥脚类足迹幻迹

3000 m^2 的含足迹层面。其中暴露出来至少 6 条蜥脚类恐龙行迹。许欢等（2013）识别并描述了其中 3 条行迹，分别命名为 B 行迹、C 行迹和 D 行迹。其中 B 行迹最长，含 22 个前足和 25 个后足，后足足迹长 40–55 cm，宽 43–54 cm，平均复步长 180.8 cm，步幅角 88.7°；后足长 86–90 cm，宽 75–80 cm，平均复步长 192.2 cm，步幅角 108.7°。但是，这些蜥脚类足迹保存得不是很清晰，属于幻迹（图 45），足迹边缘界线不明显，测量足迹的尺寸有很大的主观性，因此山东诸城皇华镇黄龙沟足迹产地的 6 条蜥脚类行迹归入蜥脚类不确定属种。

兽脚亚目 Suborder THEROPODA

　　评注　目前，在全世界发现的兽脚类恐龙足迹的数量很多，与骨骼化石比较起来，兽脚类恐龙足迹的数量要大于其他类型的恐龙足迹。在世界上绝大多数恐龙足迹化石产地都能发现兽脚类恐龙的足迹，其时代分布从三叠纪晚期一直到白垩纪晚期。这说明兽脚类恐龙的活动范围要大于其他类型的恐龙。兽脚亚目恐龙足迹一般为三趾型，有些还可见到拇趾的印迹，无前足印迹，无第 V 趾印迹，偶尔可见到尾迹，多数足迹中可见到爪迹。纵观三叠纪晚期到白垩纪晚期的兽脚类恐龙足迹，如果有拇趾印迹的话，拇趾的方向显示了一种从侧后方到侧方，到消失的退化趋势（Lull, 1904）。三叠纪晚期到侏罗纪早期的兽脚类恐龙足迹中的拇趾指向侧后方，比如 *Anchisauripus*；侏罗纪中晚期的肉食龙足迹拇趾则横向伸出，指向行迹中线，比如 *Gigandipus*；到了白垩纪阶段拇趾印迹基本消失，比如 *Chapus*。表明拇趾退化变短。从表面上看，因为绝大多数兽脚类恐龙只用 II、III、IV 趾着地，身体其他部位的特征对足迹形态的影响有限，所以其足迹形态的变化要比骨骼化石的变化少很多，所反映出来的恐龙足迹类型也应该比较匮乏。甚至本来差异很明显的三个著名的足迹属 *Eubrontes*、*Anchisauripus* 和 *Grallator* 都有可能是一个属甚至是一个种内的不同大小的个体所留（Olsen et al., 1998）。但是，Lockley（1998b）在观察了大量的兽脚类足迹化石后认为，兽脚类恐龙的足迹化石种类也十分丰富，可以识别出很多清晰的足迹属。最近几年，在研究兽脚类足迹化石时，增加了很多测量参数，就使得足迹属之间的差别十分明显，有利于进行属种鉴定。除了按照传统方法测量足迹长、足迹宽、每个趾迹的长和宽、趾间角、单步长、复步长、行迹三角形等常规数据外，在足迹化石的研究上还引入了足迹长宽比、足迹中轴线相对于行迹中线的角度、两侧趾夹角等，特别是中趾并齐率的引入较好地反映了足迹的形态。世界上分布范围很广的一些著名的兽脚类恐龙足迹在我国也有很多发现，比如 *Garllator*, *Anchisauripus*, *Eubrontes*, *Kayentapus*, *Asianopodus* 等。另外，还有一些我国特有的种类，比如 *Changpeipus*, *Jialingpus*, *Velociraptorichnus*, *Minisauripus*, *Chapus* 等。

赵资奎（1979）报道了一个踩在恐龙蛋窝上的恐龙足迹（IVPP V5783）。Weishampel 等（1990）怀疑是鸟脚类恐龙足迹，但未给出理由。Xing 等（2009a）进一步认为这个足迹化石与禽龙足迹（*Iguanodontipus*）相似，但 Xing 等（2009a）测量的足迹的长宽比为 1.39，这个数值不应属于鸟脚类恐龙足迹。经观察，足迹呈三趾型，并明显可见两个趾的趾尖尖锐，笔者认为应属于兽脚类恐龙足迹。尽管如此，这个足迹很不清晰，特征模糊，今后可能还会有不同的解释。这个踩在恐龙蛋上的恐龙足迹标本（IVPP V5783）产自河南内乡夏馆后庄北东 0.5 km 的上白垩统下部夏馆组（王德有、冯进城，2008）。

跷脚龙足迹科 Ichnofamily Grallatoridae Lull, 1904

模式属 跷脚龙足迹属 *Grallator* Hitchcock, 1858

鉴别特征 小型三趾型足迹，两足行走类型，单步和复步大，无前足足迹及尾迹。

中国已知属 *Grallator*, *Chuanchengpus*, *Wupus*, *Minisauripus*。

评注 跷脚龙足迹科是最早被命名的足迹化石科之一，但是在实际应用时经常会与其他足迹科的三趾型足迹造成混淆，最容易混淆的就是 Anchisauripodidae。Lull（1904, 1953）先后给出了两个科的定义。Lull（1953）认为跷脚龙足迹类区别于安琪龙足迹类的特点在于"复步长，足迹小，没有拇趾印迹"。Baird（1957）认为，Grallatoridae 和 Anchisauripodidae 的形态相差很小，复步长短和足迹个体大小作为区别两个科的特征也很不好掌握，因为中间过渡类型很多，无法找到一个确切的界线，许多已知种的个体大小的变化范围，都超过了两个科之间的大小差异。另外，拇趾印迹的有无来划分科级分类也显得不太实际，拇趾印迹的偶然性很大，而将一个偶然的特征作为两个科的划分标准是不适宜的。Baird（1957）还认为，个体较大的恐龙，身体较重，脚部下沉的深度就大，而容易留下拇趾印迹，小型恐龙身体轻盈，拇趾一般不着地。因此，在兽脚类三趾型足迹中，拇趾印迹的有无取决于动物个体的大小，并不是取决于动物的种类。为此，Baird（1957）根据足迹复原了骨骼的形态，以此来对这两个科进行分类。Baird（1957）将 Anchisauripodidae 归并到 Grallatoridae 中。Olsen 等（1998）分析了 Grallatoridae、Anchisauripodidae 和 Eubrontidae 的模式属 *Grallator*、*Anchisauripus* 和 *Eubrontes*，发现这三个属之间在足迹大小、中趾并齐率和足迹的长宽比值方面有过渡关系，三者之间没有明显界线。从形态上表现为从 *Grallator* 过渡到 *Anchisauripus*，再过渡到 *Eubrontes*。尽管如此，Olsen 等（1998）还是给出了三个属的鉴别特征：*Grallator* 个体较小，足迹长一般小于 15 cm，中趾并齐率小于 1.3，长宽比值大于 2，两外侧趾夹角小于 30°；*Anchisauripus* 足迹中等大小，足迹长介于 15–25 cm 之间，中趾并齐率在 1.3–1.8 之间，足迹长宽比值约为 2，两外侧趾夹角 20°–35°；*Eubrontes* 较大，足迹长一般大于 25 cm，中趾并齐率大于 1.8，足迹较宽，两外侧趾夹角 25°–40°。而这三个属分别是 Grallatoridae、Anchisauripodidae 和 Eubrontidae 的模式属，因此，本志书将三个模式属的区分特征作为区别三个科的主要特征。但是，本志书不采纳 Olsen 等（1998）确定的两侧趾夹角的标准。因为 Olsen 等（1998）定义足迹属 *Grallator* 的外侧趾夹角不大于 30°，但是经过考察，在足迹属 *Grallator* 中有许多足迹种的外侧趾夹角大于 30°，其中包括 E. Hitchcock 最早命名的一些足迹，比如：*Grallator tenuis* (Hitchcock, 1858) 的外侧趾夹角为 40°–45°，*G. cuneatus* (Hitchcock, 1858) 为 46°，*G. gracilis* (Hitchcock, 1865) 为 35°–40°，*G. formosus* (Hitchcock, 1858) 为 33°–55°。

跷脚龙足迹属 Ichnogenus *Grallator* Hitchcock, 1858

模式种 平行跷脚龙足迹 *Grallator parallelus* Hitchcock, 1858

鉴别特征 个体小，足迹长度一般不超过 15 cm，两足行走，三趾型，趾间角较小，两侧趾间夹角较小，中趾明显超出两侧趾前伸，中趾前凸明显（大于 *Eubrontes* 或 *Anchisauripus*），足迹狭窄型，长宽比值大于或等于 2，具锐爪，单步和复步较大，无前足与尾的印迹（结合 Lull, 1904 和 Olsen et al., 1998 修订）。

中国已知种 *Grallator ssatoi*, *G. emeiensis*, *G. wuhuangensis*, *G.* isp. 1, *G.* isp. 2。

分布与时代 世界性分布，晚三叠世至早白垩世。

评注 足迹属 *Grallator* 是最早被命名的化石足迹属之一，其模式种的正模是 Pliny

Moody 于 1847 年采集并交给 E. Hitchcock，并被编号为 AC 4/1a（其中，AC 代表美国马萨诸塞州 Amherst College），一块标本上有两种类型的足迹。Hitchcock（1847）将其中的小型三趾型足迹和另外一块标本（AC 23/2）上的三趾型足迹共同命名为 *Brontozoum parallelum*。可是，Hitchcock 并没有指定正模。更令人不解的是，在他 1858 年发表的文章 "Ichnology of New England, A report on the sandstone of the Connecticut valley, especially its fossil footmarks" 中竟没有提到 *Brontozoum parallelum*，而是把一开始命名为 *Brontozoum parallelum* 正模的 AC 4/1a 和 AC 23/2，都归在新足迹属和足迹种 *Grallator cursorius* 名下，也就是说，Hitchcock 先后给相同的两件标本命名了不同的足迹属种名。按照国际动物命名法规，*Brontozoum parallelum* 和 *Grallator cursorius* 属于同物异名。*Brontozoum parallelum* 先被命名应该保留，*Grallator cursorius* 应属无效名称。但是，足迹属 *Brontozoum* 又与 *Eubrontes* 发生冲突，而被废弃（Hay，1902）。于是，*Brontozoum parallelum* 就被改成 *Grallator parallelus*（改为阳性词尾）而成为足迹属 *Grallator* 的模式种（Olsen et al.，1998）。

另外，Hitchcock（1858）在定义 *Grallator* 的特征时，将趾垫清晰作为鉴别特征之一。后来，Haubold（1971）和 Lull（1953）也沿用了这个概念。但是，Lull（1904）、Olsen 等（1998）以及甄朔南等（1996）在定义或引用 *Grallator* 的鉴别特征时，均未将"趾垫清晰"列入鉴别特征。并且，Lull（1953）在定义足迹科 Grallatoridae 的时候也未将"趾垫清晰"列入该科的鉴别特征。因此，本志书同意 Olsen 等（1998）的观点，不将"趾垫清晰"作为足迹科 Grallatoridae 和足迹属 *Grallator* 的鉴别特征。这是因为趾垫的清晰程度受地表基底性质的影响更大。

佐藤跷脚龙足迹 *Grallator ssatoi* (Yabe, Inai et Shikama, 1940) Zhen, Li, Rao, Mateer et Lockley, 1989

（图 46—图 50）

Jeholosauripus s-satoi：Yabe et al.，1940，p. 560；Baird，1957，p. 471；Kuhn，1958，p. 23；Young，1960，p. 54；Kuhn，1963，p. 100；Haubold，1971，p. 67；甄朔南等，1983，8 页

正模 IGPTU–61677。辽宁朝阳市羊山北四家子（41°11′47.52″N，120°18′36.36″E）。

归入标本 辽宁朝阳市羊山北四家子地区模式产地野外尚保存的 4000 多个足迹（图 46，图 47）；辽宁北票南八家子乡东四家板朝阳沟村北（41°40′24.24″N，120°42′55.32″E）野外保存的小型三趾型足迹；北京自然博物馆编号为 BMNH-Ph000218，Ph000313，Ph000369（图 48），Ph000604，Ph000605 的足迹标本；Fujita 等（2007）的 Type B ［即张永忠等（2004）所描述的第三类型］，产于北票四家板的三个小型三趾型足迹；1954 年中国科学院古脊椎动物与古人类研究所赴模式产地采集的 67 个足迹化石，现保存在中

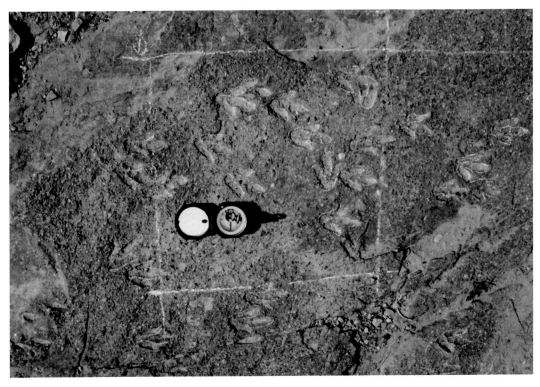

图 46　模式产地辽宁羊山野外保存的佐藤跷脚龙足迹（*Grallator ssatoi*）群体

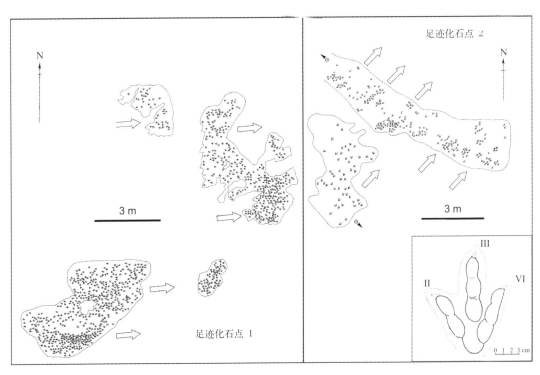

图 47　辽宁朝阳羊山模式产地佐藤跷脚龙足迹分布图（引自 Matsukawa et al., 2006）

右下角为正模右足足迹轮廓图（引自 Shikama, 1942），轮廓图绘制有偏差

图 48　保存在北京自然博物馆的佐藤跷脚龙足迹（*Grallator ssatoi*）
采自辽宁羊山上侏罗统土城子组，编号：BMNH-Ph000369（王琼摄影），图中左上角是根据标本上红圈内
的足迹绘制的轮廓图

国科学院古脊椎动物与古人类研究所（编号不详）；IVPP. V 2474，一件保存 6 个三趾型足迹的岩石标本（Young, 1960），采集自河北省承德六勾骆驼山沟（图 49）；自贡恐龙博物馆收藏的三块含足迹化石石板（ZDM 0129），上面保存 350 多个足迹化石（图 50），标本采集自四川省自贡市贡井区河街（东岳庙）下侏罗统自流井组马鞍山段（彭光照等，2005）。

鉴别特征　趾行式，两足行走，三趾型，无拇趾印迹，无尾迹，中趾最长，超出两侧趾，IV 趾略长于 II 趾，足迹个体较小，足迹长 7–12 cm，宽 5–8.5 cm，趾间角 II 14°–16° III 12°–14° IV。

产地与层位　辽宁朝阳、北票，上侏罗统土城子组；四川自贡，下侏罗统。

评注　佐藤跷脚龙足迹最早是日本地质学家佐藤（S. Sato）于 1939 年春天在中国辽宁羊山地区的北四家子发现的，是中国境内发现的第二批恐龙足迹化石，由日本学者 Yabe 等（1940）首先报道，后来又由 Shikama（1942）进行了详细研究。1954 年，中国科学院古脊椎动物研究室考察队到模式产地考察并采集了 39 件标本，含 67 个足迹化石（编号不详）。

Yabe 等（1940）和 Shikama（1942）曾将这批脚印化石与产于北美三叠系的足迹进

图 49　IVPP V 2474，佐藤跷脚龙足迹（*Grallator ssatoi*），采集自河北省承德六勾骆驼山沟
（引自 Young, 1960）

行了详细的对比。他们认为，辽宁发现的这批足迹化石与北美产的 Anchisauripodidae、Otouphepodidae、Gigandipodidae、Eubrontidae、Grallatoridae、Selenchnidae 和 Anomoepodidae 都有区别，其主要区别在于辽宁羊山的这些足迹化石的个体很小，而且 Anchisauripodidae 和 Gigandipodidae 是四趾型的；Otouphepodidae 和 Eubrontidae 要比辽宁羊山发现的足迹宽。实际上，从大小上看，这批足迹与 Anchisauripodidae 的足迹尺寸相当。所以 Haubold（1971）认为辽宁羊山的足迹应归入 Anchisauripodidae。Baird（1957）甚至干脆认为辽宁这批足迹就是 *Anchisauripus* 的同物异名。然而杨钟健（Young, 1960）详细研究了 70 多个足迹，并没有发现拇趾的印迹。而拇趾印迹在 *Anchisauripus* 中是一个普遍特征。Baird（1957）曾指出：拇趾印迹的缺失并不是将辽宁羊山的足迹排斥在 *Archisauripus* 之外的有力证据。杨钟健（Young, 1960）指出：虽然个别和少量足迹的缺失并不能证明这个种无拇趾印迹，但是在这么大量的标本中都未发现拇趾印迹，这就是个不容忽视的重要特征了（Young，1960）。所以杨钟健认为辽宁羊山的足迹与 *Grallator* 更近似。Shikama 当时提出辽宁羊山的足迹与 *Grallator* 的唯一区别是 III、IV 趾的夹角小于 14°（但是，文章中给出的轮廓图却与描述有很大区别），而 *Grallator* 属内当时的各

图 50　自贡贡井区发现的三趾型足迹化石（标本编号：ZDM 0129；照片由叶勇提供）

种足迹的趾间角都超过 14°，于是将辽宁的足迹定为佐藤热河足迹 *Jeholosauripus s-satoi*。可是 Lull（1904, 1953）所描述的 *Grallator* 足迹趾间角有的种只有 12°（比如，*Grallator cursorius* 的趾间角为 II 14° III 12° IV）。因此，*Jeholosauripus* 与 *Grallator* 之间的区别就应忽略不计。甄朔南等（Zhen et al., 1989）认为 *Jeholosauripus* 的特征应属于 *Grallator* 的特征范围，*Jeholosauripus* 是 *Grallator* 的同物异名。经详细对比，辽宁羊山的足迹以其个体较小而区别于 *Grallator* 属内各种，于是原种本名保留。需要指出的是，Yabe 等（1940）在命名新足迹属种时，将种本名写成"*s-satoi*"，但是根据国际动物命名法规，在动物名称中不能使用标点符号。甄朔南等 (1989) 在新组合该足迹种时，仍然使用"*s-satoi*"。Sullivan 等（2009）在讨论该种时，首次将种本名中的"-"删除，使其成为"*ssatoi*"。本志书同意 Sullivan 等（2009）的修改。

　　另外，Shikama（1942，Fig.1）的文章中正模轮廓图有明显偏差。Shikama（1942）在文章的测量数据表格中给出的足迹趾间夹角为 II 20° III 10° IV，两外侧趾夹角为 30°。而在轮廓图上测量的趾间夹角为 II 29° III 20° IV，明显大于描述中的数据，因此认为其轮廓图绘制有偏差（图 47 右下角）。图 48 左上角的轮廓图是根据北京自然博物馆保存的足迹化石标本（BMNH-Ph000369）中较好的足迹绘制的轮廓图，反映了佐藤跷脚龙足迹（*Grallator ssatoi*）的基本特征。

　　彭光照等（2005）将在四川省自贡市贡井区河街（东岳庙）下侏罗统自流井组马鞍山段发现的 350 多个三趾型足迹（图 50）归入佐藤跷脚龙足迹（*Grallator ssatoi*），足迹包括大小两种类型，小型足迹长 6–8 cm，大型足迹长 13–14 cm，足迹宽 5–10 cm；两足行走，三趾型，中趾长于两侧趾，无拇趾印迹，无尾迹，趾间夹角为 II 29° III 27° IV。从足迹的宽度来看，变化较大，应该不是一种类型；从趾间夹角来看，两侧趾夹角 56° 明显大于跷脚龙足迹属的鉴别特征，有待于今后进一步研究确定。实际上，邢立达等已经对这批足迹进行了重新研究，并做了详细描述，论文尚未发表。

峨眉跷脚龙足迹 *Grallator emeiensis* Zhen, Li, Zhang, Chen et Zhu, 1994

（图 51，图 52）

正模 重庆自然博物馆 (CQMNH)CFEC-C-1（图 51），CFEC-C-2, CFEC-C-3，其中 CF 代表 Chongqing Footprint，含义是重庆自然博物馆保存的足迹化石；EC 代表 Emei, Chuanzhu，峨眉县川主乡；C-1 是标本编号，足迹化石保存在一块红色砂岩层面上。CFEC-C-1, CFEC-C-2, CFEC-C-3 组成一完整的复步三角形（图 52）。四川省峨眉山市（原峨眉县）川主乡幸福崖（29°36′12.72″N, 103°26′34.86″E）。

鉴别特征 两足行走，三趾型，足迹个体很小，三个趾的基部紧凑地收拢在一起，III 趾远端爪迹较大，爪迹尖锐，足迹全长（包括爪迹）2.7 cm，其中爪迹长 0.5 cm，足迹最大宽为 1.6 cm，III 趾最长，中趾并齐率小于 1，无拇趾印迹，无前足印迹，无爪迹；单步长 9.4 cm 左右，复步长 18.4 cm，步幅角为 154°，足长与复步的比为 1∶6.8，行迹宽 2.1 cm。

产地与层位 四川峨眉川主乡，下白垩统夹关组（Barremian–Albian）。

评注 *Grallator emeiensis* 足迹是目前跷脚龙足迹属（*Grallator*）中个体最小的种，也是世界上发现的最小的恐龙足迹。甄朔南等（Zhen et al., 1994）在选正模时只选了 CFEC-C-1 作为正模，但实际上，在鉴别特征中还包括了单步和复步长等数据，而这些数据的测量是在 CFEC-C-1、CFEC-C-2 和 CFEC-C-3 三个足迹上完成的。因此，CFEC-C-2 和 CFEC-C-3 也应属于正模。

 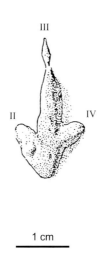

图 51　峨眉跷脚龙足迹（*Grallator emeiensis*）正模 CFEC-C-1 化石照片及轮廓图（引自 Zhen et al., 1994）

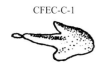
CFEC-C-1

CFEC-C-3

CFEC-C-2

2 cm

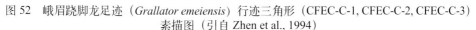

图 52　峨眉跷脚龙足迹（*Grallator emeiensis*）行迹三角形（CFEC-C-1, CFEC-C-2, CFEC-C-3）
素描图（引自 Zhen et al., 1994）

关于夹关组的地层归属有很多不同的说法，比较混乱，主要原因是由于白垩纪三分还是两分造成的。峨眉的足迹化石是重庆自然博物馆 1981 年根据四川省地质局第二区测队 20 世纪 70 年代早期的 1∶20 万《峨眉幅》区测报告中提到的线索到峨眉地区采集的。区测报告中指出足迹化石产自下白垩统夹关组。根据这个信息，甄朔南等（Zhen et al., 1994）将峨眉跷脚龙足迹层位确定为下白垩统夹关组；在这之前李玉文等（1983）根据介形虫的研究认为夹关组包含着下白垩统、中白垩统和上白垩统；郝诒纯等（1986, 2000）将中国的白垩系三分，并将夹关组归入中白垩统；苟宗海和赵兵（2001）认为夹关组是跨统的岩石地层单元，地层相当于下白垩统 Valanginian 至上白垩统 Santonian。陈丕基等（Chen et al., 2006）根据介形虫化石将夹关组归入上白垩统；邢立达等（2007）将夹关组归入中白垩统。Lockley 等（2008）将峨眉地区的足迹化石组合与在山东莒南田家沟组和韩国 Haman Formation 内保存的恐龙足迹和鸟类足迹化石组合比较后发现十分相似，峨眉地区夹关组和山东莒南田家沟组均含有 *Minisauripus*, *Velociraptorichnus*, *Koreanaornis* 等，韩国的 Haman Formation 也保存有 *Minisauripus* 和 *Koreanaornis*。因此，Lockley 等（2008）认定这三个足迹化石组合的年代一致。而山东莒南田家沟组和韩国 Haman Formation 均被其他化石确定为下白垩统 Barremian–Albian。所以，峨眉地区含 *Grallator emeiensis* 的层位也应属于 Barremian–Albian。按照国际年代地层表 2013 年版，Barremian–Albian 属于下白垩统上部。因此，本册志书采用国际流行的白垩系两分原则，将含 *Grallator emeiensis* 层位归为下白垩统夹关组。

五皇跷脚龙足迹 *Grallator wuhuangensis* (Yang et Yang, 1987) Lockley, Li, Li, Matsukawa, Harris et Xing, 2013

（图 53，图 54）

Chuanchengpus wuhuangensis：杨兴隆、杨代环，1987, 24 页

Grallator isp.：Lockley et al., 2003, p. 175

正模 编号为 CFZW101（其中 ZW 代表资中县五皇乡），足迹化石仍保存在模式产地。四川省资中县五皇乡五马村晒谷场（29° 43′ 27.84″ N, 104°47′ 31.98″ E）。

副模 CFZW97, 98, 99, 100, 102, 103。

鉴别特征 两足行走，三趾型，趾行式，III 趾长于两侧趾，中趾印迹粗壮，无前足印迹及尾迹。趾间角为 II 16° III 20° IV。足迹长 7 cm，足迹宽 5.5 cm。单步长 41 cm，行迹宽 10 cm。

产地与层位 四川资中，中侏罗统新田沟组底部。

评注 五皇船城足迹（*Chuanchengpus wuhuangensis*）是杨兴隆和杨代环（1987）

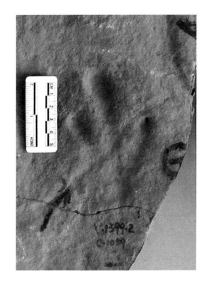

图 53 五皇跷脚龙足迹（*Grallator wuhuangensis*）正模及轮廓图（其中轮廓图引自
Lockley et al., 2003）

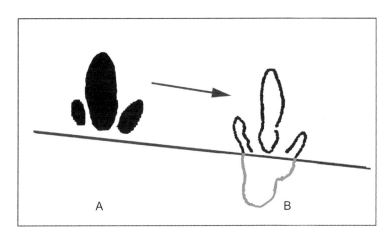

图 54 足迹轮廓对比图（参考 Lockley et al., 2013）

A. 杨兴隆和杨代环 (1987) 描绘的五皇船城足迹轮廓图；B. 描述完整的五皇跷脚龙足迹（*Grallator wuhuangensis*）轮廓图，灰色部分为杨兴隆和杨代环（1987）忽略的部分

根据在四川省资中县发现的一批保存十分不清晰的足迹化石而命名的。杨兴隆和杨代环（1987）描述新属种时绘制的足迹轮廓（杨兴隆、杨代环，1987，图21）与实际足迹偏差很大，足迹的轮廓被绘制成一长形足迹，中趾呈香肠形状并无爪迹，而且两个侧趾很短。Lockley等（2003）、Lockley和Matsukawa（2009）在正模上重新绘制了*Chuanchengpus wuhuangensis*的轮廓图后发现杨兴隆和杨代环（1987）的轮廓图只绘制了前半部分，足迹的后半部分，包括蹠趾垫没有绘制（图54）。于是，Lockley等（2003）重新绘制了资中五皇乡被命名为五皇船城足迹（*Chuanchengpus wuhuangensis*）的正模的轮廓图，发现其整个足迹的轮廓属于*Grallator*的特征范围。另外，由于资中五皇五马村的小型三趾型足迹的中趾粗于两侧趾，而保留这个足迹种。Lockley等（2013）重新组合足迹种：五皇跷脚龙足迹（*Grallator wuhuangensis*）。

跷脚龙足迹属未定种 1 *Grallator* isp. 1

（图55）

材料　在内蒙古鄂托克查布地区 4 号点发现跷脚龙足迹（*Grallator*），一般个体较小，趾行式，足迹长 10 cm，宽 6.5 cm，足迹长明显大于宽，整个足迹看起来显得狭窄瘦长，中趾并齐率接近 1，复步长 92 cm（图55）。足迹化石仍保存在野外。

产地与层位　内蒙古鄂托克，下白垩统泾川组。

评注　李建军等（2011，图版 7，图 1, 2；Li et al., 2009, pl. III, figs. 1, 2）报道了这批化石。其个体大小、中趾并齐率和长宽比等特征完全属于*Grallator*足迹属的范围。从轮廓、大小上看与 *G. ssatoi* 相似，但是，由于趾垫印迹不清晰，无法进一步详细对比鉴定，暂定为未定种。

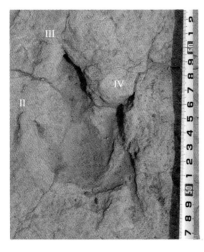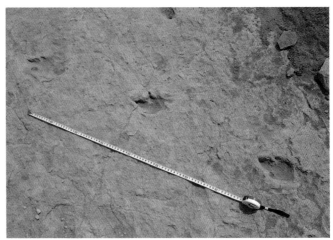

图 55　内蒙古鄂托克查布地区 4 号点保存的跷脚龙足迹（*Grallator*）

跷脚龙足迹属未定种 2 *Grallator* isp. 2

(图 56)

材料 辽宁北票四家板的上侏罗统土城子组所产 100 多个小型三趾型足迹（标本仍在野外）。

产地与层位 辽宁（北票）、北京；上侏罗统土城子组。

评注 张永忠等（2004）和 Fujita 等（2007）分别报道了发现在辽宁北票四家板的恐龙足迹（图 56）。但是，Fujita 等（2007）并没有参考张永忠等（2004）的文章。经后来详细勘查，两个足迹化石点距离很近，实际上是同一个足迹化石点的两个部分。两个化石点都保存了大量的三趾型足迹。两篇文章均未对恐龙足迹命名。

张永忠等（2004）按照足迹的大小将所发现的三趾型足迹分成三个类型：第一类为大型足迹，平均长 26 cm，宽 15 cm，两侧趾夹角为 47°，按照 Olsen 等（1998）的定义，应该属于 *Eubrontes* 类型。第二类为中型足迹，平均长 14.8 cm，宽 11 cm，但是其变化较大，足迹长 12–24 cm，宽 9–16 cm，另外侧趾夹角平均为 42°，应该属于 *Anchisauripus* 类型。第三类为小型足迹，共有 8 个，长度均小于 10 cm，平均为 4.3 cm，外侧趾夹角经计算为 43.1°，张永忠等（2004）认为属于幼年个体。

图 56　辽宁北票四家板的上侏罗统土城子组中保存的跷脚龙足迹属未定种 2（*Grallator* isp. 2）

Fujita 等（2007）也将所发现的三趾型足迹分成三类（Type A, Type B, Type C）。其中，Type A 数量最多，包含有 100 个足迹，个体很小，平均长度只有 4.5 cm 左右，宽为 2.8 cm，长宽比为 1.6，中趾最长，两侧趾中 IV 趾长于 II 趾，趾垫和蹠 - 趾垫清晰，趾端均具爪迹，两外侧趾夹角平均为 49.6°；Type B 有 3 个足迹，平均长 13.4 cm，宽 7.4 cm，长宽比为 1.81，两侧趾平均夹角 36.7°，各趾纤细、锥形，趾端具爪，爪迹向足迹中线两侧撇出（属于 *Grallator ssatoi*）；Type C 有 14 个足迹，平均长 16.7 cm，宽 11 cm，长宽比为 1.52，两侧趾夹角平均为 45.6°，与 Type B、Type A 一样，Type C 趾垫也十分清晰。总的来看，三种类型的足迹除了大小差别外，其形态相差不多。Fujita 等（2007）认为这些足迹是同种恐龙的不同年龄个体留下的足迹。在辽宁早白垩世地层中发现的小个体恐龙 *Microraptor zhaoianus* 和 *Sinosauropteryx prima*，均属于小个体成年恐龙，因此并不排除最小的 Type A 的造迹动物属于这两类小个体长羽毛的恐龙。

如上所述，张永忠等（2004）描述的第一种类型和 Fujita 等（2007）的 Type C 相似，个体较大，长 16.7–26 cm，外侧趾夹角也较大（45°–47°），不属于 *Grallator* 类型。张永忠等（2004）的第二种类型和 Fujita 等（2007）的 Type B 应该是一种类型，大小和两侧趾夹角也十分近似。Fujita 等（2007）认为 Type B 的形态与 *Grallator ssatoi* 最接近，只是在 III 趾和 IV 趾的长度比和趾间角上有所差别：Type B 的 III 趾和 IV 趾的长度比为 1.32，而 *Grallator ssatoi* 的这个比为 1.07；Type B 的趾间角为 II 21° III 15° IV，*Grallator ssatoi* 为 II 14° III 13° IV。因此，Fujita 等（2007）的 Type B 和张永忠等（2004）的第二种类型属于与 *Grallator ssatoi* 有区别的 *Grallator* 其他足迹种。这里，本志书将张永忠等（2004）的第二种类型和 Fujita 等（2007）的 Type B 归入 *Grallator* isp. 2。

张建平等（2012）报道了北京延庆地区土城子组发现的一批恐龙足迹，包括蜥脚类恐龙和兽脚类恐龙足迹，其中兽脚类恐龙足迹应该属于足迹属 *Grallator*，而且与张永忠等（2004）和 Fujita 等（2007）报道的 *Grallator* 类足迹层位相同。

船城足迹属 Ichnogenus *Chuanchengpus* (Yang et Yang, 1987) Yang, Jiang, Li, Liu et Wuni, 2012

模式种 圣灵山船城足迹 *Chuanchengpus shenglingshanensis* Yang, Jiang, Li, Liu et Wuni, 2012

鉴别特征 个体小，两足行走，无前足印迹，具尾迹。足迹长 7.2 cm，宽 8.7 cm，宽大于长，三趾型，趾行式，II、IV 趾较短，椭圆形，III 趾粗长。长椭圆形。趾间角 II 32° III 32.1° IV；足长与复步长之比为 1：6.6，步幅角 149°（杨春燕等，2012）。

中国已知种 *Chuanchengpus shenglingshanensis*。

分布与时代 四川，中侏罗世。

圣灵山船城足迹 *Chuanchengpus shenglingshanensis* Yang, Jiang, Li, Liu et Wuni, 2012

（图 57，图 58）

正模 (CUT)ZJP403, ZJP404, ZJP405, ZJP406, 标本收藏于成都理工大学博物馆。

鉴别特征 同属。

产地与层位 四川资中金李井镇碾盘山村曾家院坝，中侏罗统下沙溪庙组。

评注 圣灵山船城足迹（*Chuanchengpus shenglingshanensis*）是杨春燕等（2012）根据四川资中金李井镇碾盘山村曾家院坝晒谷场上发现的一串由 12 个连续足迹形成的行迹命名的。实际上，在金李井镇碾盘山村晒谷场上共发现了 5 条行迹，其中三条行迹被杨兴隆和杨代环命名为金李井碾盘山足迹（*Jinlijingpus nianpanshanensis*）。后来，Lockley 等（2013）和杨春燕等（2013）各自独立地对这批足迹进行详细再研究后，给出了同样的结论——把金李井碾盘山足迹（*Jinlijingpus nianpanshanensis*）重新组合到实雷龙足迹属中，改名为碾盘山实雷龙足迹（*Eubrontes nianpanshanensis*）。这三条碾盘山实雷龙足迹是大中小三条恐龙留下的，足长分别为 37–40 cm、23–26 cm 和 12–14 cm。另外，在这个晒谷场上还有两条足长更小的行迹，足长只有 7 cm 左右（图 57）。杨兴隆和杨代环（1987）认为这批小个体足迹与五皇船城足迹 [后被 Lockley 等（2013）改为五皇跷脚龙足迹——*Grallator wuhuangensis*] 相似。杨春燕等（2012）对两条行迹中的一条进行了详细研究和描述，与五皇船城足迹（*Chuanchengpus wuhuangensis*）进行了详细对比（见表 2），并将这批小型足迹命名为船城足迹一新种：圣灵山船城足迹（*Chuanchengpus shenglingshanensis*）。

表 2　五皇跷脚龙足迹与金李井碾盘山小型足迹的对比（引自杨春燕等，2012）

项　目	五皇跷脚龙足迹（五皇船城足迹）	金李井碾盘山小型足迹	对　比
产地	五皇乡五马村	金李井镇碾盘山村	
尺寸	7.5 cm × 5.5 cm	7.2 cm × 8.7 cm	有区别
行走特点	两足行走，三趾型，趾行式	两足行走，三趾型，趾行式	相同
趾迹形状	II 趾长椭圆形，III 趾粗而长，IV 趾长椭圆形	II 趾长椭圆形，III 趾粗而长，IV 趾长椭圆形	相同
趾间角	II 19° III 25° IV	II 17°–48° III 18°–43° IV	变化较大
复步长	41 cm；复步长与足长比为 5.8	47.5 cm；复步长与足长比为 6.5	有区别
行迹特点	行迹外宽 10.5 cm；行迹外宽与足迹宽的比为 1.5	行迹外宽 16.6 cm；行迹外宽与足迹宽的比为 1.9	有区别
尾迹	无	有	有区别

在上述对比中，可发现两批足迹大小差不多，只是碾盘山足迹的宽大于长。在表 2 中，还发现趾迹的形态两者十分一致。均为"II 趾长椭圆形，III 趾粗而长，IV 趾长椭圆

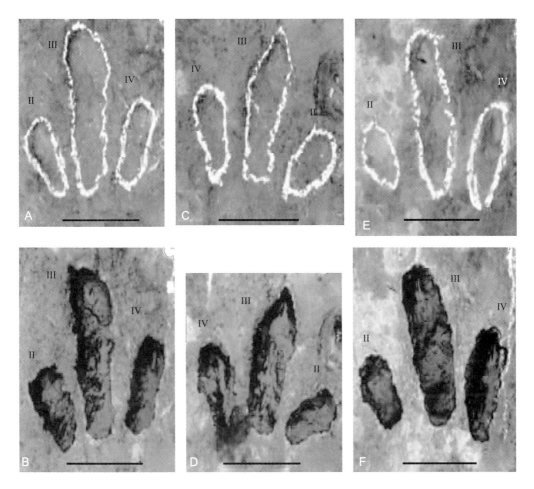

图 57 产自四川资中县金李井镇碾盘山村的圣灵山船城足迹（*Chuanchengpus shenglingshanensis*）
照片（引自杨春燕等，2012；）

图中比例尺均为 5 cm

形"。可是，Lockley 等（2013）已经发现杨兴隆和杨代环（1987）的足迹轮廓绘制有误，造成了对趾迹形态的理解也有很大偏差。而杨春燕等（2012）所描述的行迹中的足迹是趾行式，蹠趾垫没有保存。这与 Lockley 等（2013）正确识别的五皇跷脚龙足迹（*Grallator wuhuangensis*）的形态相差很远。另外，碾盘山小型足迹的宽大于长，并保留有断续的尾迹（图 58）。根据杨春燕等（2012）的描述，尾迹分别保存在行迹中第一到第三个足迹边上，第五个足迹的 II 趾附近，以及第五个和第六个足迹附近。尾迹的出现不符合跷脚龙足迹（*Grallator*）的特征（Lull, 1904, 1953）。因此，虽然 Lockley 等（2013）认为足迹属名 *Chuanchengpus* 属于无效名称，但是考虑到 Lockley 等（2013）没有参考杨春燕等（2012）的材料，没有认识到船城足迹属（*Chuanchengpus*）的一些其他重要特征，本志书保留 *Chuanchengpus shenglingshanensis* Yang et al., 2012 为有效足迹名称。由于杨兴隆和杨代环（1987）确定的模式种被归入 *Grallator*，因此这里将 *Chuanchengpus shenglingshanensis* 作为模式种。

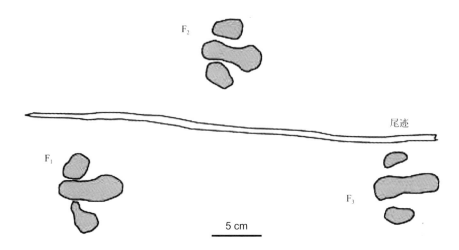

图 58 圣灵山船城足迹（*Chuanchengpus shenglingshanensis*）及尾迹（引自杨春燕等，2012）

舞步足迹属 Ichnogenus *Wupus* Xing, Wang, Pan et Chen, 2007

模式种 敏捷舞步足迹 *Wupus agilis* Xing, Wang, Pan et Chen, 2007

鉴别特征 小型三趾型足迹，长度一般为 10 cm 左右，宽大于长，宽长比为 1.14，蹠趾垫不清晰，趾间角约为 II45° III50° IV，步幅角 180°，足长与复步长之比为 1∶3.62，无前足印迹，无尾迹。

中国已知种 仅模式种。

分布与时代 四川，早白垩世晚期。

评注 在三趾型足迹系列中，往往将两侧趾夹角较大的足迹归入 *Kayentapus*。但是，*Wupus* 的宽大于长，不符合 *Kayentapus* 的鉴别特征。Lockley 等（2013）认为 *Wupus agilis* Xing, Wang, Pan et Chen, 2007 保存状态不佳，应该属于可疑名（*nomen dubium*）。但是，邢立达等（2007）在现场识别出 141 个足迹，并在多数足迹中发现"III 趾保存 2 个趾垫，III 趾趾尖爪迹向外侧偏出，而且 II、III 趾趾间夹角略小于 III、IV 趾趾间夹角"，特征比较稳定，而且有些足迹比较清晰（图 59）。因此，*Wupus* 应为一有效名称。

敏捷舞步足迹 *Wupus agilis* Xing, Wang, Pan et Chen, 2007

（图 59）

正模 QJGM-T4-4（图 59）。重庆市綦江区三角镇老瀛山。

副模 QJGM-T4-1–3, QJGM-T4-5–38, QJGM-T13-1–29, QJGM-T16-1–13, QJGM-T17, QJGM-T20-1–11, QJGM-T24-1–3, QJGM-T26-1–34, QJGM-T29-1–12，共 141 个足迹化石标本，保存地同正模；中国禄丰恐龙研究中心的模型：登记号 LDRC-V.130。

鉴别特征 同属。

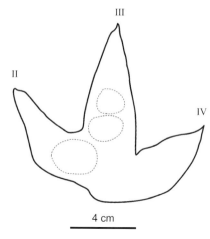

图 59　敏捷舞步足迹（*Wupus agilis*）照片及轮廓图（引自邢立达等，2007）

产地与层位　重庆綦江，下白垩统夹关组。

评注　邢立达等（2007）将含足迹化石的夹关组层位归入中白垩统。但是，经过与山东和韩国含相同恐龙足迹组合的地层的对比，夹关组应属于下白垩统（Lockley et al.，2008；李建军等，2011）。在足迹化石保存现场，与 *Wupus agilis* 在一起保存的还有大量的鸟脚类足迹：炎热老瀛山足迹(*Laoyingshanpus torridus*)和莲花卡利尔足迹(*Caririchnium lotus*)，以及甲龙足迹：中国綦江足迹（*Qijiangpus sinensis*）。从现场观察，总共 329 个恐龙足迹保存在 4 个层面上。第一层与第二层距离较近。第一层的足迹被认为是第二层的幻迹（邢立达等，2007）。其中，*Qijiangpus sinensis* 和 *Caririchnium lotus* 均在第一层和第二层留下足迹。而 *Wupus agilis* 仅在第一层留下足迹，均属于幻迹。因此，其表现的特征不十分清晰，需要今后发现原始层面足迹后对特征进行补充。

小龙足迹属 Ichnogenus *Minisauripus* Zhen, Li, Zhang, Chen et Zhu, 1994

模式种　川主小龙足迹 *Minisauripus chuanzhuensis* Zhen, Li, Zhang, Chen et Zhu, 1994

鉴别特征　小型两足行走、三趾型足迹，保存的 II、III、IV 趾迹近乎平行，长大于宽，趾迹相对较宽，趾垫清晰，趾端圆钝，趾端具爪迹；III 趾略长于 IV 趾，IV 趾略长于 II 趾；趾式为 2-3-(?)4；单步 3 至 10 倍于足迹长；行迹狭窄；无尾迹、无前足足迹（Lockley et al.，2008 补充）。

中国已知种　*Minisauripus chuanzhuensis*，*M. zhenshuonani*。

分布与时代　四川、山东，早白垩世。

评注　小龙足迹属（*Minisauripus*）最初由 Zhen 等（1994）根据在四川峨眉地区发现的一批很小的恐龙足迹描述命名。后来，在韩国的两个地点（Lockley et al.，2005，

2008）和山东的莒南（Lockley et al., 2008）均发现了类似的足迹。根据足迹的形状、各趾的长度比例和位置关系、复步的长度等特征来看，上述足迹在同一个足迹属的范围内。根据足迹的外轮廓为五边形，以及圆钝的趾端印迹，Zhen 等（1994）认为足迹应该属于以植物为食的鸟脚类恐龙，因此在分类上将小龙足迹属（*Minisauripus*）归入鸟脚类恐龙未定科。但是，后来在我国的山东莒南以及韩国 Namhae Province 的 Sinsu 和 Changseon 两个岛上都发现小龙足迹属的新材料，这不仅扩大了小龙足迹属的分布范围，而且扩大了小龙足迹属的尺寸范围，更重要的是还发现了一些以前没有观察到的特征。Lockley 等（2008）发现这个属随着个体的增大，长宽比值也变大，另外，更重要的是，Lockley 等（2008）还在山东、韩国的小龙足迹中发现了清晰、尖锐的爪迹，后来对 Zhen 等（1994）研究的标本重新观察，在其中一个小龙足迹（副模 CFEC-A-15）中也发现了尖锐的爪迹

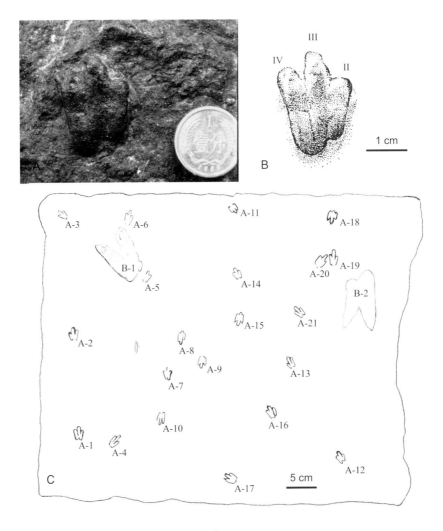

图 60　川主小龙足迹（*Minisauripus chuanzhuensis*）

A. 正模足迹 (CFEC-A-1) 照片；B. 正模足迹轮廓图（引自 Zhen et al., 1994）；C. 川主小龙正模和副模足迹
（CFEC-A-1–21，A-1 为正模，A-2–21 为副模）及四川快盗龙足迹（*Velociraptorichnus sichuanensis*，B-1 和 B-2）

（图 61）。由于恐龙足迹的保存受地表环境的影响很大，因此，在同一个产地，相同类型的足迹中有一个足迹显示出爪迹，就可以认为其他足迹也应该具有，只是由于地表的条件不同没有保存。另外，从足迹中脚趾的夹角较小和整个足迹轮廓长大于宽等特征来看，也显示了兽脚类足迹的特征。于是认定小龙足迹（*Minisauripus*）应该属于兽脚类恐龙，并与跷脚龙足迹（*Grallator*）有演化关系。因此，Lockley 等（2008）对小龙足迹属的属征进行了补充（Lockley et al., 2008）。在四川峨眉地区，*Minisauripus* 发现于夹关组，而夹关组的时代归属总有些不一致的看法（Chen et al., 2006）。由于 *Minisauripus* 又分别在山东莒南和韩国 Namhae Province 被发现，而这两个地方的地层年代均属于早白垩世。因此，通过 *Minisauripus* 及其他足迹组合的对比，认为夹关组的时代应该属于早白垩世的 Barremian–Aptian（Lockley et al., 2008）。

川主小龙足迹 *Minisauripus chuanzhuensis* Zhen, Li, Zhang, Chen et Zhu, 1994

（图 60，图 61）

正模　重庆自然博物馆 CQMNH CFEC-A-1（图 60）。另外，北京自然博物馆和科罗

图 61　川主小龙足迹（*Minisauripus chuanzhuensis*）CFEC-A-15 的模型（模型编号 UCMNH CU 214.125）
图中两侧趾前端显示爪迹（照片由 Lockley 提供）

拉多大学自然历史博物馆（原美国丹佛科罗拉多大学 - 西科罗拉多博物馆）分别制作了包含正模和所有副模的岩石标本模型，编号分别为 BMNH-Ph000684 和 UCMNH CU 214.124。

副模　与正模保存在一起的其他 20 个足迹，重庆自然博物馆 CQMNH CFEC-A-2–21。

鉴别特征　小型足迹，两足行走，三趾型，足迹长小于 3 cm，长大于宽，长宽比 1.3–1.5，脚趾较粗（趾迹宽度占趾迹长度的 1/4 到 1/3），中趾突出于两侧趾的长度很小，足迹轮廓接近五边形；单步长小于 25 cm，爪迹清晰或不清晰。

产地与层位　四川峨眉，下白垩统夹关组。

评注　*Minisauripus chuanzhuensis* 是目前发现的最小的恐龙足迹，足迹全长均小于 3 cm。

甄朔南小龙足迹 *Minisauripus zhenshuonani* Lockley, Kim, Kim, Kim, Matsukawa, Li, Li, et Yang, 2008

（图 62）

正模　原化石仍保存在野外（图 62），科罗拉多大学自然历史博物馆（原美国科罗拉多大学 - 西科罗拉多博物馆）制作模型。编号为 UCMNH CU-MWC：UCMNH CU 214.103（右）和 214.104（左），两个足迹组成一个单步（pace）。

副模　UCMNH CU 214.105。

鉴别特征　小型足迹，长大于宽（长宽比值为 1.25–2），三趾型，趾迹平行，趾端具爪，趾垫式为 2-3-4（或不清晰），足迹比 *M. chuanzhuensis* 窄，而且各趾稍有分开，II 趾很短，单步很长，10 倍于足迹长，行迹很窄。

产地与层位　山东莒南岭泉镇后左山恐龙公园，下白垩统田家沟组。

评注　与模式种相比，*Minisauripus zhenshuonani* 个体较大，长度为 6 cm，大于模式种（长度 2.5 cm），是目前 *Minisauripus* 足迹属中个体最大的种。*M. zhenshuonani* 是继四川峨眉地区、韩国 Namhae Province 之后又一处发现的 *Minisauripus*，也是中国发现的 *Minisauripus* 的第二个种。在山东莒南的足迹化石产地，共发现了 4 枚属于 *Minisauripus* 的足迹，其中三枚较大的属于 *M. zhenshuonani*，还有一枚个体较小的由于保存不佳，无法鉴定到种，但其长度为 3 cm，仅从足迹长来看，与模式种 *M. chuanzhuensis* 相似。*M. zhenshuonani* 显示了清晰的爪迹（图 62）。在模式种 *Minisauripus chuanzhuensis* 中，仅在一起保存的 20 个足迹中的 1 个足迹上发现了爪迹，而且 Zhen 等（1994）在描述模式种 *M. chuanzhuensis* 时并没有发现，因此，Zhen 等（1994）认为 *Minisauripus* 属于小型鸟脚类恐龙足迹。在山东的标本中发现了清晰的爪迹和长大于宽的长宽比；另外，*M. zhenshuonani* 的趾垫式为 2-3-4，也是典型的兽脚类特征。于是将 *Minisauripus* 归入兽脚类足迹。

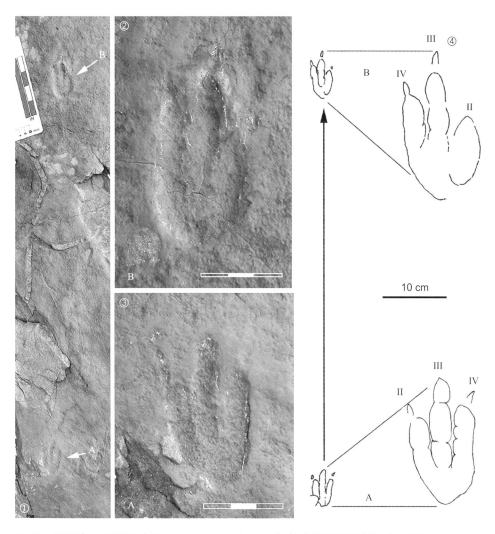

图 62　甄朔南小龙足迹（*Minisauripus zhenshuonani*）标本照片及轮廓图（引自 Lockley et al., 2008）

① 两个连续的足迹形成单步；② 足迹 B 近照，比例尺长 3 cm；③ 足迹 A 近照，比例尺长 3 cm；
④ 行迹线描图，其中右侧为 A、B 两个足迹的放大轮廓图

跷脚龙足迹科属种不定 Grallatoridae igen. et isp. indet.

（图 63）

Grallator isp.；Xing et al., 2009b, p. 707

材料　GMC V2115(A-D)，采集自辽宁北票四合屯一件含 3 个半足迹化石的岩石，标本保存在中国地质博物馆［Xing 等（2009d）文章中给出的标本编号为 NGMC V2115A-D］。

产地与层位　辽宁北票四合屯，下白垩统义县组。

10 cm

图 63　产自辽宁北票四合屯的跷脚龙足迹科的足迹化石（GMC V2115）（高源摄影）
标本保存在中国地质博物馆

评注　Xing 等（2009b）报道了采自辽宁北票四合屯的 *Grallator* 未定种足迹化石，足迹两足行走，三趾型，较窄，趾尖尖锐，足迹后缘 V 字形，足迹平均长 14.4 cm，平均宽 8.4 cm，长宽比值平均为 1.71，II 趾最短，III 趾最长，突出于两侧趾，II、III、IV 趾的趾垫数目为 2–3–3；趾间角平均为 II30.3° III22.3° IV，足迹的跟部有两个清晰蹠趾垫（III、IV 趾？），独立，亚圆形，另可见较短的爪迹拖痕。Xing 等（2009b）认为在北票四合屯发现的三趾型足迹属于 *Grallator*。但是，北票四合屯的足迹化石的两个侧趾夹角已经达到 52.6°，夹角较大，而 *Grallator* 一般两侧趾夹角都较小。另外，Lull（1904, 1953）定义 *Grallator* 属征的时候，特别强调足迹造迹者的后肢很长。这个特征反映在足迹中就表现为单步和复步较长，足迹之间的距离比较远。而四合屯的三趾型足迹距离比较近，没有体现出"腿长"的特征。另外，四合屯足迹的跟部有两个清晰的蹠趾垫，也

都不应该属于 *Grallator* 的特征。*Grallator* 造迹恐龙的后肢很长，其 II、III、IV 蹠骨远端推测应该愈合，而显示出一个蹠趾垫。可是，四合屯的小型三趾型足迹可见到两个清晰的蹠趾垫，说明其造迹恐龙的蹠骨尚未愈合，其蹠骨不会很长，不符合 *Grallator* 后肢很长（反映在足迹上复步很长）的特征。因此，采集自四合屯的三趾型足迹不属于足迹属 *Grallator* 的范围，确定为跷脚龙足迹科未定属种。

安琪龙足迹科 Ichnofamily Anchisauripodidae

模式属　安琪龙足迹属 *Anchisauripus* Lull, 1904

鉴别特征　中型两足行走、三趾或四趾型足迹，足迹长度一般在 15–25 cm 之间，拇趾印迹若存在趾尖指向侧方或后方，趾垫印迹清晰，爪尖锐，无前足印迹及尾迹，中趾并齐率在 1.3–1.8 之间，足迹长宽比值约为 2，两外侧趾夹角 20°–35°（Lull, 1904; Olsen et al., 1998）。

中国已知属　*Anchisauripus, Jialingpus, Paragrallator, Chongqingpus, Therangospodus, Yangtzepus*。

评注　如上所述，Anchisauripodidae 经常与 Grallatoridae 以及 Eubrontidae 造成混淆，Olsen 等（1998）在分析了 Grallatoridae、Anchisauripodidae 和 Eubrontidae 的模式属之后，给出了三个属的鉴别特征（详见本书对 Grallatoridae 的评注），本志书将三个模式属的区分特征作为区别三个科的主要特征。

安琪龙足迹属 Ichnogenus *Anchisauripus* Lull, 1904

模式种　西利曼安琪龙足迹 *Anchisauripus sillimani* Lull, (1904) 1915。实际上，一开始 Lull（1904）将 *Anchisauripus dananus* 确定为 *Anchisauripus* 的模式种。因为他发现当时被命名为 *Eubrontes dananus* 的一件足迹化石标本（AC9/14）与当时发现的骨骼化石 *Anchisaurus colurus* Marsh（1896）的脚部骨骼形态完全吻合。Lull（1904）认为，足迹种 *Eubrontes dananus* 就是 *Anchisaurus colurus* 留下的。Lull 就创立了新足迹属 *Anchisauripus*，并使用原来的种本名作为模式种的种本名，于是模式种变为 *Anchisauripus dananus*。但是，后来 Lull 发现 Hitchcock（1845）命名的 *Eubrontes dananus* 所使用的标本在早些时候已经被 Hitchcock 自己（Hitchcock, 1843）命名为 *Omithichnites sillimani*。于是，Lull（1915）又将 *Anchisauripus* 的模式种改为 *Anchisauripus sillimani*。

鉴别特征　中等大小，两足行走，三个功能趾，趾垫清晰，足长一般在 15–25 cm 之间；中趾并齐率介于 1.3 到 1.8 之间，足迹较窄，长宽比为 2 左右，两侧趾趾间夹角 20°–35°，拇趾印迹偶尔出现，无尾迹（Olsen et al., 1998）。

中国已知种 在河北承德地区识别出一个未定种（*Anchisauripus* isp.）。

分布与时代 河北，晚侏罗世。

评注 安琪龙足迹属（*Anchisauripus*）是 Lull（1904）建立的，当时其主要鉴别特征就是后足四趾型，具有拇趾印迹，拇趾印迹向后偏转。除了个体大小以外，拇趾印迹是区别于 *Grallator* 和 *Eubrontes* 的主要特征之一。但是，Olsen 等（1998）则认为拇趾印迹在 *Grallator*、*Anchisauripus* 和 *Eubrontes* 都有可能出现，只是根据其大小、两侧趾夹角和中趾并齐率区分这三个常见足迹属。*Anchisauripus* 还存在另外一个问题：安琪龙足迹（*Anchisauripus*）给人们的印象是早侏罗世安琪龙（*Anchisaurus*）留下的足迹，而由骨骼化石确定的安琪龙属于原蜥脚类恐龙。可是 *Anchisauripus* 明显属于兽脚类。所以，即使发现了安琪龙足迹（*Anchisauripus*）的新类型，为了不给人们造成误解也将其归入兽脚类恐龙足迹属种中。Sullivan 等（2009）描述了一批在河北承德发现的足迹化石，并将它们归入安琪龙足迹属未定种（*Anchisauripus* isp.）。

安琪龙足迹属未定种 *Anchisauripus* isp.

（图 64）

归入标本 保存在中国科学院古脊椎动物与古人类研究所的足迹模型，编号为 IVPP VC 15815（图 64），模型是根据保存在河北承德新杖子南双庙后城组的上凸足迹化石翻制的。

标本描述 两足行走，三趾型，无拇趾印迹，趾迹较粗，趾垫印迹清晰，部分足迹具爪迹；两侧趾变化较大，蹠趾垫印迹清晰，变化也较大，足迹长 12–18 cm，平均中趾并齐率 2.5，基本符合安琪龙足迹属（*Anchisauripus*）特征（Sullivan et al., 2009）。

产地与层位 河北承德新杖子南双庙，上侏罗统后城组。

评注 Sullivan 等（2009）根据三趾型、两足行走、趾垫清晰、两侧趾夹角小、长

图 64　河北承德新杖子南双庙发现的含安琪龙足迹（*Anchisauripus*）石板模型（IVPP VC 15815）（张伟摄影）

比例尺为 5 cm

宽比值较大、中趾并齐率较小（中趾并齐率较小说明中趾突出于两侧趾的长度较大）等特点将这些足迹归入 G-A-E（*Grallator*、*Anchisauripus* 和 *Eubrontes*）系列，而区别于其他兽脚类恐龙足迹。根据 Olsen 等（1998）观点，南双庙足迹化石的长度介于 *Grallator* 和 *Anchisauripus* 之间，而其两侧趾夹角（30.5°）落在 *Anchisauripus* 的范围（20°–35°）之内；另外，南双庙足迹化石的长宽比值 1.8 也属于 *Anchisauripus* 的范畴（*Grallator* 的这个值一般大于 2）。因此，Sullivan 等（2009）将南双庙的足迹化石归入 *Anchisauripus* 足迹属。但是，南双庙足迹化石的中趾并齐率较大，达到 2.5，远远大于 *Grallator* 和 *Anchisauripus*（这两个足迹属的中趾并齐率分别为 1.3 以下和 1.3–1.8 之间），说明中趾凸出于两侧趾的长度较小，而区别于 *Anchisauripus* 足迹属的其他种。但是，Sullivan 等（2009）并未建立新足迹种。

嘉陵足迹属 Ichnogenus *Jialingpus* Zhen, Li et Zhen, 1983

模式种 岳池嘉陵足迹 *Jialingpus yuechiensis* Zhen，Li et Zhen, 1983

鉴别特征 中等大小，两足行走，三个功能趾，拇趾趾位较高，印迹偶尔出现，单步与足迹全长之比约为 3.6∶1；偶尔有尾迹和前足足迹的出现；趾端具有爪垫印痕。有拇趾时，拇趾从 II 趾基部向前侧方伸出；趾垫印迹清晰或可辨，趾垫式：2-2-3-3（不包括蹠趾垫）；蹠趾垫 IV 大；趾间角为 II 12° III 28° IV。

中国已知种 *Jialingpus yuechiensis* 及一未定种 *Jialingpus* isp.。

分布与时代 中国四川、新疆，波兰，晚侏罗世。

评注 足迹属 *Jialingpus* 是甄朔南等（1983）根据在四川岳池黄龙乡上侏罗统蓬莱镇组内发现的保存精美的四趾型足迹而建立的。Xing 等（2011d, 2013e）描述了在新疆克拉玛依的乌尔禾地区下白垩统发现的类似 *Jialingpus* 的兽脚类足迹，并对足迹属 *Jialingpus* 的鉴别特征进行了修订："中等大小，三趾型足迹，拇趾及尾迹偶有出现，趾垫式 2-2-3-3，长宽比为 1.86，II、IV 趾间角为 44°–52°，II 趾第一个趾垫大于 IV 趾趾垫，并与蹠趾垫近似，II、III 趾的近端到蹠趾区域的距离大于 IV 趾近端到蹠趾区域的距离。"这里应该说明的是，在上面修订的鉴别特征中提到的"三趾型足迹"，应改成具有三个功能趾。因为在正模上保存了拇趾印迹，尽管比较弱小，也属于四趾型足迹。甄朔南等（1983）首次描述 *Jialingpus* 时，因为发现了类似前足的印迹（图 67B），以及拇趾印迹，认为该足迹为四足行走恐龙所留，又由于发现了蹠骨印迹，而将岳池的足迹与 *Anoemoepus* 进行比较，由于足迹外形轮廓相似，将其归属于鸟脚类恐龙的足迹科 Anoemoepodidae 中。甄朔南等（1983）在研究 *Jialingpus* 时，共参考了 38 个足迹。在这 38 个足迹中，其长度从 10 cm 到 24 cm 不等，有 11 个足迹的长度为 20 cm 左右，其余足迹的长度在 10 cm 至 20 cm 的范围内平均分布。甄朔南等（1983）认为 *Jialingpus* 的造迹恐龙有类似哺乳动物的生长极限，20 cm 长度的足长就是 *Jialingpus* 的造迹恐龙成年个体的足长，于是认为 *Jialingpus* 足迹长度应该是 20 cm 左右，那些 10 cm 到 20 cm 之间长度的足迹均是 *Jialingpus* 的造迹恐龙的幼年个体所留，不应作为 *Jialingpus* 的鉴别特征。根据 Lockley 等 2003 年的分析，*Jialingpus* 属于兽脚类足迹。标本中展现的保存精美的趾垫、拇趾和蹠骨印迹明确地展现了 *Jialingpus* 足迹属中的 *Grallator* 类型足迹的特点。另外，根据 Olsen 等（1998）对兽脚类三趾型足迹重新整理后的特征分类，*Jialingpus* 的足迹长度 20 cm，应该属于 Anchisauripodidae。

岳池嘉陵足迹 *Jialingpus yuechiensis* Zhen, Li et Zhen, 1983
（图 65—图 67）

Huanglongpus shengouensis：杨兴隆、杨代环，1987，23 页

正模　BMNH-Ph000467，一件保存有拇趾及蹠骨印迹的上凸左后足足迹化石（图65）。四川省岳池县黄龙乡袁家岩。

图 65　岳池嘉陵足迹（*Jialingpus yuechiensis*）正模及轮廓图（左图中标尺为 5 cm，轮廓图引自甄朔南等，1983）

副模　BMNH-Ph000463, 681-1, 681-3, 681-4, 681-5, 681-6, 681-8, 681-9, 681-13, 681-16, 681-18, 681-20, 681-22, 683, 685, 742, 743, 744, 745 共 19 件标本保存有 38 个上凸足迹化石，其中 683 号标本为前足足迹；另有尾迹化石一件（BMNH-Ph000681-15）；保存在

图66　岳池嘉陵足迹（*Jialingpus yuechiensis*）副模（IVPP RV83001）照片
足迹未保存拇趾印迹

中国科学院古脊椎动物与古人类研究所的标本两件（IVPP RV83001 和 IVPP RV83002，图66）。四川省岳池县黄龙乡袁家岩。

归入标本　CQMNH CFYH1–25（保存在重庆自然博物馆的标本25件），均采集自模式产地。

鉴别特征　同属。

产地与层位　四川岳池黄龙乡，上侏罗统蓬莱镇组。

评注　*Jialingpus yuechiensis* 是中国境内发现的最清晰的足迹化石之一。足迹化石保存在一块巨大的滚石上（图67A），因此没有原始方向。

杨兴隆和杨代环（1987）描述了同样产自四川岳池县黄龙乡的上侏罗统蓬莱镇组的足迹化石。足迹三趾型，趾端具锐爪，足迹长16 cm。杨兴隆和杨代环认为其足迹具有蹼的印迹，因此建立新足迹属种深沟黄龙足迹（*Huanglongpus shengouensis* Yang et Yang, 1987）。但是，经详细观察，杨兴隆和杨代环认为的蹼实际上是由于标本保存不佳所致，而且没有保存趾垫印迹，所以足迹特征不足以鉴定属种，Lockley 等(2013)认为深沟黄龙足迹（*Huanglongpus shengouensis* Yang et Yang, 1987）保存不佳，缺失趾垫特征的信息，应属于可疑名称（*nomen dubium*）。另外，足迹表面保存了大量的雨痕，也使得一些足迹特征被掩盖。但是，其轮廓、趾间夹角以及中趾并齐率等特征属于 *Jialingpus yuechiensis*

的特征范畴，故归入该种。

图 67　岳池嘉陵足迹（*Jialingpus yuechiensis*）
A. 野外产状；B. 前足（BMNH-Ph000683）照片

嘉陵足迹属未定种 *Jialingpus* isp.

（图 68）

cf. *Jialingpus* isp.：Xing et al., 2011d, p. 315

材料　MDBSM (MGCM) H1–4, 7, 8（图 68），包括 6 个上凸足迹化石，MGCM.A5a，标本保存在魔鬼城恐龙及奇石博物馆。

产地与层位　新疆克拉玛依乌尔禾黄羊泉水库（46°4′25″N，85°34′57″E），下白垩统吐谷鲁群下部。

评注　Xing 等（2011d）记述了这批标本。其主要特征为：中等足迹三趾型，长度 14–18 cm，宽 5.5–9.3 cm，无前足及尾迹。足迹均为零散足迹，未识别出行迹。足迹的长宽比 1.76–2.29，III 趾前突，II、IV 趾等长，其间的夹角 36°–56°，属于典型的兽脚类恐龙足迹。趾垫可辨，趾垫式为 2-3-3。III 趾的三个趾近端向远端逐渐变小，蹠趾垫亚卵圆形，位于 III 趾中线上，紧邻 IV 趾近端。上述特征基本符合嘉陵足迹（*Jialingpus*）属征，但是足迹照片显示趾垫不是特别清晰，不宜进行足迹种级比较。乌尔禾黄羊泉水库的嘉陵足迹化石的最大趾垫是 III 趾第一个趾垫，不同于其他嘉陵足迹标本的 II 趾第一个趾垫

图 68　新疆克拉玛依地区发现的嘉陵足迹（*Jialingpus*）标本 [（MDBSM (MGCM) H8] 照片及轮廓图

为最大趾垫的特征。因此，Xing 等（2011d）将乌尔禾黄羊泉的足迹化石归入嘉陵足迹（相似属）（cf. *Jialingpus*）。本志书认为趾垫的差别应属于属内种间的区别，故将 Xing 等（2011d）描述的嘉陵足迹归嘉陵足迹未定种（*Jialingpus* isp.）。

Xing 等（2013e）记述了发现在新疆乌尔禾沥青岩矿区的类似嘉陵足迹的足迹化石[MDBSM (MGCM) A5a]，其形态和产出状态与黄羊泉水库的嘉陵足迹一样，因此归入同一未定种。但是，根据 Xing 等（2013b）研究，其层位属于下白垩统吐谷鲁群上部，高于黄羊泉的含足迹化石的层位。

副跷脚龙足迹属 Ichnogenus *Paragrallator* (Ellenberger, 1972) Li et Zhang, 2000

模式种　杨氏副跷脚龙足迹 *Paragrallator yangi* Li et Zhang, 2000

鉴别特征　两足行走，趾行式，三趾型。无拇趾及尾迹印迹，趾端具爪，中趾最长，足迹长 13.5 cm，最大宽 8 cm 左右，足迹长大于宽，中趾为对称轴，趾间不紧凑，趾间角大，II、IV 趾夹角可达到 54°，趾垫不清晰，单步与足长比值小于 4∶1。

中国已知种　仅模式种。

分布与时代　山东，早白垩世。

评注　足迹属 *Paragrallator* 名称系 Ellenberger（1972）首次使用命名了发现于莱索托三叠纪的恐龙足迹，但是并没有新属描述及鉴别特征。因此，*Paragrallator* Ellenberger, 1972 应是个"无记述名，或裸名（*nomen nudum*）"（Xing et al., 2010b），而且，除了 Haubold（1984）带着引号提及一次之后，一直没有被别人使用。在《国际动物命名法规》（第四版）所附"词汇"中对无记述名，或裸名（*nomen nudum*）进行解释时提到："无记述名不是可用名，因此，同一名称以后可在同一概念下或不同概念下成为可用名；在此类案例中，其作者身份和日期需从后一建立方案中提取，……"（"A *nomen nudum* is not an available name, and therefore the same name may be made available later for the same or a different concept; in such a case it would take authorship and date from that act of establishment, ..."）。有了定义，该名称就变成可用名称。李日辉和张光威（2000）在建立足迹属 *Paragrallator* 时给了这个足迹属名新的概念，使 *Paragrallator* Li et Zhang, 2000 在新的概念下成为一个有效名称。

李日辉和张光威（2000）建立足迹属 *Paragrallator* 时将其归入 Anchisauripodidae 中。Xing 等（2010b）也认为莱阳的这批足迹与 *Anchisauripus* 相似，由于保存状态不佳，不足以确定足迹种，因此建议将莱阳的这批足迹化石定为 *Anchisauripus* isp.。但是，Lull（1904）建立足迹科 Anchisauripodidae 时，认为 Anchisauripodidae 为四趾型，常有拇趾印迹，并指向侧后方；Olsen 等（1998）在讨论 Anchisauripodidae 的模式属 *Anchisauripus* 时指出其为中型足迹，长 15 cm 至 25 cm。而足迹属 *Paragrallator* 的定义中明确指明"无拇趾印迹"，其模式种足迹长 13 cm。这些都符合 Grallatoridae 科的特征，故将其归入现在的 Grallatoridae 中。

在 Grallatoridae 中，Li 等（2011）认为 *Paragrallator* 与 *Grallator* 的差别很小。Lockley 等（2012）甚至建议：由于 *Paragrallator* 的名称的有效性还存在一些争议，不如干脆将 *Paragrallator yangi* 合并到 *Grallator* 属中，改成 *Grallator yangi*。但是，*Paragrallator* 足迹属建立的时候，其重要特征之一就是两外侧趾的夹角较大，达到 54°，而区别于 *Grallator* 足迹属的两侧趾夹角（一般 <30°）。李日辉和张光威（2000）将 *Paragrallator yangi* 与 *Grallator (Eubrontes) soltykovensis* Gierlinski, 1991 进行了比较，认为两者相似。但是，后者的个体比较大，足迹长 22 cm；前者中趾与两侧趾的夹角相等，后者不相等；并且 *Grallator (Eubrontes) soltykovensis* 的两侧趾夹角为 50°–60°。按照 Olsen 等（1998）的定义，*Paragrallator yangi* 和 *Grallator (Eubrontes) soltykovensis* 应该不属于 *Grallator-Anchisauripus-Eubrontes*（*G-A-E*）系列。

杨氏副跷脚龙足迹 *Paragrallator yangi* Li et Zhang, 2000

（图 69，图 70）

正模　QIMG LRH-LL1（图 69），保存在中国地质调查局青岛海洋地质研究所。足迹化石保存在一块滚石上，共有 15 个凸出的足迹，编号为 QIMG LRH-LL1–15。产于山东莱阳市龙旺庄镇（36° 56′ 15.96″ N, 120°48′ 41.16″ E）。

副模　QIMG LRH-LL2–15（与正模保存在一起，其中 LRH-LL7 被采集，现保存在

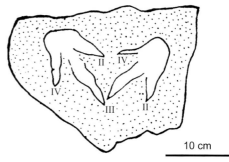

图 69　杨氏副跷脚龙足迹 *Paragrallator yangi* 正模（QIMG LRH-LL1）照片及轮廓图
（李日辉提供）

图 70　保存在山东诸城皇华镇大山社区黄龙沟的杨氏副跷脚龙足迹（*Paragrallator yangi*）
（李日辉提供）
模型 CU (MWC) 214.175 以此标本为原型制作

中国地质调查局青岛海洋地质研究所，其余 13 个足迹仍在野外）。

　　归入标本　QIMG LRH-ZC 08.01（一块保存 14 个 *Paragrallator yangi* 足迹的石板，
化石保存在中国地质调查局青岛海洋地质研究所，详见 Li et al., 2011, fig. 5）；UCMNH

CU (MWC) 214.175（模型），原化石保存在山东省诸城市皇华镇大山社区黄龙沟（图70），当地政府部门建造了保护大棚对足迹进行保护。

鉴别特征　同属征。

产地与层位　山东莱阳，下白垩统莱阳群龙旺庄组；山东诸城，下白垩统莱阳群杨家庄组。

评注　Li 等（2011）描述了在诸城皇华镇黄龙沟发现的大量的恐龙足迹，将其中保存清晰的三趾型足迹分成 3 种类型。其中形态类型 B（Morphotype B）属于小型三趾型足迹（图70），足迹长 10–13 cm，趾迹纤细，趾垫清晰。从形态和大小上看应属于 *Paragrallator yangi*。但是特征比 *Paragrallator yangi* 的正模更加清晰。于是，Lockley 等 (2011) 认为随着新标本的发现，*Paragrallator yangi* 的属级特征和种级特征需要重新修订。

重庆足迹属 Ichnogenus *Chongqingpus* Yang et Yang, 1987

模式种　南岸重庆足迹 *Chongqingpus nananensis* Yang et Yang, 1987

鉴别特征　中型足迹，两足行走，三个功能趾，拇趾印迹小，仅存趾尖印迹，指向侧前方；II–IV 三个趾具爪，爪迹尖锐，略有弯曲；趾垫较清晰，趾迹近端较粗，向远端渐细，正模 II、III 趾趾间夹角为 15°, III、IV 趾趾间夹角为 24°，足迹长 29.5–30 cm，足迹宽 20–22 cm，单步长 90–100 cm，行迹窄，无前足印迹及尾迹。

中国已知种　*Chongqingpus nananensis*, *C. microiscus*。

分布与时代　重庆、四川，中侏罗世。

评注　杨兴隆和杨代环（1987）研究了在重庆南岸区野苗溪中侏罗统下沙溪庙组发现的恐龙足迹化石，建立了重庆足迹属（*Chongqingpus*），同时建立了三个足迹种，即 *C. nananensis*, *C. microiscus*, *C. yemiaoxiensis*。Lockley 等（2013）研究了三个足迹种的正模后认为这三个种应该分别归入 *Kayentapus nananensis*, *Grallator yemiaoxiensis*, *G. microiscus*，重庆足迹属（*Chongqingpus*）分别是 *Kayentapus* 和 *Grallator* 的同物异名。但是，仔细观察杨兴隆和杨代环（1987）描述的 *Chongqingpus nananensis* 的正模，可以看出其更符合 *Anchisauripus* 的特征，主要表现在明显的拇趾印迹、较大的足迹个体和 40° 左右的 II、IV 趾夹角（杨兴隆和杨代环 1987 年的原文描述为 50° 以上，经过对正模的测量，其夹角只有 40° 左右）。但是，其个体较大，足迹长度达到 30 cm，超过了 *Anchisauripus* 的长度范围，而且拇趾印迹的方向发生变化，说明拇趾较短，只有趾尖着地，方向比较随机。因此，保留重庆足迹属（*Chongqingpus*）并将其归入安琪龙足迹科 Anchisauripodidae 中。*C. yemiaoxiensis* 与 *C. nananensis* 属于同物异名（见下文）。

南岸重庆足迹 *Chongqingpus nananensis* Yang et Yang, 1987

（图 71，图 72）

Chongqingpus yemiaoxiensis：杨兴隆、杨代环，1987，15 页

Kayentapus nananensis：Lockley et al., 2013, p. 6

正模　CQMNH CFNY1（新编号为 CQMNH V1401 C1063），标本保存在重庆自然博物馆（图 71）。采自重庆市南岸区野苗溪。

副模　CQMNH CFNY2-7（新编号 CQMNH V1394.1 C1054, V1394.2 C1054, V1394.3 C1054, V1394.4 C1054, V1394.5 C1054, V1394.6 C1054），共 6 件足迹化石标本。与正模同产地。

鉴别特征　同属。

产地与层位　重庆南岸，中侏罗统下沙溪庙组（？）。

评注　Lockley 等（2013）和 Xing 等 (2013d) 认为重庆足迹属（*Chongqingpus*）属于 *Kayentapus*，但是，如上所述，*Chongqingpus nananensis* 有拇趾印迹，而且 II、IV 趾之间的夹角为 40° 左右，小于 *Kayentapus* 的 II、IV 趾间的夹角（50° 以上），整个足迹比较紧凑，瘦长型，与 *Kayentapus* 有明显区别。关于拇趾印迹的保存，Xing 等（2013d）强调指出"拇趾印迹偶尔出现是兽脚类足迹常见的现象"。因此，将拇趾印迹作为兽脚类足迹的鉴别特征是值得商榷的。但是，一般的兽脚类后足足迹出现拇趾印迹的时候都是地表性质发生变化的时候，比如地表湿度加大，地表变得更软，使得足迹下陷加深，

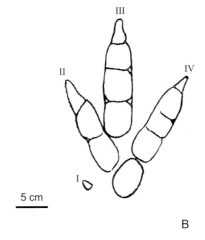

5 cm

图 71　南岸重庆足迹（*Chongqingpus nananensis*）（引自杨兴隆、杨代环，1987）
A. 正模（CQMNH CHNY1；新编号为 CQMNH V1401 C1063）；B. 轮廓图

处于高位的拇趾在地表留下印迹，像岳池嘉陵足迹（*Jialingpus yuechiensis*）（甄朔南等，1983），贵州赤水发现的兽脚类足迹（Xing et al., 2011c）等。从南岸重庆足迹的标本来看，留有拇趾印迹的岩石层面与其他没有拇趾印迹的岩石层面一样，没有显示更加泥泞、恐龙足迹下陷的征兆。在地表性质一样的地表有时留下拇趾印迹，有时没留下印迹，说明拇趾的趾位较低，恐龙在行走时，偶尔留下印迹。而上述兽脚类足迹的拇趾印迹是在地表变软，恐龙足迹下陷后留下的，代表了较高的趾位。更何况，还没有 *Kayentapus* 出现拇趾印迹的报道。因此，拇趾印迹的出现应该是 *Chongqingpus* 区别于 *Kayentapus* 的一个特征。本志书认为 *Chongqingpus nananensis* 应为有效名称，予以保留。

另外，杨兴隆和杨代环（1987）还把在重庆南岸区野苗溪发现的小型三趾型足迹化石归入 *Chongqingpus*，并建立新种野苗溪重庆足迹（*Chongqingpus yemiaoxiensis*）。经过仔细观察，野苗溪重庆足迹（*C. yemiaoxiensis*）与南岸重庆足迹（*C. nananensis*）除了大小差别之外，其趾间角、IV 趾位置等特征都很一致。而且，野苗溪重庆足迹（*C. yemiaoxiensis*）的大小是南岸重庆足迹（*C. nananensis*）的 2/3，这应该视为种内个体大小的差异。并且，两类足迹发现在同一地点，应属于同一物种中的不同年龄所造成的足迹个体差异。因此，野苗溪重庆足迹（*C. yemiaoxiensis*）应为南岸重庆足迹（*C. nananensis*）的同物异名。

Xing 等（2013c）对南岸重庆足迹的正模标本（CQMNH CFNY1；新编号为 CQMNH V1401 C1063）重新进行了测量和研究，并重新绘制足迹形态轮廓图（图 72），更准确地体现了南岸重庆足迹（*Chongqingpus nananensis*）的特征：中趾趾迹独立，并不与 II 趾趾迹相接触。需要指出的是杨兴隆和杨代环（1987）的图版中将正模标本（CFNY1；新编号为 V1401 C1063）的图版编号误写成图版 III 2，实际应为图版 III 3，特此说明。

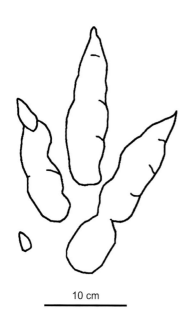

10 cm

图 72　重新绘制的南岸重庆足迹（*Chongqingpus nananensis*）正模（CQMNH V1401 C1063）轮廓图（引自 Xing et al., 2013c）

另外，Xing 等（2013c）认为重庆南岸足迹化石产地的层位属于上沙溪庙组。其理由是吴相超等（2003）的"重庆长江鹅公岩大桥东锚碇岩体力学参数研究"和刘天翔等（2006）的"三峡库区塌岸预测评价方法初步研究"两篇文章。这两篇文章并不是专业研究地层的文章，而且只是非常简单地提到重庆南岸兰草溪和长江鹅公岩大桥桥基附近出露中侏罗统上沙溪庙组，并没有阐述理由，也没有提及恐龙足迹化石。实际上，长江鹅公岩大桥和兰草溪与产恐龙足迹的野苗溪直线距离都在 10 km 左右。这两篇文章不足以作为重庆南岸足迹化石产于上沙溪庙组的理由。在 Xing 等（2013c）的讨论中又将上沙溪庙组归入上侏罗统，而上述这两篇文章都指出这套地层为中侏罗统。叶勇等（2012）在总结四川盆地恐龙足迹的时候，也将南岸重庆足迹（*Chongqingpus nananensis*）归入中侏罗统下沙溪庙组。因此，本志书还是维持杨兴隆和杨代环（1987）的观点，将重庆南岸足迹的层位归入中侏罗统下沙溪庙组（？）。杨兴隆和杨代环（1987）对保存足迹的层位有详细的描述。

小重庆足迹 *Chongqingpus microiscus* Yang et Yang, 1987

（图 73）

Grallator microiscus：Lockley et al., 2013, p. 6

正模　CQMNH CFZW176, 保存在重庆自然博物馆。产于四川省资中县五皇乡五马村鸡爪石，距离 *Grallator wuhuangensis* 的模式产地——晒谷场 300 m，CFZW176 足印采自于面积约 20 多平方米的黄色砂岩滚石上。滚石上共有大小足迹 30 余个，其中大个体足迹 12 个，形成了 2 条行迹，小个体足迹 18 个，形成 4 条行迹。这里讨论的只是个体小的足迹。这些足迹印迹清楚，趾垫分节明显，爪迹尖锐。

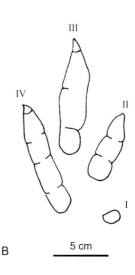

图 73　保存在重庆自然博物馆的小重庆足迹 (*Chongqingpus microiscus*) 副模标本 (CQMNH V-1400 C-1062)

A. 化石照片；B. 轮廓图 (引自杨兴隆、杨代环，1987)

副模　CQMNH V-1400 C-1062，保存在重庆自然博物馆。

鉴别特征　两足行走，三趾型，II、III 趾趾间夹角 20°，III、IV 趾趾间夹角 24°，足迹长 14.5 cm，足迹宽 8.5 cm；拇趾印迹小或无，无尾迹，行迹窄。

产地与层位　四川资中，中侏罗统新田沟组。

评注　杨兴隆和杨代环（1987）将在四川资中五皇乡五马村中侏罗统新田沟组发现的 4 条小型三趾型足迹归入 *Chongqingpus*，其理由是整个形态相似。但是，Lockley 等（2013）认为这个足迹的特征属于 *Grallator* 的特征范围。但是，*Chongqingpue microiscus* 的两侧趾夹角为 44°，大于 *Grallator* 的趾间角范围，因此本志书仍然保留 *Chongqingpue microiscus* 足迹种为有效名称。

窄足龙足迹属 Ichnogenus *Therangospodus* Lockley, Meyer et Moratalla, 1998

模式种　广布窄足龙足迹 *Therangospodus pandemicus* Lockley, Meyer et Moratalla, 1998b

鉴别特征　中等大小三趾型足迹，长大于宽，整个轮廓为轴对称图形，趾垫长卵圆形，相互连接，垫间缝不明显，中趾指向前方，不偏斜，平行于行迹中线。

中国已知种　中国只识别出两个未定种。

分布与时代　北美、欧洲、中亚及东亚，晚侏罗世早期。

评注　在世界各地侏罗纪地层中除了分布广泛的 *Grallator-Anchisauripus-Eubrontes*（*G-A-E*）系列的兽脚类足迹之外，Lockley 和 Gillette（1989）还注意到广泛分布于北美、欧洲和中亚地区的一类中型三趾型足迹。它们特征很明显，并与 *G-A-E* 系列有明显的区别。这些足迹趾垫完整，但是几乎不存在垫间缝，整个趾垫连成一体，显示了恐龙脚下肉质肥厚的特点。Lockley 和 Gillette（1989）将这类足迹命名为窄足龙足迹属（*Therangospodus*）。肉质肥厚的足迹使得足迹的趾看起来显得粗壮，使人们联想到鸟脚类足迹。但是，*Therangospodus* 的足迹形状还是长大于宽，整个足迹看起来为长形，足迹轮廓为中轴型，而且行迹较窄，单步和复步较长，显示了兽脚类特征。众所周知，这种具有肥厚肉质脚底的特点是从骨骼化石中无法判别的，因此，目前这类足迹还没有满意的骨骼化石来进行匹配。在北美和中亚地区，*Therangospodus* 的层位很稳定，基本都出现在晚侏罗世的 Oxfordian-Kimmeridgian 的界线附近，而且常与大型兽脚类恐龙足迹 *Megalosauripus* 相伴。所以 *Therangospodus-Megalosauripus* 组合代表 Oxfordian-Kimmeridgian 界线附近的地质时代，而 *Megalosauripus* 是典型侏罗纪分子（Lockley，2000），可以用来进行地层对比。

实际上，足迹属名称 *Therangospodus* 是由 Moratalla 在 1993 年为描述在西班牙 La Rioja 省 Soria 北部的 Fuentesalvo 晚侏罗世到早白垩世地层中发现的一个清晰的三趾型足迹而创立的，当时 Moratalla 创立的足迹属种名为 *Therangospodus oncalensis*。文章是用西班牙文写成的。但是，这篇文章是一篇未公开发表的博士论文。Lockley 等（1998b）用

足迹属名称 *Therangospodus* 来描述这些肉质足迹，并对 *Therangospodus oncalensis* 进行了修订。

窄足龙足迹属未定种 1 *Therangospodus* isp. 1

（图 74，图 75）

材料　在河北省赤城落凤坡含砾砂岩层面上的 163 个下凹足迹，分成上下两部分：在落凤坡下部出露 125 个（图 74），野外编号为 LF 1–LF 125；落凤坡足迹点上部出露 38 个，野外编号：LF 200–LF 237；北京自然博物馆制作模型，编号为：BMNH-Ph001133；保存在河北尚义县城东 20 km 的小蒜沟镇上侏罗统—下白垩统后城组粉砂岩和细砂岩韵律层面上的 86 个兽脚类足迹化石，足迹化石仍在野外。

描述　三趾型足迹，足迹长 16–23 cm，宽 12–15 cm；平均长宽比值为 1.3–1.5∶1。II 趾最短，具有两个不清晰趾垫，III 趾和 IV 趾都具有三个不清晰趾垫，IV 趾较窄。II

图 74　河北赤城落凤坡上侏罗统土城子组保存的窄足龙足迹属未定种 1（*Therangospodus* isp. 1）
足迹仍保存在野外

趾和 III 趾之间的夹角等于或者略大于 III 趾和 IV 趾之间的夹角，指端具爪迹。在比较深的足迹中，圆形蹠趾垫与三个脚趾近端相连，有垫间缝将蹠趾垫与 II 趾和 III 趾趾垫分开，但是 IV 趾趾垫与蹠趾垫相连，没有垫间缝。行迹较窄，步幅角为 170°–180°。

产地与层位　河北赤城样田乡张浩村落凤坡（40°50′53.03″ N，115°53′37.26″E）、尚义，上侏罗统—下白垩统土城子组 / 后城组。

评注　Xing 等（2011b）记述了这批中等大小的三趾型兽脚类足迹化石。足迹的两侧趾夹角在 56°–70° 之间，大于 G-A-E 系列。主要是由于椭圆形蹠趾垫以及趾垫印迹之间无垫间缝的特点，赤城落凤坡发现的中型三趾型足迹被归入 *Therangospodus*。但是由于在形态和细节特征上与已发现的 *Therangospodus* 中的足迹种还有些差别，归入未定种。另外，在河北省赤城倪家沟寺梁也发现了可归入窄足龙足迹属未定种（*Therangospodus* isp.）的足迹化石（Xing et al., 2012d）。

柳永清等（2012）报道了保存在河北张家口地区尚义县城东 20 km 的小蒜沟镇上侏罗统—下白垩统后城组粉砂岩和细砂岩韵律层面上的足迹化石（图 75）。柳永清等（2012）将足迹分成两种类型：A 类足迹群和 B 类足迹群，两个足迹群相距 3 m。其中，B 类足迹群为三趾型足迹，平均长 15.5 cm，宽 10.5 cm，两外侧趾夹角 50°–52°。

图 75　保存在河北尚义小蒜沟镇上侏罗统—下白垩统后城组内的窄足龙足迹（引自柳永清等，2012，图 5-6）

黑色箭头为行迹方向，41, 42, 47 为足迹编号

其大小、趾间角和形态与赤城发现的窄足龙足迹相似，只是个体略小，属于窄足龙足迹（*Therangospodus*）鉴别特征的下限，故归入同一类属种。另外，柳永清等（2009）认为尚义 A 类足迹群属于蜥脚类足迹，理由是足迹为圆形。但是，从其行迹特征来看，应该属于两足行走类型。足迹很不清晰，足迹边缘没有形成挤压脊（expulsion rim），应该是一种"幻迹"。真正的足迹形成在上覆层位，并对本层位发生挤压。由于原始足迹所在的上覆层位较高，在幻迹层面没有趾迹和足迹的清晰轮廓，只留下圆形凹坑。柳永清等（2012）文章中图 5-5 显示出留在凹坑中的部分上覆地层的岩石，勾画出三趾足迹的轮廓。又根据其大小（直径 14–15 cm）与 B 类足迹群相当，因此本志书认为属于同一类型，一起归入窄足龙足迹未定种 1（*Therangospodus* isp. 1）。

窄足龙足迹属未定种 2 *Therangospodus* isp. 2

（图 76）

cf. *Therangospodus*：Xing et al., 2013d, p. 124

材料 发现于重庆永川金鸡地区的 9 个完整的兽脚类后足足迹（野外编号为 JJ1–9），目前足迹仍然保存在野外。

产地与层位 重庆永川，上侏罗统上沙溪庙组。

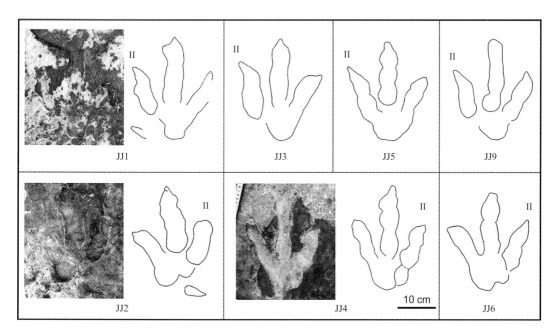

图 76 重庆永川金鸡地区发现的窄足龙足迹属未定种 2（*Therangospodus* isp. 2）照片和轮廓图
（引自 Xing et al., 2013d）
JJ1–6, JJ9 为足迹编号

评注　Xing 等（2013d）描述了发现于重庆永川金鸡地区的 9 个完整的兽脚类后足足迹（图 71；野外编号为 JJ1–9）。9 个足迹形成一条 7.9 m 长的行迹。足迹三个功能趾，个别足迹疑似有拇趾印迹，两足行走，足迹平均长 25.3 cm，平均宽 20.3 cm，趾迹为加长雪茄的形状（cigar-shaped），垫间缝（crease）不清晰；两侧趾夹角为 57°–65°；无前足足迹，无尾迹；步幅角为 166°，平均单步（pace）长 96 cm。根据上述特征，Xing 等（2013d）认为金鸡地区的兽脚类足迹与窄足龙足迹（*Therangospodus*）相似，但又有些区别，比如，金鸡地区足迹的步幅角为 166°，略小于 *Therangospodus* 的（170°），金鸡地区足迹行迹宽 31.9 cm，*Therangospodus* 的行迹宽为 34 cm，最重要的是金鸡地区足迹发现了疑似拇趾印迹。因此，Xing 等（2013d）将永川金鸡地区发现的兽脚类足迹归入窄足龙足迹相似属（cf. *Therangospodus*）。但是这些差别应是属内的变化范围。关于拇趾印迹，即使得到确认，也是由于恐龙形成足迹时地表较软造成的。因此，本志书将金鸡地区的足迹化石归入窄足龙足迹属未定种 2（*Therangospodus* isp. 2）。值得一提的是，永川金鸡地区足迹的右足足迹比左足足迹印迹深且清晰，右足足迹均显示了清晰的蹠趾垫，左足足迹的蹠趾垫就不清晰。这个现象到底是由于沉积或者保存的原因，还是当时金鸡地区足迹的造迹恐龙行走时总是把重心放在右脚上？就目前来看，还有待于今后进一步的研究。

扬子足迹属 Ichnogenus *Yangtzepus* Young, 1960

模式种　宜宾扬子足迹 *Yangtzepus yipingensis* Young, 1960

鉴别特征　中等大小，三趾型足迹，趾端具爪，长大于宽（长宽比值为 1.52∶1），无前足足迹及尾迹；各趾间近乎平行；III 趾凸出于两侧趾，II、IV 趾长度相等或相近，蹠趾垫卵圆形（参考 Xing et al., 2009a，有修改）。

中国已知种　仅模式种。

分布与时代　四川宜宾，晚侏罗世至早白垩世。

宜宾扬子足迹 *Yangtzepus yipingensis* Young, 1960

（图 77）

正模　IVPP V 2473.1，为一件上凸的右足足迹化石（图 77）。四川省宜宾市观音区改进乡观音冲（29°06′4.5″ N, 104°23′25.32″ E）。

副模　IVPP V 2473.2, IVPP V 2473.3，两件上凸的足迹化石，个体小于正模。四川省宜宾市观音区改进乡观音冲（29°06′4.5″ N, 104°23′25.32″ E）。

鉴别特征　同属。

产地与层位　四川宜宾，下白垩统嘉定群。Chen 等（2006）认为产足迹层位属于上

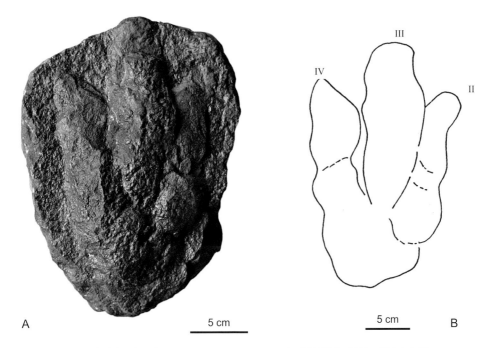

图 77　宜宾扬子足迹 (*Yangtzepus yipingensis*) 右后足足迹 (IVPP V 2473.2)

A. 照片（引自 Xing et al., 2009a）；B. 轮廓图（引自甄朔南等，1996）

白垩统打儿凼组（打儿凼组位于嘉定群下部，相当于夹关组）。

　　评注　宜宾扬子足迹 *Yangtzepus yipingensis* 是杨钟健（Young, 1960）命名描述的。Xing 等（2009a）对 *Yangtzepus yipingensis* 的正模重新进行了描述。Young（1960）定义的鉴别特征为：蹠行式（蹠骨部分着地），三趾型，三个趾较粗且排列紧密，前足长 14 cm、宽 10.2 cm，前足两侧趾分得比较开；后足长 29 cm、宽 15.5 cm，两外侧趾较长，长度相等，且近乎平行。中趾趾迹不与跟垫相连。II 趾上有两个趾垫，III 趾和 IV 趾各三个垫。正模上凸达到 1 cm，副模标本 IVPP V 2473.2 上凸 2 cm，说明原始下凹足迹很深。Young（1960）在描述中也指明了宜宾足迹的三个脚趾平行排列。Young（1960）认为 IVPP V 2473.3 为前足印迹，理由是：个体较小，明显小于 IVPP V 2473.1 和 IVPP V 2473.2；两侧趾的角度大，中趾与蹠趾部不相连，以及趾垫分割不明显，无垫间缝。但是 Xing 等（2009a）认为上述理由不足以证明 IVPP V 2473.3 为前足印迹，因为个体大小是个体间的差异，其他特点在另外两件标本上也可见。Xing 等（2009a）给出新的鉴别特征：中等大小，三趾型兽脚类足迹，无前足足迹和尾迹，II、III 趾之间的夹角大于 III、IV 趾之间的夹角，III 趾前伸，II、IV 趾长度相等。每个趾的长轴与足迹长轴平行，蹠趾垫卵形。但是，这个鉴别特征有些自相矛盾的地方：前面说"II、III 趾之间的夹角大于 III、IV 趾之间的夹角"，并在描述中给出 II、III 趾之间的夹角为 22°，III、IV 趾之间的夹角为 17°。可是，在鉴别特征又指出"每个趾的长轴与足迹长轴平行"。既然平行，就不应该有 22° 和 17° 的夹角？本志书同意 Young（1960）的定义：各趾近乎平行。

Young（1960）认为 *Yangtzepus yipingensis* 属于鸟脚类恐龙，这个观点得到了 Kuhn（1963）、Zhen 等（1989）、甄朔南等（1996）的支持。但是，Xing 等（2009a）、Lockley 等（2013）认为 *Yangtzepus yipingensis* 的长大于宽、趾端具爪迹、趾间角较小等特点明显属于兽脚类。而且，Lockley 等（2013）还指出，*Yangtzepus yipingensis* 脚趾较粗，显示肉质足底，与 *Therangospodus* 十分相似，归入兽脚类足迹。

Young（1960）和 Xing 等（2009a）在 IVPP V 2473.2 足迹上识别出了粗糙粒状皮肤印痕。但是，Lockley 等（2013）认为证据不足。而且，Lockley 等（2013）还认为 Young（1960）确立的副模标本与正模标本的关系需要进一步确认。如果二者没有关系，那么在"副模"标本上识别出的"皮肤印痕"不应该归入 *Yangtzepus yipingensis* 特征。 另外，由于扬子足迹的命名依据标本保存完好，并具有独有的特征（肉质趾迹，趾间角较小等），因此，*Yangtzepus yipingensis* 是有效名称，予以保留。

安琪龙足迹科属种不定 Anchisauripodidae igen. et isp. indet.

（图 78）

Iguanodon：Zhen et al., 1994, p. 114

Iguanodonopus xingfuensis：甄朔南等，1996

材料　CQMNH CFEC-E-1a, b，现保存在重庆自然博物馆，为同一个足迹的凹凸面（图 78）。

产地与层位　四川峨眉川主乡幸福崖（29° 36′ 12.72″ N, 103°26′ 34.86″ E），下白垩统夹关组。

评注　峨眉发现的恐龙足迹化石 CQMNH CFEC-E-1a,b 是一个足迹的正负模（图 78），其外形与在英国 Dorset 郡下白垩统发现的禽龙足迹（Charig, 1979, p. 31）有些相似。因此，Zhen 等（1994）将这正负模足迹化石归为禽龙足迹，并根据 Haubold（1971）的文章，将其命名为 *Iguanodon*。但 *Iguanodon* 名称是 Mantell（1825）创立用来定义骨骼化石的，Haubold（1971）使用 *Iguanodon* 为足迹化石命名，应属于无效名称。因此，甄朔南等（1996）建立新属新种对峨眉发现的恐龙足迹化石 CFEC-E-1 进行重新定义和描述，创立新足迹属种 *Iguanodonopus xingfuensis* Zhen et al., 1996，鉴别特征为：三趾型足迹，脚趾较粗，足迹长 21.1 cm，最大宽度 15.4 cm，II 趾 14.7 cm 长，3.7 cm 宽；III 趾 15 cm 长，4.5 cm 宽；IV 趾 16.5 cm 长，3.7 cm 宽；趾间角 II 23° III 31° IV，无前足迹及尾迹。Xing 等（2009a）将四川峨眉地区发现的 CFEC-E-1a, b 归入 *Iguanodontipus* 足迹属中，并维持原来的种本名，形成 *Iguanodontipus xingfuensis* 足迹种（Xing et al., 2009a），但是，*Iguanodonopus*（甄朔南等，1996）命名在先，*Iguanodontipus*（Sarjeant et al., 1998）命名在后，即使两

图 78　安琪龙足迹科（Anchisauripodidae）足迹，CQMNH CFEC-E-1a, b（右足印迹）

个足迹种是同物异名，也应该以前面的命名为准。但是，Lockley 等（2013）根据 CFEC-E-1a, b 足迹的外形，认为其应该属于跷脚龙类足迹未定属种（grallatorid indet.）。笔者仔细研究了原始标本后，同意 Lockley 等（2013）将其归入肉食龙足迹的观点。因为，峨眉的 CFEC-E-1a, b 的长大于宽，两侧趾夹角只有 54°，最明显的特征就是在中趾和右侧趾趾端有明显的肉食性恐龙的爪迹。但是，由于其足迹长度为 21 cm，大于跷脚龙足迹科的长度（15 cm），符合安琪龙足迹科的特征，故归入安琪龙足迹科。

驰龙足迹科 Ichnofamily Dromaeopodidae Li, Lockley, Makovicky, Matsukawa, Norell, Harris et Liu, 2008

模式属　驰龙足迹属 *Dromaeopodus* Li, Lockley, Makovicky, Matsukawa, Norell, Harris et Liu, 2008

鉴别特征　狭窄型、两足行走足迹，二趾型，III 趾略长于 IV 趾，或等长，II 趾大部不着地，仅在 III 趾近端附近保存一短小的圆形印迹。

中国已知属　*Dromaeopodus*，*Velociraptorichnus, Menglongpus, Dromaeosauripus*。

评注　*Velociraptorichnus* 是中国境内发现的第一个二趾型足迹，足迹化石发现于四川峨眉地区早白垩世地层中，被认为是恐爪龙类所留（Zhen et al., 1994）。恐爪龙的后足有个很大的爪子，平时不着地，仅留下 III 趾和 IV 趾的印迹，有时候 II 趾的基部也留下印迹。Zhen 等（1994）在建立新属新种的时候将 *Velociraptorichnus* 归入以骨骼化石建立起来的科 Dromaeosauridae Matthen et Brown, 1922 中。但是在足迹化石研究中人们常用的是科及科以下使用足迹科、足迹属和足迹种。因此，Li 等（2008）在发现并描述中国境内第二批两足行走的二趾型足迹时，建立了足迹科 Dromaeopodidae，涵盖了当时中国境内发现的所有二趾型足迹，包括四川峨眉地区发现的 *Velociraptorichnus*，甘肃永靖盐锅峡发现的 *Dromaeosauripus* 以及山东莒南发现的 *Dromaeopodu*s。

驰龙足迹属 Ichnogenus *Dromaeopodus* Li, Lockley, Makovicky, Matsukawa, Norell, Harris et Liu, 2008

模式种 山东驰龙足迹 *Dromaeopodus shandongensis* Li, Lockley, Makovicky, Matsukawa, Norell, Harris et Liu, 2008

鉴别特征 两足行走足迹，二趾型，足迹长度较大，长 26–28.5 cm，宽 9.5–12.5 cm，仅有 III 趾和 IV 趾印迹，III 趾和 IV 趾印迹近平行，III 趾略长于 IV 趾，趾迹弯曲，每个趾上有三个趾垫及爪迹，II 趾表现为依附在 III 趾末端的一个突起，行迹较窄，复步长 92–103 cm，步幅角 170°。

中国已知种 仅模式种。

分布与时代 山东、甘肃，早白垩世。

评注 *Dromaeopodus* 区别于 *Velociraptorichnus* 的特征是个体较大，而且趾迹略弯曲，足迹中有明显的皮肤褶皱印痕（图 79）。

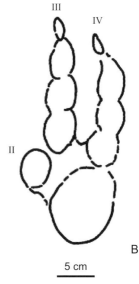

图 79 山东驰龙足迹（*Dromaeopodus shandongensis*）正模 UCMNH CU 214.111 模型
A. 正模标本中的最后一个足迹的模型（比例尺为 5 cm），照片清晰显示脚底皮肤褶皱；B. 轮廓图
（引自 Li et al., 2008）

山东驰龙足迹 *Dromaeopodus shandongensis* Li, Lockley, Makovicky, Matsukawa, Norell, Harris et Liu, 2008

（图 79，图 80）

正模 模型 UCMNH CU 214.111（图 79），含 4 个连续足迹的一段行迹模型，保存在美国科罗拉多大学自然历史博物馆，原始足迹仍在野外，山东省莒南县岭泉镇后左山恐龙公园。

副模 模型 UCMNH CU 214.112，一左足足迹，模型保存在美国科罗拉多大学自然历史博物馆，原始足迹仍在野外，山东省莒南县岭泉镇后左山恐龙公园。

鉴别特征 同属。

产地与层位 山东莒南，下白垩统田家楼组。

评注 山东省莒南县岭泉镇后左山恐龙公园内发现的 *Dromaeopodus shandongensis* 是最清晰的恐龙足迹之一（图 80），脚底的皮肤褶皱清晰可见。二趾型足迹的发现证明了恐爪龙类恐龙在行走和奔跑时 II 趾上的大爪子是被举起来的，并不落地，而且，在莒南发现的二趾型足迹 *Dromaeopodus shandongensis* 共有 18 个，组成至少 6 条平行的行迹，这也证明了恐爪龙类恐龙是群体活动的。

奔驰龙足迹属 Ichnogenus *Dromaeosauripus* Kim, Kim, Lockley, Yang, Seo, Choi et Lim, 2008

模式种 咸安奔驰龙足迹 *Dromaeosauripus hamanensis* Kim, Kim, Lockley,

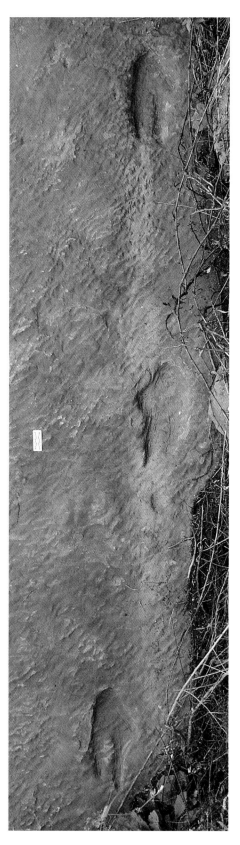

图 80 山东驰龙足迹（*Dromaeopodus shandongensis*）行迹
显示后三个连续足迹（比例尺为 5 cm）

Yang, Seo, Choi et Lim, 2008

鉴别特征 中等大小 (约 15 cm 长，约 9 cm 宽) 二趾型足迹，III、IV 趾形成印迹，趾迹纤细，趾间角小 (5°–10°)，III 趾略长于 IV 趾，趾垫发育，爪迹清晰，III 趾与行迹中线近平行。

中国已知种 *Dromaeosauripus yongjingensis, D. isp.*。

分布与时代 中国、韩国，早白垩世。

评注 Kim 等 (2008) 根据在韩国 Haman Formation 内发现的二趾型恐龙足迹建立了足迹属种 *Dromaeosauripus hamanensis*。韩国的 *Dromaeosauripus* 足迹最大长 15 cm，最大宽 9 cm，个体均小于上面描述的山东的 *Dromaeopodus* 的模式种 *D. shandongensis* (长 26.5 cm，宽 12.5 cm)。从形态上看，韩国的 *Dromaeosauripus hamanensis* 的两个趾迹相互分离，而中国山东的 *Dromaeopodus shandongensis* 的蹠趾垫区域宽大而明显，与韩国的 *Dromaeosauripus hamanensis* 具有明显区别。因此，两个足迹属均成立。需要说明的是，这两个足迹属的拉丁名——*Dromaeosauripus* 和 *Dromaeopodus* 拼写比较相似，容易造成混淆。而中文翻译名称，"奔驰龙足迹"和"驰龙足迹"也很相近。但这两个足迹属的形态有很大区别，这一点在今后的研究中应特别注意。

永靖奔驰龙足迹 *Dromaeosauripus yongjingensis* Xing, Li, Harris, Bell, Azuma, Fujita, Lee et Currie, 2013

(图 81)

正模 LDNG GSLTZP-S2-TE4L，一完整的左足下凹足迹，产自盐锅峡足迹第 II 地点，标本仍然保存在甘肃刘家峡恐龙国家地质公园；另在甘肃地质博物馆华夏恐龙足迹研究开发中心保存一模型，编号为 HTD.3。

副模 LDNG GSLTZP-S2-TA1, 2, 3, 4, 5, 6, 7, 8，与正模在同一地点的另外一条行迹，均为下凹足迹，其中 TA4L 保存最好；原始足迹保存在甘肃刘家峡恐龙国家地质公园 (LDNG)；甘肃地质博物馆华夏恐龙足迹研究开发中心保存模型，编号为 HTD.4, 5, 6, 7, 8, 9。

归入标本 LDNG GSLTZP-S2-TB, TC, TD, TE 和 TF，保存在刘家峡恐龙国家地质公园 (LDNG) 第 II 地点的其他 66 个两趾足迹，以及保存在刘家峡恐龙国家地质公园第 I 地点的 4 个可识别的二趾型足迹。

鉴别特征 中等大小 (约 14.8 cm 长，约 6.4 cm 宽) 二趾型兽脚类足迹，趾垫发育，III 趾 3 个垫，IV 趾 4 个垫，无爪迹，蹠趾垫较大，圆形，II 趾近端与蹠趾垫前边缘接触，III、IV 趾间平均夹角 19°，单步 (pace) 长 35.7–37.5 cm，步幅角 143°–180°。

产地与层位 甘肃永靖，下白垩统上河口组。

评注 Xing 等 (2013c) 根据甘肃永靖盐锅峡恐龙足迹化石点保存的二趾型足迹 (图 81) 的大小将其归入 *Dromaeosauripus* (Kim et al., 2008)，并建立新足迹种 *Dromaeosauripus*

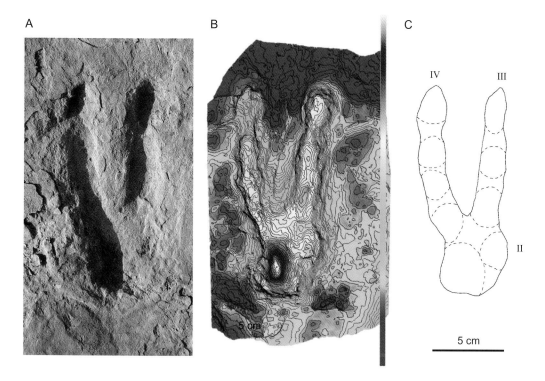

图 81　永靖奔驰龙足迹（*Dromaeosauripus yongjingensis*）正模（LDNG GSLTZP-S2-TE4L）（引自 Xing et al., 2013c）

A. 足迹照片；B. 电脑绘制的足迹深度高程图，等高线距 2 mm（蓝绿色表示高点，红白色表示低点）；
C. 足迹轮廓图，其中 II 趾印迹仅表现为一个凸起

yongjingensis。这是中国境内命名的第三个二趾型足迹，均被归入驰龙足迹科，代表着恐爪龙类恐龙的足迹。盐锅峡的二趾型足迹由于脚趾较细区别于四川峨眉地区的 *Velociraptorichnus*；以个体小区别于山东莒南的 *Dromaeopodus*。*Dromaeopodus* 的长度在 26.5 cm，远远大于甘肃盐锅峡的二趾型恐龙足迹；在个体大小以及趾迹纤细方面属于最早在韩国发现的足迹属 *Dromaeosauripus* 的特征范围，但是趾间角大于足迹属中 *Dromaeosauripus* 现有足迹种，而且具有清晰发育的蹠趾垫，因此，Xing 等（2003c）建立了新足迹种。另外，关于地层层位，这里沿用 Li 等（2006）的地层名称，即下白垩统上河口组。

奔驰龙足迹属未定种 *Dromaeosauripus* isp.

（图 82）

cf. *Dromaeosauripus* isp.：Xing et al., 2013g, p. 119

材料　保存在山东临沭县曹庄乡岌山省级地质公园内第 I 足迹化石点的连续 5 个二趾型足迹，编号为 LSI-D1-R1, LSI-D1-L1, LSI-D1-R2, LSI-D1-L2, LSI-D1-R3。

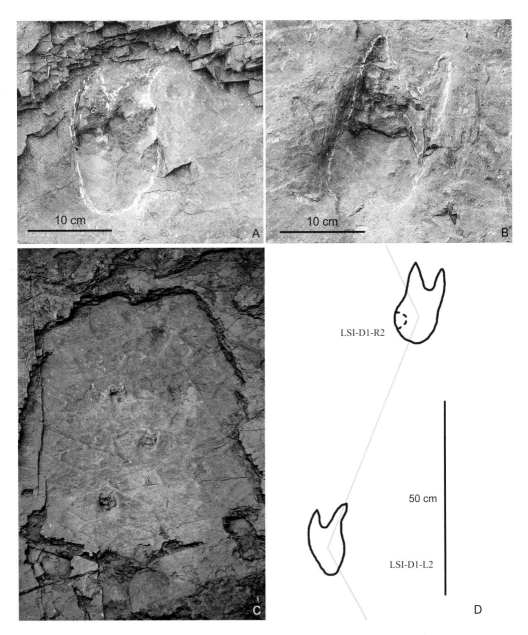

图 82　山东临沭发现的奔驰龙足迹未定种（*Dromaeosauripus* isp.）

A. 足迹 LSI-D1-L2 照片（引自 Xing et al., 2013g）；B. 足迹 LSI-D1-R2 照片（引自 Xing et al., 2013g）；
C. 全景照片（王宝鹏拍摄）；D. LSI-D1-L2 与 LSI-D1-R2 组成的单步（引自 Xing et al., 2013g）

产地与层位　山东临沭，下白垩统田家楼组。

评注　山东临沭县曹庄乡岌山地区的下白垩统田家楼组中含有丰富的恐龙足迹化石，至少有 10 层含足迹化石层（旷红伟等，2013）。旷红伟等（2013）、陈军等（2013）曾报道了在这里发现的大量的蜥脚类足迹、兽脚类足迹甚至鸟脚类足迹化石。Xing 等（2013g）描述了在这里发现的一条两足行走二趾型足迹的行迹，由 5 个连续的足迹组成，包括 3 个右足足迹和 2 个左足足迹，均为后足足迹。足迹平均长 19.5 cm，蹠趾垫较大，是足迹的主要组成部分，印迹较深，平均深度 3.8 cm，在蹠趾垫印迹的前面保留了 III 趾和 IV 趾印迹，趾迹纤细，印迹也较浅；在 LSI-D1-L2 和 LSI-D1-R2 足迹上可见到印迹较浅的 II 趾跟部印迹贴附在 III 趾近端边缘（图 82）。III 趾和 IV 趾印迹平行，III 趾粗于并长于 IV 趾。趾垫不清晰或者缺失；爪迹尖锐，并向行迹中线弯曲；蹠趾垫印迹半圆形，与趾迹没有明显界线；整个足迹略向外偏转，平均 14°。上述特征与在甘肃永靖盐锅峡发现的永靖奔驰龙足迹（*Dromaeosauripus yongjingensis*）很相似，主要表现在足迹大小、II 趾印迹形态，以及蹠趾垫形态等。但是，因为印迹较深，趾垫不清晰。推测这是恐龙行走时地表比较泥泞的结果。由于细节特征不清晰，没有把握归入永靖奔驰龙足迹（*Dromaeosauripus yongjingensis*），Xing 等（2013g）将岌山的足迹归入 cf. *Dromaeosauripus* isp.。笔者认为，属的归属没有什么问题，但种暂时难以确定，所以定为 *Dromaeosauripus* isp.。

快盗龙足迹属 Ichnogenus *Velociraptorichnus* Zhen, Li, Zhang, Chen et Zhu, 1994

模式种 四川快盗龙足迹 *Velociraptorichnus sichuanensis* Zhen, Li, Zhang, Chen et Zhu, 1994

鉴别特征 两足行走足迹，二趾型，两个功能趾 III 趾和 IV 趾趾迹直，粗壮，长度相近，II 趾仅表现为依附在 III 趾根部的一个半圆形凸起，III 趾爪迹向内、IV 趾爪迹向外侧偏转，足迹长 11 cm，宽 6 cm，足长与单步之比为 1：4.4，趾间角小，无前足印迹及尾迹。

中国已知种 仅模式种。

分布与时代 四川峨眉，早白垩世。

评注 *Velociraptorichnus* 是最早在中国发现并命名的二趾型足迹属，被认为是恐爪龙类所留。Zhen 等（1994）在文章的中文摘要中将 *Velociraptorichnus* 误写成 *Relociraptorichnus*，是由于校对的错误造成的，而在英文正文中则正确使用了 *Velociraptorichnus*。尽管 *Relociraptorichnus* 在前，但是在后来的引用文章中都是使用 *Velociraptorichnus*（甄朔南等，1996；Li et al., 2008；Lockley et al., 2008；Lockley et Matsukawa, 2009；Li et al., 2011；Lockley et al., 2012）。因此，这里将 *Relociraptorichnus* 正式废弃，*Velociraptorichnus* 为有效足迹属名称。

四川快盗龙足迹 *Velociraptorichnus sichuanensis* Zhen, Li, Zhang, Chen et Zhu, 1994

（图 83）

正模 CQMNH CFEC-B-1（图 83），一件砂岩标本上凸起的二趾型右足足迹化石，与川主小龙足迹（*Minisauripus chuanzhuensis*）正模标本保存在一块石板上；标本保存在

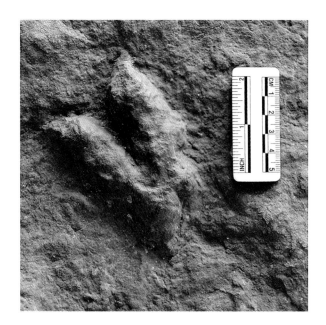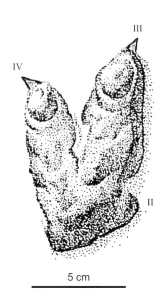

图 83 四川快盗龙足迹（*Velociraptorichnus sichuanensis*）化石及素描图（素描图引自 Zhen et al., 1994）

重庆自然博物馆，产自四川省峨眉市川主乡幸福崖（29°36′ 12.72″ N, 103°26′ 34.86″ E）。

副模 CQMNH CFEC-B-2, CFEC-B-3，保存在另一块石板上的连续两个上凸的足迹化石，形成一个单步。

鉴别特征 同属。

产地与层位 四川峨眉，下白垩统夹关组。

评注 四川快盗龙足迹（*Velociraptorichnus sichuanensis*）与川主小龙足迹（*Minisauripus chuanzhuensis*）保存在同一块岩石标本上，足迹清晰。同样，在山东莒南下白垩统中也保存了二趾型恐爪龙足迹和小龙足迹（李日辉等，2005a；Lockley et al., 2008）。这两个足迹的组合同时出现在山东莒南和四川峨眉的早白垩世地层中，使得两地利用恐龙足迹成功进行了地层对比。

猛龙足迹属 Ichnogenus *Menglongpus* Xing, Harris, Sun et Zhao, 2009

模式种 中国猛龙足迹 *Menglongpus sinensis* Xing, Harris, Sun et Zhao, 2009

鉴别特征 小型两足行走足迹，二趾型，无拇趾印迹及尾迹；III 趾平均长度为 IV 趾平均长度的 1.8 倍，区别于 Dromaeopodidae 科内的其他足迹属；如果 II 趾印迹存在的话，表现为一个位于 III 趾近端的小圆形印迹，III、IV 趾趾间角为 40°–44°。

中国已知种 仅模式种。

评注 足迹属 *Menglongpus* 单个足迹十分不清晰，按照足迹命名原则，一般不以不

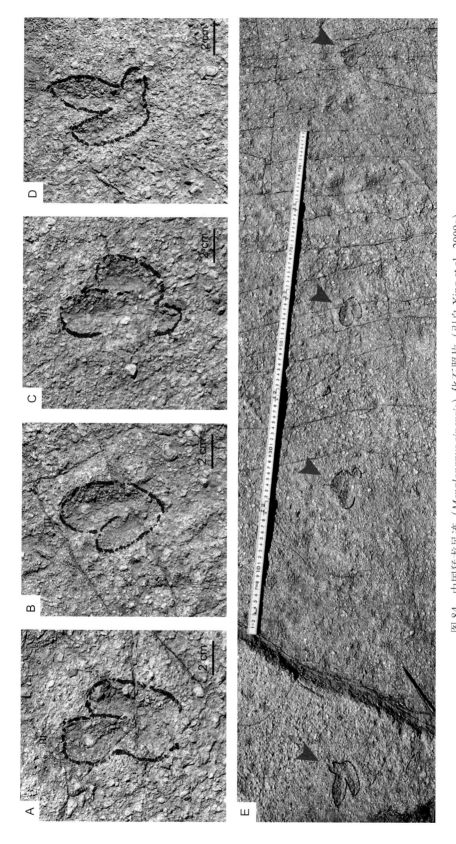

图 84　中国猛龙足迹（*Menglongpus sinensis*）化石照片（引自 Xing et al., 2009c）

A. 野外编号 T.A.1；B. 野外编号 T.A.2；C. 野外编号 T.A.3；D. 野外编号 T.A.4；E. 中国猛龙足迹（*Menglongpus sinensis*）行迹．红色箭头指示足迹的位置

清晰的足迹为基础建立新足迹属种。但是，*Menglongpus sinensis* 的行迹完整、有规律，可作为建立新属种的依据（Lockley et al., 2013）。因此，足迹属种 *Menglongpus sinensis* 有效。除了个体很小以外，*Menglongpus* 区别于其他足迹属的特点是 III 趾和 IV 趾的长度差别很大，III 趾与 IV 趾的长度比接近 2！但是这个比很不稳定，这是足迹本身的特点还是由于保存的问题，仍然有待进一步的发现。

中国猛龙足迹 *Menglongpus sinensis* Xing, Harris, Sun et Zhao, 2009

（图 84）

正模　野外编号 T.A.1（目前原化石仍在野外化石点），一印迹很浅的下凹足迹；云南禄丰恐龙研究中心制作模型，编号：LDRC-v.x.8，产自河北省赤城县倪家沟寺梁化石点（40° 47′ 1.62″ N, 115° 53′ 8.55″ E）。

副模　T.A.2–4，与正模保存在一起的其他三个下凹足迹，四个足迹在同一条行迹中，化石仍然保存在野外；云南禄丰恐龙研究中心制作模型，LDRC-v.x.9–11，产自河北省赤城县倪家沟寺梁化石点（40°47′ 1.62″ N, 115°53′ 8.55″ E）。

鉴别特征　同属。

评注　*Menglongpus sinensis* 四个足迹的平均长度为 6.3 cm，平均宽为 4.2 cm，是 Dromaeopodidae 足迹科中个体最小的足迹。

食肉龙下目 Infraorder CARNOSAURIA

实雷龙足迹科 Ichnofamily Eubrontidae Lull, 1904

模式属　实雷龙足迹属 *Eubrontes* Hitchcock, 1845

鉴别特征　大型两足行走足迹，三趾型，足长一般超过 25 cm，爪迹尖锐或圆钝，趾较宽，III 趾短，两侧趾夹角 25°–40°；无拇趾印迹（或罕见）和前足印迹，无尾迹。

中国已知属　*Eubrontes, Chapus, Lufengopus, Asianopodus, Changpeipus, Hunanpus*。

评注　Lull 最初定义 Eubrontidae 时的特征为：大型两足行走足迹，三趾型，爪迹圆，趾迹宽，趾垫清晰，并将其归入鸟脚类恐龙。但是在 1953 年的文章中，Lull 将其归入兽脚类恐龙大型食肉龙次亚目（Carnosauria）之中。Olsen 等（1998）指出足迹的形态与足迹的大小有关，小型足迹长宽比值较大，而大个体足迹的这个值就小；小型足迹两侧趾的夹角较小，个体大的足迹两侧趾夹角就变大了。因此，尽管那些大型三趾型足迹中（比如足迹长超过 40 cm）的两侧趾间夹角大于 40°，只要其他特征属于实雷龙足迹科的鉴别特征，本志书还是将它们放在实雷龙足迹科（Eubrontidae）中。

实雷龙足迹属 Ichnogenus *Eubrontes* Hitchcock, 1845

模式种　巨大实雷龙足迹 *Eubrontes giganteus* Hitchcock, 1845

鉴别特征　大型两足行走足迹，三趾型，足长一般超过 25 cm，具钝爪，趾宽、具有明显的趾垫，长宽比小于 2，两侧趾夹角 25°–40° 左右，无尾迹（Olsen et al., 1998 修订）。

中国已知种　*Eubrontes platypus, E.? glenrosensis, E. zigongensis, E. monax, E. xiyangensis, E. nianpanshanensis, E.* isp.1, *E.* isp. 2。

分布与时代　云南、四川、内蒙古，早侏罗世—早白垩世。

评注　1836 年，Hitchcock 将发现于马萨诸塞州霍利奥克恐龙足迹化石库的一个大型三趾型足迹命名为 *Ornithichnites giganteus*，意思是巨型鸟类足迹。1841 年，他又把名字改成 *Ornithoidichnites giganteus*，主要是在属名上做了些修改，以表明似鸟类的足迹。1845 年，Hitchcock 又建立属名 *Eubrontes*，来替代 *Ornithoidichnites*，于是 *Ornithichnites giganteus* 就变成了 *Eubrontes giganteus*。但是，后来不知道什么原因 Hitchcock 在正式出版物中从来不使用 *Eubrontes*，而又造了个新名字 *Brontozoum*。直到去世，Hitchcock 一直坚持使用这个名字。可是，*Eubrontes* 在前，根据优先律，*Brontozoum* 是无效名称（Hay, 1902）。另外，*Ornithichnites giganteus* 是最早使用的有效名称，先于 *Eubrontes*。但在后来的时间里，*Ornithichnites* 这个名字一直没有被使用超过 150 年！Olsen 等（1998）正式将足迹属名 *Ornithichnites* 废弃，于是 *Eubrontes* 就成为正式名字而被广泛使用。

扁平实雷龙足迹 *Eubrontes platypus* Lull, 1904

（图 85）

Amblonyx giganteus：Hitchcock, 1858

正模　现存阿默斯特（Amherst）学院希契科克（E. Hitchcock）的标本室中的 No 13/4 号足迹。这是人类最早研究的足迹化石之一。1858 年 Hitchcock 将其定名为 *Amblonyx giganteus*，但由于其特征完全符合 *Eubrontes*，Lull 于 1904 年将其改名为 *Eubrontes platypus*。产于马萨诸塞州的赫唐阶（侏罗系底部）。

归入标本　保存在云南省晋宁县夕阳乡小夕阳山坡顶上一条包含 9 个足迹的行迹，其中野外编号 A1 的足迹保存最好，现存在昆明市博物馆，编号不详。

鉴别特征　两足行走足迹，三趾型，趾迹较粗，趾垫明显，足迹全长 26.7 cm，II 趾长（15.7 cm）<III 趾长（19 cm）<IV 趾长（21.5 cm）；趾间角 II 12° III 22° IV，单步长 113.5 cm，行迹宽 30.4 cm，四肢很长。足长与单步长之比为 1：4.25（Lull, 1904）。

产地与层位　美国、中国，下侏罗统。

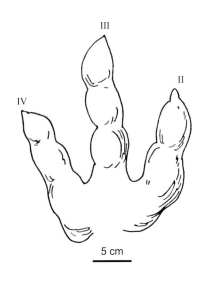

图 85　产自云南晋宁的扁平实雷龙足迹（*Eubrontes platypus*）（引自甄朔南等，1986）

玫瑰谷实雷龙足迹？　*Eubrontes? glenrosensis* Shuler, 1935

（图 86，图 87）

正模　保存在美国得克萨斯州萨默维尔郡玫瑰谷（Glen Rose）市政府广场中音乐台的底座上（图 86）。因为足迹化石一直保存展示在音乐台的底座上，无法移动到博物馆内保存，长期遭受风雨侵蚀。于是，Adams 等（2010）对正模进行了三维扫描，将科学数据保存起来，以便进行进一步研究。正模采自美国得克萨斯玫瑰谷（Glen Rose）以西约 10 km、Paluxy 河第四个公路交叉路口 (Hendrix-Ramfield crossing) 附近（现在位于恐龙谷州立公园 Dinosaur Valley State Park）。

归入标本　产于内蒙古乌拉特中旗海流图以西 10 km（41°33′49.26″N, 108°24′15.42″E）下侏罗统石拐群的大型三趾型足迹，野外编号 24-1（图 87），6-1, 6-2, 6-3, 6-5, 1-2, 1-3, 1-4, 1-5, 1-6, 1-7, 1-8, 21-1, 21-2，其中 24-1 和 6-5 保存最好（李建军等，2010）。

鉴别特征　两足行走足迹，三趾型，个体较大，足迹近似对称图形，趾垫清晰或不清晰，两侧趾与中趾的夹角近似；趾间角为 II26°–33° III27°–34° IV 左右，各趾宽度较大，足迹全长 35–63.5 cm，两外侧趾间距离为 34–43.2 cm。

归入标本的描述　在乌拉特海流图识别出来的玫瑰谷实雷龙足迹？（*Eubrontes? glenrosensis*）中，足迹全长约 34–46 cm，两个侧趾趾间最大距离为 36–42 cm；足迹中保存了清晰的趾垫印迹，II 趾两个趾垫，III 趾 3 个趾垫，IV 趾 3 个趾垫，趾间夹角为 II32° III35° IV。

产地与层位　中国内蒙古、四川，美国得克萨斯；早侏罗世—早白垩世。

图 86　保存在美国得克萨斯州萨默维尔郡玫瑰谷（Glen Rose）市政府广场中音乐台的底座上
的玫瑰谷实雷龙足迹？（*Eubrontes? glenrosensis*）正模（引自 Adams et al., 2010）

A. 政府广场中的音乐台, 底座上可见 *Eubrontes? glenrosensis*（Shuler, 1935）的正模标本; B. 正模标本近景,
标本采集自得克萨斯州萨默维尔郡 Glen Rose 以西约 10 km 处下白垩统 Paluxy Formation 中

评注　*Eubrontes? glenrosensis* 是 Shuler（1935）根据在美国得克萨斯玫瑰谷（Glen Rose）以西约 10 km 的 Paluxy 河第四个公路交汇处的地方发现的一枚大型三趾型足迹而创立的名称。Shuler（1917）建立了新足迹种 *Eubrontes*(?) *titanopelobatidus*, 但是由于没有指定模式标本, *Eubrontes*(?) *titanopelobatidus* 被归入无效名称。Shuler（1935）继续使用带问号的足迹属名, 建立新足迹种 *Eubrontes*(?) *glenrosensis*。Lockley 等（1998c）指出,

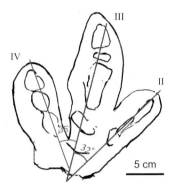

图 87　产自内蒙古海流图的玫瑰谷实雷龙足迹?（*Eubrontes? glenrosensis*）照片及轮廓图（引自李建军等，2010）

野外编号 24-1

Eubrontes(?) *glenrosensis* 有合法的模式标本和完整的鉴别特征描述，因此不能轻易否定其有效性。根据国际动物命名法规，一个种的属存疑可在属名之后加问号，无需括号。尽管以前的科学家一直如此使用，本志书还是去掉括号，以符合命名法。Haubold（1971）将这个足迹归入 *Megalosauripus*。但是，Lockley 等（1998c）认为这个足迹与 *Megalosauripus* 有差距，不应该属于同一类型。同时，Lockley 等（1998c）认为发现于得克萨斯玫瑰谷的这件标本也不应该属于 *Eubrontes*。尽管足迹种的种本名 *glenrosensis* 属于有效名称，但是这个足迹种应该归入别的足迹属中（甚至可以建立一个新的足迹属）。其理由是，得克萨斯玫瑰谷（Glen Rose）的标本没有清晰的趾垫，而清晰的趾垫应该是足迹属 *Eubrontes* 的特征。

但是，在中国内蒙古乌拉特中旗发现的大型三趾型足迹的趾间夹角、足迹轮廓均与 *Eubrontes? glenrosensis* 相近。乌拉特中旗的标本有着清晰的趾垫印迹，应该是对 *Eubrontes? glenrosensis* 鉴别特征的一个补充，而正模标本趾垫不清晰应该是地表条件造成的，它们的造迹恐龙应该有着相似的足部特征。因此，*Eubrontes? glenrosensis* 应为有效足迹名称，另外，Shuler（1935）在种征描述中，未提及趾间角数据，但根据 Kuban（1994）发表的足迹轮廓测得 *Eubrontes? glenrosensis* 的趾间夹角为 II 33° III 34° IV，与乌拉特中旗的足迹很接近。因此，乌拉特中旗的足迹化石归入足迹种 *Eubrontes? glenrosensis* Shuler, 1935。

自贡实雷龙足迹 *Eubrontes zigongensis* (Gao, 2007) Lockley, Li, Li, Matsukawa, Harris et Xing, 2013

（图 88）

Weiyuanpus zigongensis：高玉辉，2007，342 页

正模　ZDM 0032（F1–F6），6 个连续的下凹型足迹，标本保存在自贡恐龙博物馆。

产自四川省威远县荣胜乡老鸭坡。

鉴别特征　两足行走足迹，趾行式，三趾型，个体较大，足迹长 41–43 cm，足迹宽 31–33 cm；II 趾和 IV 趾的蹠趾垫清晰，爪迹明显，无拇趾印迹，无尾迹，趾间角 II 23° III 26° IV；III 趾长于两侧趾；足迹长与复步长之比为 1：5.8。

产地与层位　四川威远，下侏罗统珍珠冲组下部。

评注　高玉辉（2007）根据自贡恐龙博物馆 1985 年在四川威远下侏罗统珍珠冲组中采集到的包括连续 6 个足迹的一段行迹，建立了新属新种：自贡威远足迹（*Weiyuanpus zigongensis*）。实际上，在足迹发现后不久，自贡恐龙博物馆就已经描述并将其命名为自贡威远足迹（*Weiyuanpus zigongensis*），并将文章寄给甄朔南等审查。甄朔南等当时就提出这批足迹与巨型实雷龙足迹（*Eubrontes giganteus*）类似，并在 1996 年出版的《中国恐龙足迹研究》中提到"自贡威远足迹（*Weiyuanpus zigongensis*）与在美国康涅狄格的上三叠统内发现的巨型实雷龙足迹（*Eubrontes giganteus*）有些类似"。但当时自贡威远足迹（*Weiyuanpus zigongensis*）尚未正式发表。高玉辉于 2007 年正式发表了自贡威远足迹（*Weiyuanpus zigongensis*）名称。Lockley 和 Matsukawa（2009）认为威远足迹属（*Weiyuanpus*）应属于实雷龙足迹属（*Eubrontes*）。经过与玫瑰谷实雷龙足迹（*Eubrontes? glenrosensis*）的比较，两者也十分相似，包括较大的个体，相近的趾间夹角等。也支持两者属于相同足迹属的结论。但是，四川威远的足迹具有清晰的 II 趾和 IV 趾的蹠趾垫印迹，而 *Eubrontes? glenrosensis* 的正模没有趾垫印迹。根据 Shuler（1935）的描述，*Eubrontes? glenrosensis* 足迹踩下很深（深度接近 20 cm！），说明当时地表的湿度很大，

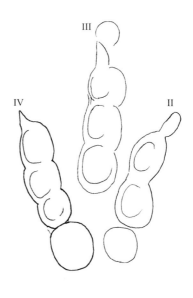

图 88　四川威远发现的自贡实雷龙足迹（*Eubrontes zigongensis*）照片（彭光照、叶勇协助拍摄）
及轮廓图（引自 Lockley et Matsukawa, 2009）

不易留下清晰的趾垫印迹。而威远的足迹形成时，地表湿度适中，所以趾垫清晰。威远足迹保存清晰，特征明显。另外，通过详细对比后发现威远足迹的尺寸比巨型实雷龙足迹（*Eubrontes giganteus*）要大 10% 左右，而且威远足迹的趾间角为 II 23° III 26° IV，也大于巨型实雷龙足迹（*Eubrontes giganteus*）的 II 18° III 20° IV。因此，继续保留种本名，并归入足迹属 *Eubrontes*（Lockley et al., 2013）。

孤独实雷龙足迹 *Eubrontes monax* (Zhen, Li, Rao et Hu, 1986) Lockley, Li, Li, Matsukawa, Harris et Xing, 2013

（图 89）

Paracoelurosaurichnus monax：甄朔南等，1986，4 页；Zhen et al., 1989, p.192；甄朔南等，1996，62 页；Matsukawa et al., 2006，p. 19

正模　BMNH-Ph000678（原编号 BPV-FP2），保存在北京自然博物馆。产自云南省晋宁县夕阳乡小夕阳村（24°27′49.5″ N, 102°17′ 45.78″ E）。

鉴别特征　两足行走足迹，三趾型，无拇趾及 V 趾印迹，趾端具爪，中趾最长，整个足迹不对称，III、IV 趾夹角较小，在 10° 以下，II、III 趾夹角 30°。足迹全长为 25–30 cm，宽约 18–20 cm；趾垫印迹不清晰，无蹠趾垫，无尾迹。

产地与层位　云南，下侏罗统冯家河组。

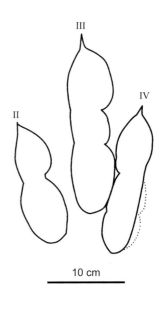

图 89　孤独实雷龙足迹（*Eubrontes monax*）正模及轮廓图

评注　甄朔南等（1986）在描述云南晋宁下侏罗统发现的兽脚类恐龙足迹时，将一单个足迹（图 89）命名为孤独似虚骨龙足迹（*Paracoelurosaurichnus monax*）。但是，保存这个足迹的岩石上沿着三个趾迹分别有裂缝，这些裂缝干扰了甄朔南等（1986）对足迹形态的判断，甚至在绘制轮廓图的时候，也受到三个裂缝的影响，使得趾迹很纤细。Lockley 等（2013）对这个足迹再研究时纠正了整个岩石裂缝对足迹形态的影响，认为其特征应该属于 *Eubrontes* 的范畴。理由是 *Paracoelurosaurichnus monax* 拥有与 *Eubrontes* 相同的趾垫式（2-3-4），相同的趾宽和趾间角等，并没有独特的鉴别特征使它区别于 *Eubrontes*。因此，足迹属名 *Paracoelurosaurichnus* 是 *Eubrontes* 的同物异名，应予废弃。但是，由于足迹为不对称形状，以及 IV 趾与 III 趾位置紧密等特征，Lockley 等（2013）认为这个足迹与 *Eubrontes* 的其他种有所区别，属于足迹属 *Eubrontes* 中一独立种，保留种本名。

夕阳实雷龙足迹 *Eubrontes xiyangensis* (Zhen, Li, Rao et Hu, 1986) Lockley, Li, Li, Matsukawa, Harris et Xing, 2013

（图 90，图 91）

Youngichnus xiyangensis：甄朔南等，1986，10 页；Zhen et al., 1989, p. 190；甄朔南等，1996，68 页；
　　Matsukawa et al., 2006, p. 19；Lockley et Matsukawa, 2009, p. 21

Grallator limnosus：甄朔南等，1986，2 页

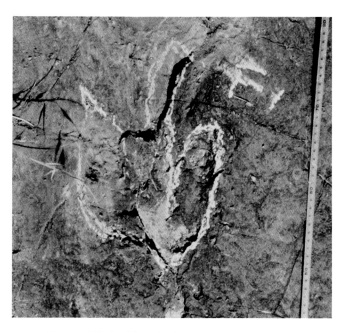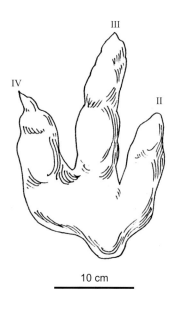

图 90　夕阳实雷龙足迹（*Eubrontes xiyangensis*）正模及轮廓图（引自甄朔南等，1986）

正模　BMNH-Ph000686（原编号为 BPV-FP6），标本保存在北京自然博物馆。产自云南省晋宁县夕阳乡小夕阳村（24°27′49.5″ N, 102°17′45.78″ E）。

鉴别特征　两足行走足迹，趾行式，趾端具爪。单步与足长的比为 4.3∶1，步幅角为 156°，中趾印迹较深（有时显示出较细的特征），足迹长度 26–27 cm，两侧趾间距 16–19 cm，趾间角较小，II 10° III 11° IV，两侧趾趾垫扁圆形。无拇趾及尾迹。

产地与层位　云南晋宁，下侏罗统冯家河组。

评注　夕阳杨氏足迹（*Youngichnus xiyangensis*）是甄朔南等（1986）根据在云南晋宁夕阳乡小夕阳村北部的山坡上下侏罗统冯家河组中发现的连续三枚印迹较深的三趾型足迹（图 91）建立的足迹属种。当时，根据足迹个体较大、趾迹较粗的特点，将夕阳杨氏足迹（*Youngichnus xiyangensis*）归入 Eubrontidae 科，并根据其中趾较两侧趾细等特点区别于 Eubrontidae 中的其他各属。Lockley 等（2013）仔细观察了夕阳杨氏足迹（*Youngichnus xiyangensis*）的正模标本，认为中趾较细现象是保存环境造成的，印迹较深说明地表较软，中趾承担身体的重量大于两侧趾，所以印迹就较两侧趾深一些，当恐龙的脚离开足迹后，中趾印迹两侧的泥沙就会向中间挤压，造成中趾印迹较细的现象。因此，中趾较细并不

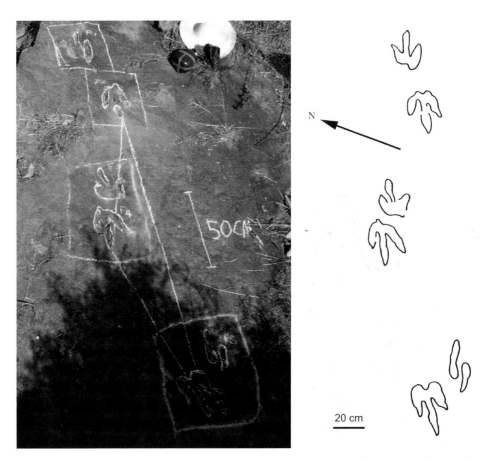

图 91　夕阳实雷龙足迹（*Eubrontes xiyangensis*）形迹照片及轮廓图（引自甄朔南等，1986）

是造迹恐龙脚部的特征。这样，夕阳杨氏足迹（*Youngichnus xiyangensis*）应该归入足迹属 *Eubrontes*，足迹属名 *Youngichnus* 为 *Eubrontes* 的同物异名，应废弃。由于趾间角小、两侧趾几乎平行的特点，保留种本名。

另外，甄朔南等（1986）在研究云南晋宁夕阳乡下侏罗统恐龙足迹时，曾在 *Grallator* 足迹属中建立一个新种——泥泞跷脚龙足迹（*Grallator limnosus* Zhen et al., 1986）。但是，与泥泞跷脚龙足迹（*Grallator limnosus*）一起保存的夕阳杨氏足迹（*Youngichnus xiyangensis*）在大小、趾间夹角、单步与复步长等数据上均与泥泞跷脚龙相同，应为同一属种。因此，泥泞跷脚龙足迹（*Grallator limnosus*）与夕阳杨氏足迹种（*Youngichnus xiyangensis*）一起重新组合到 *Eubrontes xiyangensis* 中（Lockley et al., 2013）。

碾盘山实雷龙足迹 *Eubrontes nianpanshanensis* (Yang et Yang, 1987) Lockley, Li, Li, Matsukawa, Harris et Xing, 2013

（图 92—图 94）

Jinlijingpus nianpanshanensis：杨兴隆、杨代环，1987，2 页；甄朔南等，1996，69 页；Matsukawa et al., 2006, p. 20；Lockley et Matsukawa, 2009, p. 21

正模 CFZJ6（化石足迹原件仍在野外）。产自四川省资中县金李井乡碾盘山新华村十一村民组晒谷场（29° 47′39.12″ N, 104° 38′29.28″ E）。

副模 与正模标本一起保存的其他 70 个足迹，形成 3 条行迹。

鉴别特征 两足行走足迹，三趾型，II、III 趾尖向行迹中线弯曲，趾垫呈圆形，趾垫式为 2-3-3；足长 46 cm，足宽 34 cm；无前足足迹和尾迹。趾间角为 II 22° III 25° IV（Lockley et al., 2012）。

产地与层位 四川资中，中侏罗统新田沟组。

评注 杨兴隆和杨代环（1987）根据在四川资中金李井乡碾盘山发现的 50 多个三趾型足迹建立了新足迹属种 *Jinlijingpus nianpanshanensis*。根据他们的描述，这批足迹个体较大，趾间角开阔，爪迹弯曲，宽大于长等。杨兴隆和杨代环（1987）认为这些特点可

图 92 碾盘山实雷龙足迹（*Eubrontes nianpanshanensis*）行迹图（引自 Lockley et Matsukawa, 2009）

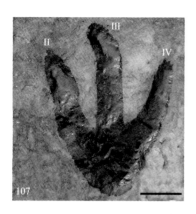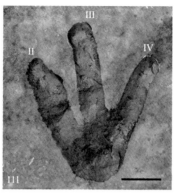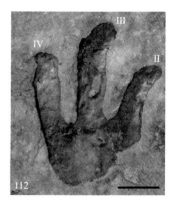

图93 四川资中地区的碾盘山实雷龙足迹照片（引自杨春燕等，2013）

图中阿拉伯数字为足迹野外编号，图中比例尺为10 cm

以区别于安琪龙足迹（*Anchisauripus*）和实雷龙足迹（*Eubrontes*），因此建立新属种。但是，Lockley等（2013）认为虽然金李井的足迹个体较大，但仍然在足迹属 *Eubrontes* 的范畴内（比如，*Eubrontes? glenrosensis* 的长度超过60 cm）；宽大于长应该是测量误差所致，实际上金李井乡的足迹还是长大于宽（图93）；至于趾间角开阔、爪迹弯曲，可作为保持种本名的理由。因此，金李井碾盘山足迹（*Jinlijingpus nianpanshanensis*）属无效名称。

杨春燕等（2013）也对金李井碾盘山足迹（*Jinlijingpus nianpanshanensis*）进行过实地考察，并又清理出二十多个足迹，使暴露的足迹总数达到71个。杨春燕等（2013）对这批足迹进行再研究，并绘制了行迹分布图（图94），42个足迹组成了两条行迹。文中

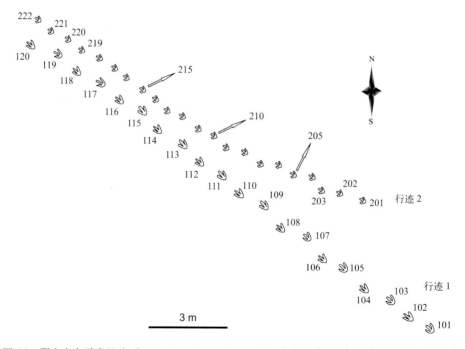

图94 碾盘山实雷龙足迹（*Eubrontes nianpanshanensis*）行迹分布图（引自杨春燕等，2013）

提到行迹 1, 2, 3 为食肉龙足迹。但在后面的描述中只提到行迹 1, 2 为同类型恐龙所留，对行迹 3 只字未提。值得一提的是，杨春燕等（2013）是在独立研究的情况下得出与 Lockley 等（2013）一样的结论：认为足迹属 *Jinlijingpus* 是 *Eubrontes* 的同物异名，并将金李井碾盘山足迹（*Jinlijingpus nianpanshanensis*）合并到 *Eubrontes* 中去，而组成新组合碾盘山实雷龙足迹（*Eubrontes nianpanshanensis*）。只是由于其发表时间（2013 年 9 月）晚于 Lockley 等（2013 年 1 月）的发表时间，在正式名称记述中只使用 Lockley 等（2013）。

实雷龙足迹属未定种 1 *Eubrontes* isp. 1

（图 95）

Tuojiangpus shuinanensis：杨兴隆、杨代环，1987，17 页；甄朔南等，1996，65 页

Eubrontes sp.：Lockley et al., 2003, p.172

材料　采集自四川资中五皇乡五马村晒谷场的足印 40 个。标本保存在重庆自然博物馆，编号为 CQMNH CFZW83。

描述　两足行走足迹，三趾型，长 30 cm，宽 22 cm，III 趾大，II 趾强壮，IV 趾细长。II、III 趾向内弯曲，IV 趾向外弯曲。II–IV 趾具爪，尖利，弯曲，无前足足迹；趾间角为 II 20° III 30° IV，II 趾长 16 cm，III 趾长 26 cm，IV 趾长 21 cm；单步长 145 cm，行迹窄（杨兴隆、杨代环，1987）。

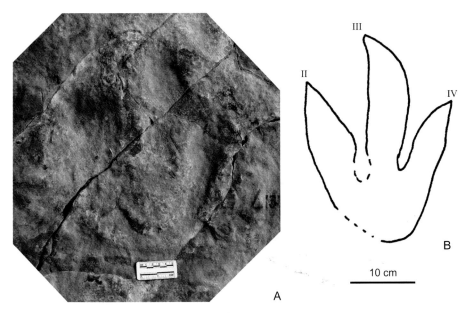

图 95　产于四川资中五皇乡五马村中侏罗统新田沟组的实雷龙足迹 (*Eubrontes* isp. 1)
A. 化石照片（胡柏林拍摄）；B. 轮廓图（引自杨兴隆、杨代环，1987）

产地与层位　四川资中，中侏罗统新田沟组。

评注　杨兴隆和杨代环（1987）描述在四川资中五皇乡五马村晒谷场上发现的恐龙足迹时，将其中三条行迹的 65 个足迹命名为水南沱江足迹（*Tuojiangpus shuinanensis*）。但是足迹不是很清晰，特别是趾垫印迹无法进行详细鉴定。足迹化石的命名原则是特征不清晰的足迹不可鉴定到种。杨兴隆和杨代环（1987）命名的水南沱江足迹（*Tuojiangpus shuinanzuji*）特征很不清晰，从标本保存状况来看，很可能属于幻迹，不足以进行种级鉴定，并且从其形态来看，与 *Eubrontes* 十分相似。因此，Lockley 等（2003，2013）建议将其归入足迹属 *Eubrontes* 未定种。*Tuojiangpus shuinanzuji* 为无效名称（*nomen dubium*）。

实雷龙足迹属未定种 2　*Eubrontes* isp. 2
（图 96）

材料　发现于兰州市郊区花庄镇地区下白垩统花庄组的一串恐龙行迹，共含 8 个连续足迹（无编号，图 96）。

描述　足迹长 24.5–25 cm，宽 16 cm（照片上测量），蔡雄飞等（1999）给出外侧趾夹角加起来为 52°。而其和日格和余庆文（1999）对外侧趾夹角的测量为 30°–40°。通过

图 96　兰州市郊区花庄镇地区下白垩统花庄组的实雷龙足迹野外照片（引自蔡雄飞等，2005）

在照片上测量，外侧趾夹角40°，接近其和日格和余庆文（1999）的数据。

产地与层位 甘肃兰州市郊区花庄镇，下白垩统花庄组。

评注 中国地质大学（武汉）甘肃区调队1998年7月在兰州-民和盆地进行1:5万红古城幅、新寺乡幅区域地质调查中在兰州市郊区花庄镇附近发现恐龙足迹化石。这些恐龙足迹化石产自下白垩统花庄组中部的灰绿色或灰色厚层具板状交错层理的细砂岩层面上，共8个足迹，形成一条行迹（蔡雄飞等，1999，2001，2002，2005；其和日格、余庆文，1999）。蔡雄飞等（1999）、其和日格和余庆文（1999）分别对足迹进行了测量和描述。但是，两篇文章对足迹的测量不尽相同。足迹长为24.5 cm到25 cm，两篇文章均未给出足迹宽。但是，两篇文章对外侧趾夹角的测量有很大出入：蔡雄飞等（1999）分别给出左侧趾与中趾夹角为30°，右侧趾与中趾夹角为22°。这样，外侧趾夹角加起来为52°。而其和日格和余庆文（1999）对外侧趾夹角的测量数据为30°–40°。从足迹形态，以及足迹长度和趾迹较宽的现象来看，兰州市郊区花庄镇附近发现的恐龙足迹化石应归入足迹属 *Eubrontes*。至于不同的外侧趾角度大概是测量方法的不同造成的。

查布足迹属 Ichnogenus *Chapus* Li, Bater, Zhang, Hu et Gao, 2006

模式种 洛克里查布足迹 *Chapus lockleyi* Li, Bater, Zhang, Hu et Gao, 2006

鉴别特征 两足行走足迹，趾行式，三趾型，个体较大，足迹长58 cm，宽42 cm，趾端具爪，中趾爪迹较大，III、IV趾的夹角明显大于II、III趾之间的夹角，趾间角为II 13° III 35° IV。单步长135 cm，复步长233 cm，步幅角133°。

中国已知种 仅模式种。

分布与时代 内蒙古，早白垩世。

评注 查布足迹属（*Chapus*）个体较大，略小于 *Eubrontes*? *glenrosensis*。但是，*Chapus* 的中趾明显向II趾一侧偏斜，与 *Eubrontes* 有很大区别。2012年初，在内蒙古查布地区查布足迹属（*Chapus*）模式种的产地附近，发现个体大小与查布足迹属（*Chapus*）相近的一串两足行走的四趾型行迹，其II、III、IV趾的形态与查布足迹属（*Chapus*）近似。这批足迹目前尚在研究中，新发现的大型四趾型足迹与查布足迹属（*Chapus*）的关系还需要认真研究。如果有证据证明新发现的四趾足迹就是查布足迹属（*Chapus*）的造迹恐龙在更加泥泞的地方行走而留下的印迹，那么查布足迹属（*Chapus*）的鉴别特征则需要修改。

洛克里查布足迹 *Chapus lockleyi* Li, Bater, Zhang, Hu et Gao, 2006
（图97，图98）

正模 OFMGV CHABU-8-42（图97），CHABU-8-39，CHABU-8-41，三个下凹原始

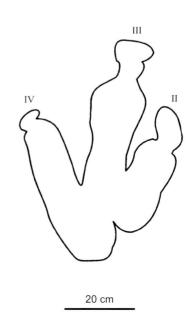

图 97 洛克里查布足迹（*Chapus lockleyi*）正模（OFMGV CHABU-8-42）及轮廓图（引自李建军等，2006）

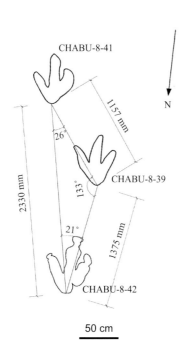

图 98 洛克里查布足迹（*Chapus lockleyi*）行迹三角形及尺寸（引自李建军等，2006）

足迹，标本原件保存在鄂托克旗野外地质遗迹博物馆内（原地保存）；北京自然博物馆制作上凸形式模型，编号为 BMNH-Ph000469。

副模 OFMGV CHABU-8-10–12；CHABU-8-25, 26，四个原始下凹足迹分别组成两个单步；以及 CHABU-8-1, 19, 21, 24, 29, 33, 37, 44, 47, 48, 49, 90, 92 号足迹，均为原始下凹足迹化石。采自内蒙古鄂托克旗查布苏木西 20 km（38°55′29.2″N, 107°15′32.8″E）。

鉴别特征 同属。

产地与层位 内蒙古鄂托克，下白垩统泾川组。

评注 洛克里查布足迹（*Chapus lockleyi*）是目前中国境内发现的最大的兽脚类足迹。

禄丰足迹属 Ichnogenus *Lufengopus* Lü, Azuma, Wang, Li et Pan, 2006

模式种 董氏禄丰足迹 *Lufengopus dongi* Lü, Azuma, Wang, Li et Pan, 2006

鉴别特征 两足行走足迹，三趾型，趾行式，II、III、IV 趾的趾垫式为 2-3-3，趾迹向远端变细，趾端具爪，足迹最大长 40 cm，宽 35 cm，趾间角为 II 29° III 35° IV，趾短，蹠趾垫部分较宽大。

中国已知种 仅模式种。

分布与时代 云南，中侏罗世。

董氏禄丰足迹 *Lufengopus dongi* Lü, Azuma, Wang, Li et Pan, 2006
（图 99）

正模 凹型左足足迹一个，禄丰恐龙博物馆编号 LDRC 028；在广东河源博物馆保存模型一件，编号为 HYM VC-1。

模式产地 云南禄丰川街贝壳山（29° 7′ 49.4″ N, 102° 4′ 41.4″ E）。

鉴别特征 同属。

产地与层位 云南禄丰，中侏罗统川街组（上禄丰组）。

评注 董氏禄丰足迹（*Lufengopus dongi*）是根据一个孤立的足迹定义的，而且足迹保存不十分清晰，趾垫不易分辨。Lockley 等（2013）认为禄丰足迹保存状况不佳，而且足迹

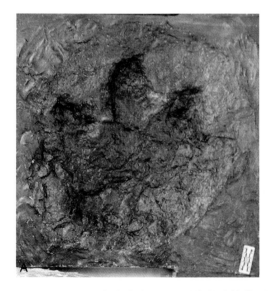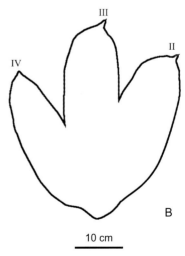

10 cm

图 99　保存在广东河源博物馆内的董氏禄丰足迹（*Lufengopus dongi*）
A. 模型 HYM VC-1 照片；B. 轮廓图（引自 Lü et al., 2006a）

轮廓与 *Eubrontes* 很相似，无法找到区别于 *Eubrontes* 的鉴别特征。因此，认为 *Lufengopus* 应归入 *Eubrontes*。但是，笔者认为，具有较宽的跟部应该是 *Lufengopus* 区别于其他兽脚类足迹的鉴别特征。跟部较大，显得脚趾较短，其形态应该是独特的。因此，*Lufengopus dongi* 是有效名称。董氏禄丰足迹（*Lufengopus dongi*）是云南禄丰地区发现并报道的第一件恐龙足迹化石。Xing 等（2009d）在 20 km 以外的禄丰县腰站乡附近发现并报道了张北足迹，但是其时代为早侏罗世，早于董氏禄丰足迹（*Lufengopus dongi*），其形态也有很大差别。

亚洲足迹属 Ichnogenus *Asianopodus* Matsukawa, Shibata, Kukihara, Koarai et Lockley, 2005

模式种 跟垫亚洲足迹 *Asianopodus pulvinicalx* Matsukawa, Shibata, Kukihara, Koarai et Lockley, 2005

鉴别特征 小到中等大小足迹，趾行式，三趾型，接近轴对称图形，具有清晰的蹠趾垫（脚跟）印迹，足迹长大于宽，趾间角窄小。

中国已知种 *Asianopodus pulvinicalx*, *A. robustus*, *A.* isp.1, *A.?* isp. 2。

分布与时代 中国内蒙古、新疆、山东，日本；早白垩世。

评注 亚洲足迹最早是 Matsukawa 等（2005）在日本命名的，之后在中国内蒙古早白垩世的地层中有大量发现。其最大的特点就是蹠趾垫（跟垫）印迹大而明显清晰。

跟垫亚洲足迹 *Asianopodus pulvinicalx* Matsukawa, Shibata, Kukihara, Koarai et Lockley, 2005

（图 100）

正模 TGU SE-DT1004（橡胶模型，保存在日本东京学艺大学环境科学系），原化石保存在模式产地下白垩统 Tetori 群桑岛组地层中。产自日本白山市石川郡尾口村 Mekkodani 和 Koedani 的交叉路口（36°11′11″8N, 136°42′2″6E）。

副模 TGU SE-DT1005，为原足迹化石的橡胶模型，保存在日本东京学艺大学。

鉴别特征 两足行走足迹，三趾型，趾行式，足迹长 27–30 cm，宽 17.5–21 cm，III 趾明显长于 II、IV 趾，足迹成对称图形，形状为 V 字形，蹠趾垫明显，II 趾根部向前稍有凹入，II、IV 趾夹角在 42°–59°。单步长 91–136 cm（Matsukawa et al., 2005）。

归入标本 在内蒙古鄂托克旗查布地区 1 号足迹化石点发现两条行迹：行迹 A 和行迹 B。查布 5 号点发现数条行迹可归入跟垫亚洲足迹（图 100A），包括一条连续 6 个足迹的行迹（图 100B），蹠趾垫大而明显；整个足迹中趾最长，为中轴型。另外，在鄂托克旗地区查布 3 号点、4 号点、7 号点、8 号点、15 号点，也发现了跟垫亚洲足迹，编号不详。

图 100　内蒙古鄂托克旗发现的跟垫亚洲足迹（*Asianopodus pulvinicalx*）

A. 5 号点足迹特写；B. 跑得最快的恐龙足迹，经测量后计算，其速度为 43.85 km/h

评注　查布地区 1 号足迹化石点行迹 A 包含 9 个足迹，平均长度为 33 cm，平均宽度 22 cm；其足迹尺寸略大于跟垫亚洲足迹正模标本的上限，但考虑到形态十分相似，并且两侧趾（II、IV 趾）夹角为 50°，在跟垫亚洲足迹（*Asianopodus pulvinicalx*）的范围内，故归入该足迹种。另外，在查布 5 号点，发现连续 6 个跟垫亚洲足迹形成的行迹（图 100B），单步（pace）的长度为足长的 10 倍（足长 28 cm，单步长 280 cm），而且 6 个足迹在一条直线上，复步（stride）的长度为 5.6 m！根据 Alexander（1976）的公式计算，这 6 个足迹的造迹恐龙当时在快速奔跑，其速度达到 43.85 km/h！是目前发现的世界上跑得最快的恐龙。通过对恐龙足迹形态进行观察：足迹的脚跟后部有一向前向下的滑迹（图 100B），说明恐龙在奔跑过程中，脚的后部蹠趾关节处先落地，之后重心转向脚趾再蹬地弹起后迈出下一步。

粗壮亚洲足迹 *Asianopodus robustus* Li, Bai et Wei, 2011

（图 101）

正模　OFMGV 6-78（图 101），化石保存在鄂托克旗野外地质遗迹博物馆，查布 6 号足迹化石点。采自内蒙古鄂托克旗查布苏木恐龙足迹化石产地 6 号点（38°59′23″ N，107°15′57″ E）。

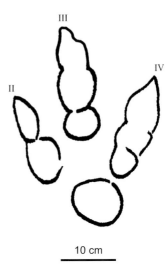

图101 粗壮亚洲足迹（*Asianopodus robustus*）正模（OFMGV 6-78）及轮廓图（引自李建军等，2011）

副模 OFMGV 6-44, 6-50, 6-62, 6-64, 6-67, 6-70, 6-80, 6-85, 6-155, 6-168。内蒙古鄂托克旗查布苏木恐龙足迹化石产地 6 号点（38°59′23″ N, 107°15′57″ E）。

鉴别特征 两足行走足迹，三趾型，具有清晰的蹠趾垫（脚跟）印迹，脚趾印迹粗壮，足迹全长 34.1 cm，宽 26.4 cm，足迹不对称，趾间夹角为 II 18° III 30° IV。中趾印迹不与蹠趾垫相连。

评注 亚洲足迹的最大特点就是具有明显的蹠趾垫（脚跟）印迹。粗壮亚洲足迹的脚趾宽度大于模式种（*A. pulvinicalx*），另外整个足迹轮廓也不如模式种那样紧凑，模式种的长宽比值为 1.5，粗壮亚洲足迹的长宽比值为 1.3，因此区别于模式种。粗壮亚洲足迹是中国境内发现的亚洲足迹第二个种。

亚洲足迹属未定种 1 *Asianopodus* isp. 1
（图102；图103，Track A）

材料 保存在河北省承德市滦平县偏岭村荞麦沟门铁路东侧的倾斜岩石上的一片恐龙足迹化石（图102）。

产地与层位 河北滦平，下白垩统西瓜园组。

评注 You 和 Azuma（1995）、纪友亮等（2008）报道了在河北滦平发现的恐龙足迹化石点（图102，图103）。You 和 Azuma（1995）共识别出 5 条恐龙行迹，分别命名为 Track A, B, C, D, E，并做了描述。层位为下白垩统下部西瓜园（Xiguayuan）组，其层

图 102　滦平县偏岭村荞麦沟门铁路东侧恐龙足迹产地（风化严重）

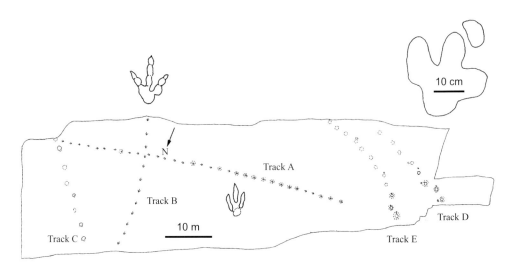

图 103　滦平县偏岭村荞麦沟门铁路东侧恐龙足迹分布图（引自 Matsukawa et al., 2006）

Track A–E 为野外行迹编号，左上轮廓图为 Track B 行迹中的足迹，右上轮廓图为 Track D 行迹中的足迹（*Caririchnium*），中间的轮廓图为 Track A 行迹中的足迹。Track A 属于亚洲足迹（*Asianopodus*），Track B 属于张北足迹（*Changpeipus*），Track C 属于实雷龙足迹（*Eubrontes*），Track D 和 E 属于鸟脚类足迹卡利尔足迹（*Caririchnium*）

位与内蒙古鄂托克地区含恐龙足迹的层位相当。其中，Track A（图 103，Track A）属于 *Asianopodus*（Matsukawa et al., 2006）。另外，在山东莒南下白垩统田家楼组也有类似亚洲足迹 (*Asianopodus*) 的发现 [Xing 等（2013g）文章中提到与李日辉个人交流]。

亚洲足迹属？ 未定种 2 *Asianopodus*? isp. 2

（图 104）

材料　MDBSM (MGCM) H6，采集自新疆克拉玛依地区黄羊泉县下白垩统的一件完整上凸足迹化石，标本保存在新疆魔鬼城恐龙及奇石博物馆（图 104）。

产地与层位　新疆克拉玛依乌尔禾黄羊泉水库（46°4′25″ N, 85°34′57″ E），下白垩统吐谷鲁群下部。

评注　Xing 等（2011d）记述了这件标本。足迹为三趾型足迹，瘦长型，长宽比值为 1.61，足迹个体较大，足迹长 30.4 cm，宽 18.9 cm，是克拉玛依黄羊泉足迹产地中个体最大的恐龙足迹，显示了兽脚类恐龙足迹的特征；II 趾最短，III 趾最长，IV 趾窄于其余两趾，II、III 趾间夹角 41°，III 趾与两侧趾的夹角相等。由于保存问题，足迹已经变形，III 趾偏向 IV 趾一侧 [注：Xing 等（2011d）文章中的 Fig. 9 F 中，II 趾的位置标反了]。趾末端趾垫与蹠趾垫分离清楚，但后部已损坏。根据上述特点，Xing 等（2011d）将其归入足迹属 *Asianopodus*。但是，从文章的照片上看，MDBSM (MGCM) H6 的蹠趾垫损坏，足迹属 *Asianopodus* 的主要鉴别特征不明显，因此，MDBSM (MGCM) H6 可归入亚洲足迹属？

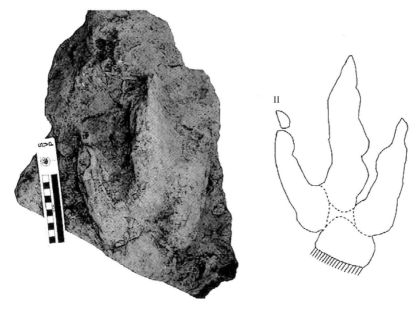

图 104　克拉玛依亚洲足迹属？未定种 2（*Asianopodus*? isp. 2）标本　[MDBSM (MGCM) H6]　及轮廓图（引自 Xing et al., 2011d，有修改）

张北足迹属 Ichnogenus *Changpeipus* Young, 1960

模式种　石炭张北足迹 *Changpeipus carbonicus* Young, 1960

鉴别特征　中到大型足迹，两足行走，趾行式，三趾型，无拇趾印迹，无尾迹，II、III 趾夹角和 III、IV 趾夹角均大于 25°，蹠趾垫位于 III 趾后部，III 趾趾垫向远端膨大，IV 趾末端较 II 趾末端向前，IV 趾长于 II 趾（Xing et al., 2009d）。

中国已知种　*Changpeipus carbonicus, C. pareschequire, C. xuiana, C.* isp. 1, *C.* isp. 2。

分布与时代　吉林、辽宁、云南、河北、河南、新疆等，早侏罗世至早白垩世。

评注　张北足迹属是杨钟健（Young, 1960）建立的。杨钟健给出的张北足迹的属征为：三趾型足迹，无拇趾印迹，足迹大小是佐藤跷脚龙足迹（*Grallator ssatoi*）的 3–4 倍，足迹外形为三角形，趾行式，IV 趾前伸，远远长于 II 趾，前足足迹为三趾型，含 I、II、III 三个趾，其中 III 趾退化。Xing 等（2009d）仔细观察了杨钟健认为的前足印迹后认为，那个前足印迹属于另外小个体的后足印迹，因此认为张北足迹属属于两足行走恐龙足迹，并在属征中做了修改。Xing 等（2009d）还在描述中指出蹠趾垫印迹在张北足迹属中也普遍出现。这与常见的兽脚类足迹 *Grallator* 类型和 *Kayentapus* 类型是一致的。

到目前为止，已经报道了张北足迹（*Changpeipus*）的 5 个种，包括石炭张北足迹（*Changpeipus carbonicus* Young, 1960）、滦平张北足迹（*Changpeipus luanpingeris* Young, 1979）、巴托洛梅张北足迹（*Changpeipus bartholomaii* Haubold, 1971）、徐氏张北足迹（*Changpeipus xuiana* Lü, Zhang, Jia, Hu, Wu et Ji, 2007）、棋盘张北足迹（*Changpeipus pareschequire* Xing, Harris, Toru, Masato et Dong, 2009）。其中，滦平张北足迹与石炭张北足迹（*Changpeipus carbonicus* Young, 1960）极相似。杨钟健（1979b）确立新足迹种时仅仅是因为其产出地层年代为晚侏罗世，晚于石炭张北足迹的早、中侏罗世，故而建立新足迹种，其建立新种理由不充分。因此，滦平发现的恐龙足迹仍然属于石炭张北足迹（*Changpeipus carbonicus* Young, 1960），滦平张北足迹（*Changpeipus luanpingeris* Young, 1979）应为无效名称（Xing et al., 2009d）；Haubold（1971）在文章中将 Bartholomai（1966）报道的在澳大利亚昆士兰地区中侏罗统发现的兽脚类足迹命名为 *Changpeipus bartholomaii*，但未见正式描述，所以巴托洛梅张北足迹（*Changpeipus bartholomaii* Haubold, 1971）应属于无效种（Xing et al., 2009d）。因此，目前张北足迹属（*Changpeipus*）只有 3 个有效种。

Xing 等（2009d）绘制了几个兽脚类足迹长、宽比值坐标散布图和 II、III 趾夹角与 III、IV 趾夹角的对比表。这种表格可以反映足迹形态上的相似性。Xing 等（2009d）发现张北足迹（*Changpeipus*）的几个种的长、宽比值的坐标位置比较接近，说明这个足迹属中各个足迹种之间具相似性，间接地证明了张北足迹属（*Changpeipus*）作为一个属存在的合理性。

石炭张北足迹 *Changpeipus carbonicus* Young, 1960
（图 105—图 107）

正模　IVPP V 2472（图 106），保存在一个石板上的三个足迹，化石产于吉林辉南松杉岗煤矿，现存中国科学院古脊椎动物与古人类研究所。

副模　IVPPV 2470，化石产于辽宁阜新海州露天煤矿（42°0′5.4″ N, 121°41′33.4″ E），现存中国科学院古脊椎动物与古人类研究所。

鉴别特征　两足行走足迹，三趾型，趾行式，无拇趾印迹，足长 29.2–38.3 cm，足宽 9.3–23.4 cm，趾间角为 II 26° III 36° IV；足迹外形轮廓为三角形，趾垫清晰，趾垫式为 2-3-3，趾端具爪，中趾爪迹较弱，IV 趾长于 II 趾，且位置靠前。

评注　石炭张北足迹（*Changpeipus carbonicus*）是保存完好的兽脚类恐龙足迹，特征明显，趾垫清晰。根据 Olsen（1980）的观点，*Changpeipus carbonicus* 应归入 *Grallator-Eubrontes* 系列，Gierlinski（1994）甚至认为，在广义上来说，*Changpeipus carbonicus* 属于足迹属 *Grallator*。Lockley 等（2013）认为张北足迹属于 *Eubrontes*。Xing 等（2009d）则认为 *Changpeipus carbonicus* 更相似于 *Kayentapus* Welles, 1971。但是，如果 *Changpeipus* 确实是 *Kayentapus* 的同物异名，那么 *Changpeipus carbonicus* (Young, 1960) 具有优先权，因为 *Kayentapus* 1971 年才被命名，而 *Changpeipus* 1960 年就命名了。更重要的是，*Changpeipus* 在形态上也区别于上述提到的侏罗纪常见的兽脚类足迹。

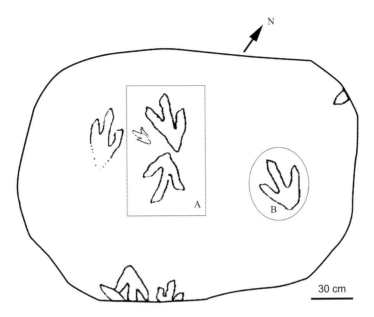

图 105　保存张北足迹的石板轮廓图（引自 Young, 1960）

保存 5 个完整的和 4 个不完整的足迹，其中 A, B 被采集，A 为正模，保存在中国科学院古脊椎动物与
古人类研究所，编号为 IVPP V 2472（见图 106）。足迹 B 现下落不明

图 106　中国科学院古脊椎动物与古人类研究所保存的石炭张北足迹（*Changpeipus carbonicus*）
正模（IVPP V 2472）

其最大的特点就是蹠趾垫较小，趾垫向远端变大。因此，石炭张北足迹（*Changpeipus
carbonicus*）应作为有效种保留。鉴于不同的研究者把 *Changpeipus* 归入不同的足迹属，
Lockley 等（2013）认为，*Changpeipus* 还有待于进一步研究。

图 107 产自辽宁阜新下白垩统的石炭张北足迹（*Changpeipus carbonicus*），
标本编号 IVPP V 2470 （Lockley 提供）

棋盘张北足迹 *Changpeipus pareschequire* Xing, Harris, Toru, Masato et Dong, 2009

（图 108，图 109）

Eubrontes pareschequier：Lockley et al., 2013, p. 7, Table 4

正模　LDRC ZLJ-ZQK1 和 ZLJ-ZQK2，保存在云南禄丰恐龙谷地质公园的一块岩石上的两个凸出的足迹，两个足迹形成一个单步（pace）；云南禄丰恐龙研究中心制作了模型，编号为：LDRC-v.x.1。产自云南禄丰腰站乡竹箐口水库。

鉴别特征　两足行走足迹，三趾型，趾行式，无拇趾印迹；趾末端爪迹短而尖锐；足迹长大于 25 cm；长宽比为 1.29；II 趾略短于 IV 趾，具两个清晰趾垫，III 趾最长，具 3 个趾垫；趾垫向末端越来越大；蹠趾垫与 IV 趾相连，趾间角为 II 28° III 28° IV；II、IV 趾趾间角 50°–60°（Xing et al., 2009d，有删改）。

产地与层位　云南禄丰，下侏罗统禄丰组。

评注　棋盘张北足迹（*Changpeipus pareschequire*）是 Xing 等（2009d）根据在云南禄丰下侏罗统发现的两枚凸出的足迹（图 108, 图 109）而建立的足迹种。根据其文章中发

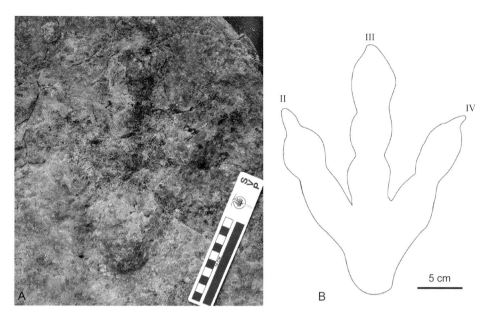

图 108　棋盘张北足迹（*Changpeipus pareschequire*）正模（LDRC ZLJ-ZQK2）
A. 照片（引自 Xing et al., 2009d）；B. 轮廓图（笔者根据照片绘制）

图 109　保存棋盘张北足迹（*Changpeipus pareschequire*）的石板（引自 Xing et al., 2009d）
ZLJ-ZQK1 和 ZLJ-ZQK2 为足迹编号，图中比例尺长 20 cm

表的足迹轮廓图，这两个足迹应该属于亚洲足迹（*Asianopodus*），因为 Xing 等（2009d）文章中描绘的轮廓图（Fig. 4）中，该足迹有明显而膨大的蹠趾垫印迹，而这个特征正是亚洲足迹（*Asianopodus*）最主要的鉴别特征。但是，笔者根据照片重新绘制的轮廓图中的蹠趾垫并不膨大，并且与 IV 趾很自然连接，还是属于张北足迹（*Changpeipus*）的特征。另外，Xing 等（2009d）在描述棋盘张北足迹（*Changpeipus pareschequire*）的时候，认为该足迹的第 IV 趾有两个趾垫，因此给出棋盘张北足迹（*Changpeipus pareschequire*）的趾垫式为 2-3-2，而不是兽脚类恐龙足迹常见的 2-3-4。Lockley 等（2013）认为这是一个错误的解释。实际上，根据照片观察，正模的 IV 趾印迹中趾垫印迹并不清晰，无法判断其趾垫数量。Lockley 等（2013）重新研究了棋盘张北足迹（*Changpeipus pareschequire*），将其归入 *Eubrontes pareschequier*。但是，根据修改后的轮廓图和鉴别特征，云南禄丰发现的这两个兽脚类恐龙足迹的中趾末端有膨大现象，还应属于张北足迹属（*Changpeipus*）。因此，笔者认为棋盘张北足迹（*Changpeipus pareschequire*）为有效种，予以保留。另外，Xing 等（2009d）的轮廓图 fig. 4 中 II 趾和 IV 趾的位置标反了，图 108 右为纠正后的轮廓图。

徐氏张北足迹 *Changpeipus xuiana* Lü, Zhang, Jia, Hu, Wu et Ji, 2007

（图 110）

Changpeipus carbonicus：Xing et al., 2009d, p. 21

Eubrontes carbonicus：Lockley et al., 2013, p. 7, Table 4

正模　HNGM 41H III-0098（其中 41 为河南省区号，H 代表化石，III 代表脊椎动物化石 2），为一个不完整的上凸的足迹，标本保存于河南省地质博物馆。采自河南省义马县北露天煤矿。

鉴别特征　大型三趾型足迹，足印的长度为 34 cm，宽度为 18 cm，长宽比约为 1.9；趾间角为 II 25° III 32° IV；II 趾两个垫，III 趾最长，具有 3 个垫，IV 趾趾垫数目不详，脚趾粗大，向远端渐粗；足迹的后部具有蹠骨印迹。

产地与层位　河南义马，中侏罗统义马组。

评注　徐氏张北足迹（*Changpeipus xuiana*）是吕君昌等（2007）根据在河南省义马县一煤矿内发现的一个很不清晰的足迹而建立的足迹种，根据足迹保存状态，这枚足迹应该属于幻迹（subtrace）。Xing 等（2009d）和 Lockley 等（2013）认为徐氏张北足迹（*Changpeipus xuiana*）与模式种石炭张北足迹（*Changpeipus carbonicus*）近似，应属于同一足迹种。但是，根据吕君昌等（2007）描述和对足迹照片的观察，徐氏张北足迹（*Changpeipus xuiana*）后部有一蹠骨印迹。另外，趾迹也明显粗于石炭张北足迹（*Changpeipus carbonicus*）。因此，徐氏张北足迹（*Changpeipus xuiana*）为有效种。

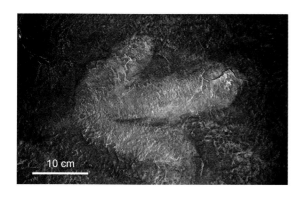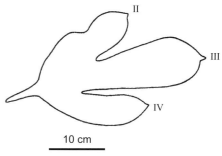

图 110　徐氏张北足迹（*Changpeipus xuiana*）正模标本 (HNGM 41H III-0098) 及轮廓图
（引自吕君昌等，2007）

张北足迹属未定种 1 *Changpeipus* isp. 1

（图 103，Track B）

材料　保存在河北省承德市滦平县偏岭村荞麦沟门铁路东侧的倾斜岩石上的一片恐龙足迹化石。

产地与层位　河北滦平，下白垩统西瓜园组。

评注　You 和 Azuma（1995）报道了在河北滦平发现的恐龙足迹化石点。共识别出 5 条恐龙行迹，分别命名为 Track A, B, C, D, E，并做了描述，层位为下白垩统下部，属西瓜园（Xiguayuan）组。其中大型兽脚类恐龙足迹（Track B）为中等大小三趾型足迹，足迹长 32.8 cm，宽 26.8 cm，III 趾最长（21.6 cm），II 趾长 15.5 cm，IV 趾长 13.0 cm，足迹形状为轴对称图形；趾间角为 II 30° III 36° IV，趾迹直，有爪迹，跟部（蹠趾垫）位于 IV 趾后，向后凸出；在行迹中，足向行迹中线偏转，单步长 117 cm，复步长 232 cm，步幅角 169°。上述特征符合张北足迹（*Changpeipus*）特征。Matsukawa 等（2006）重新绘制了足迹平面图（图 103），并将 Track B 足迹归入张北足迹属未定种（*Changpeipus* isp.）。但是，化石在野外风化严重，部分足迹已经被采集。

张北足迹属未定种 2 *Changpeipus* isp. 2

（图 111，图 112）

材料　保存在新疆吐鲁番盆地鄯善市东北 20 km 的中侏罗统直立的岩层上（图 111）。

图 111　发现于新疆鄯善地区中侏罗统三间房组直立砂岩层面上的张北足迹（*Changpeipus* isp. 2）化石

图 112　新疆鄯善地区中侏罗统张北足迹（*Changpeipus* isp. 2）化石

产地与层位　新疆吐鲁番，中侏罗统三间房组。

评注　Wings 等（2007）描述了在新疆鄯善地区中侏罗统三间房组的几乎直立的砂岩底层面上发现的 150 多个凸出的兽脚类恐龙足迹（图 111）。足迹分布密集、凌乱，由于暴露的面积比较小，只识别出 4–5 条行迹，而且行迹最长只包含 4 个连续足迹。Wings 等（2007）将这些足迹分成两个类型 Type A 和 Type B。并认为 Type A 与张北足迹（*Changpeipus*）相似，Type B 属于 *Grallator-Anchisauripus-Eubrontes* 系列。但从测量数据及现场足迹形态来看，这两类足迹的特征区分不明显。足迹长：Type A 在 19–49 cm，Type B 是 17–38 cm；足迹宽：Type A 在 18–38 cm 之间变化，而 Type B 是 12–33 cm；外侧趾夹角：Type A 为 45°–105°，而 Type B 48°–110°。根据以上数据来看，Type A 普遍大于 Type B，但是其长度和宽度互有穿插，趾间角相近，足迹的长宽比值变化范围也是一致的。因此，这 150 多个足迹应属于同一类型，归入张北足迹属未定种 2（*Changpeipus* isp. 2）。

湖南足迹属 Ichnogenus *Hunanpus* Zeng, 1982

模式种　九曲湾湖南足迹 *Hunanpus jiuquwanensis* Zeng, 1982

鉴别特征　个体较大，三趾型足迹，各趾近端粗壮，远端尖细，呈三叉形，长大于宽，具蹠骨或蹠骨远端的印迹，印迹较大，前宽后窄，趾末端具有弯曲爪迹。趾间角为 II、IV 趾夹角约 60°。

中国已知种　仅模式种。

分布与时代　湖南湘西，晚白垩世。

九曲湾湖南足迹 *Hunanpus jiuquwanensis* Zeng, 1982
（图 113，图 128，图 129）

正模　HUGM HV003-8（图 113），与辰溪湘西足迹（*Xiangxipus chenxiensis*）和杨氏湘西足迹（*Xiangxipus youngi*）的正模保存在一块石板上（图 128，图 129）；北京自然博物馆制作模型，编号为 BMNH-Ph000299。湖南省湘西辰溪县九湾铜矿（27°55′41.28″ N，110°04′20.28″ E）。

鉴别特征　同足迹属的鉴别特征。

产地与层位　湖南湘西辰溪，上白垩统小洞组。

评注　九曲湾湖南足迹（*Hunanpus jiuquwanensis*）的正模和湘西足迹两个种的正模保存在同一块岩石上。从保存状况看，正模似乎受到过水流的侵蚀，使许多细节保存不清晰。但是其形态显示出与 *Xiangxipus chenxiensis*，*X. youngi* 有明显区别。Lockley 等

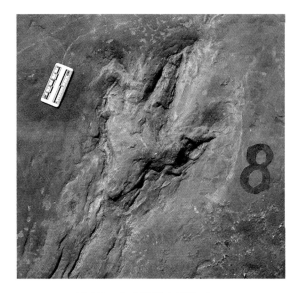

图113 九曲湾湖南足迹（*Hunanpus jiuquwanensis*）（胡柏林摄影）

（2013）认为，*Hunanpus jiuquwanensis* 的形态属于跷脚龙足迹类型，但是其个体很大，足迹长达到33.2 cm（曾祥渊，1982），根据 Olsen 等（1998）意见，超过25 cm 长的三趾型足迹应归入 *Eubrontes* 类型，故放入 Eubrontidae 科中。虽然 *Grallator* 和 *Eubrontes* 足迹多出现在侏罗纪地层中，但是，许多典型的跷脚龙足迹（*Grallator*）确实出现在了中国白垩纪的地层中（Matsukawa et al., 2006）。从形态上看，湖南足迹趾间角较小，具弯曲爪迹，II 趾也发生了弯曲，并且保存了疑似蹠骨远端的印迹。因此，*Hunanpus* 自成一属的根据是比较充分的。*Hunanpus jiuquwanensis* 是 Enbrontidae 足迹科中年代最新的足迹种。

实雷龙足迹科属种不定 Eubrontidae igen. et isp. indet.
（图 114）

材料 IVPP V 15816，标本保存在中国科学院古脊椎动物与古人类研究所。

描述 单个左足足迹，未发现与其相关的行迹，足迹三趾型，长 28.8 cm，中趾指端具有爪迹，趾间角为 II 8° III 24° IV，蹠趾垫明显。

产地与层位 河北承德南双庙，上侏罗统后城组。

评注 Sullivan 等（2009）在河北承德南双庙后城组内发现了与 *Anchisauripus* 足迹属未定种的足迹化石一起保存的一件大型三趾型足迹化石，其长度大于 *Anchisauripus* 足迹属，属于实雷龙足迹科 Eubrontidae 的范畴。IVPP V 15816 号标本的形态与亚洲足迹（*Asianopodus*）相似，但是，两侧趾夹角明显小于亚洲足迹（*Asianopodus*）的模式标本，特别是 II 趾与中趾的夹角只有 8°，故归入实雷龙足迹科属种不定。

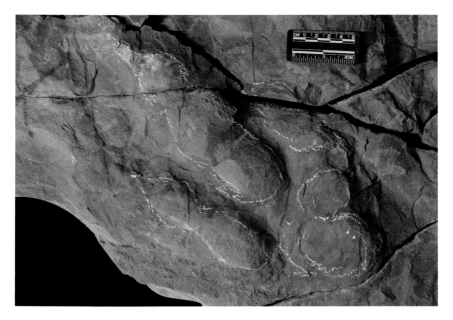

图 114　保存在中国科学院古脊椎动物与古人类研究所的实雷龙足迹科足迹化石，编号 IVPP V 15816（王宝鹏摄影）

极大龙足迹科 Ichnofamily Gigandipodidae Lull, 1904

模式属　极大龙足迹属 *Gigandipus* Hitchcock, 1855

鉴别特征　大型两足行走足迹，四趾型，拇趾形成印迹，半旋转，全部趾长着地，趾行式，爪迹尖锐，无前足足迹，有尾迹（Lull, 1904, 1953）。

中国已知属　*Gigandipus*。

评注　一般将大型两足行走、具有拇趾印迹的四趾型足迹归入 Gigandipodidae 科。这个科的造迹恐龙一般认为是 Allosaur 类型的恐龙。中国已经报道的是在四川资中发现的极大龙足迹科的成员。另外，在内蒙古鄂托克旗早白垩世地层中也发现了大型四趾型两足行走恐龙足迹，也应该属于 Gigandipodidae，目前正在研究中。另外，杨兴隆和杨代环（1987）将 Gigandipodidae 翻译成巨龙足迹科。但是，在中文翻译中已经将蜥脚类恐龙 Titanosauridae 翻译成巨龙科。为了避免混淆，在本志书中将 Gigandipodidae 翻译成极大龙足迹科。

极大龙足迹属 Ichnogenus *Gigandipus* Hitchcock, 1855

模式种　有尾极大龙足迹 *Gigandipus caudatus* Hitchcock, 1855

鉴别特征　两足行走足迹，四趾型，拇趾位置低，大部分着地，趾尖向侧面伸出，与 II 趾呈直角。每个趾迹末端有蹠趾垫印迹，爪迹尖锐，II 趾尤为尖锐，II 趾长度与 IV 趾接近；I–IV 趾具爪，均向内弯曲；III 趾长于侧边两趾，II、III、IV 趾的趾节数分别为 2、3、4；足长大于宽，有尾迹，无前足的印迹（译自 Lull，1904）。

中国已知种 仅一种，*Gigandipus hei*。

分布与时代 美国、中国，侏罗纪。

评注 *Gigandipus* 是 Hitchcock 最早研究命名的恐龙足迹之一。Hitchcock 在 1855 年为在美国马萨诸塞州 Turner's Fall 的百合池塘的红色页岩上发现的大型四趾型足迹创立了足迹属 *Gigandipus*。但是一直到了第二年，即 1856 年才给了正式描述和插图。这个属最明显的特点就是弱小弯曲的拇趾印迹。

何氏极大龙足迹 *Gigandipus hei* (Yang et Yang, 1987) Lockley, Matsukawa et Li, 2003
（图 115）

Chonglongpus hei：杨兴隆、杨代环，1987，18 页；甄朔南等，1996，70 页

正模 CQMNH CFZW 46，标本保存在重庆自然博物馆。产自四川省资中县五皇乡五马村晒谷场（29° 43′ 27.84″ N，104°47′ 31.98″ E）。

副模 CQMNH CFZW 47，重庆自然博物馆在足迹化石产地采集了 13 个足迹，仅将

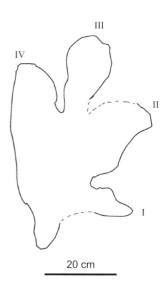

图 115 何氏极大龙足迹（*Gigandipus hei*）副模标本（CQMNH CFZW 47）照片（胡柏林拍摄）及轮廓图

其中两件标本确定为正模和参考标本，未提及所采集的其他 11 个足迹化石标本。

鉴别特征 两足行走足迹，四趾型，拇趾指向侧前方，拇趾和 II 趾趾间夹角 65°，II 趾和 III 趾 17°，III 趾和 IV 趾 22°，II 趾和 IV 趾 37°，足长 49 cm，足宽 37 cm。单步长 120 cm，行迹宽 30 cm。

产地与层位 四川资中，中侏罗统新田沟组。

评注 何氏重趾足迹（*Chonglongpus hei*）是杨兴隆和杨代环（1987）根据在四川资中县五皇乡五马村中侏罗统新田沟组内发现的恐龙足迹确立的新足迹属种。主要特征就是个体较大，并具有拇趾印迹。这个特征区别于四川其他侏罗纪的恐龙足迹。但是，其特征完全符合极大龙足迹（*Gigandipus*）的特征。因此，Lockley 等（2003, 2013）认为 *Chonglongpus* 是 *Gigandipus* 的同物异名，但种名仍然成立，因此将 *Chonglongpus hei* 合并为 *Gigandipus hei*。但是，在 2003 年以后的一些文章中，仍然使用 *Chonglongpus hei* 名称，却在文章中认为这是无效名称（Lockley et Matsukawa, 2009）。这里同意 Lockley 等（2003, 2013）的意见，废弃 *Chonglongpus*，但原种本名仍然保留，将 *Chonglongpus hei* 归入 *Gigandipus* Hitchcock, 1855 中，更名为 *Gigandipus hei*。

食肉龙下目足迹科不确定 Carnosauria incertae ichnofamiliae

卡岩塔足迹属 Ichnogenus *Kayentapus* Welles, 1971

模式种 霍普卡岩塔足迹 *Kayentapus hopii* Welles, 1971

鉴别特征 两足行走、三趾型足迹，中等大小（长度 11–40 cm），整个足迹接近轴对称图形，中趾最长，趾间夹角大，II、IV 趾间夹角大于 50°，III、IV 趾间的夹角略大于 II、III 趾间的夹角，行迹窄，无拇趾印迹，无尾迹（Piubelli et al., 2005 修订）。

中国已知种 *Kayentapus hailiutuensis*, *K. xiaohebaensis*, *K. jizhaoshiensis*, *K.* isp. 1, *K.* isp. 2, *K.* isp. 3。

分布与时代 全球分布，晚三叠世至早白垩世。

评注 *Kayentapus* 足迹属于三趾型兽脚类足迹，是 Welles（1971）根据在美国亚利桑那州 Kayenta 组内发现的三趾型兽脚类足迹建立的足迹属。*Kayentapus* 与 *Grallator*、*Anchisauripus* 和 *Eubrontes*（简称 G-A-E 系列足迹）一样属于世界性分布的三叠纪晚期到侏罗纪早中期的常见兽脚类足迹，个别可到早白垩世。因其两侧趾夹角较大而区别于 G-A-E 系列足迹，一般这个夹角为 50° 以上。另外，III、IV 趾间的夹角大于 II、III 趾间的夹角，也就是说 III 趾偏向于 II 趾一侧。目前在中国已经发现 6 个种（包括 3 个未定种），包括两侧趾夹角最大的 *K. hailiutuensis*，夹角大于 80°。*Kayentapus* 足迹属的足迹长度在 11 cm 到 40 cm 不等。Olsen 等（1998）不承认 *Kayentapus* 足迹属的存在，认

为其长度介于 *Grallator* 和 *Eubrontes* 之间，正好属于 *Anchisauripus* 的范围，因此认定 *Kayentapus* 是 *Anchisauripus* 的同物异名。但是，Lockley（2000）和 Piubelli 等（2005）认为 *Kayentapus* 两侧趾较大的夹角，以及其 III、IV 趾间的夹角大于 II、III 趾间的夹角的特征比较稳定，明显区别于 *G-A-E* 系列足迹，因此认为 *Kayentapus* 是有效足迹属。

Welles（1971）在建立 *Kayentapus* 足迹属时，将其归入跷脚龙足迹科（Grallatoridae）。但是，Welles（1971）在定义其特征时，指出模式种的足迹长 34–35.5 cm，Lockley（2000）和 Piubelli 等（2005）又将其扩大到 40 cm，远远大于跷脚龙足迹科（Grallatoridae）定义的 15 cm 上限，而且，其两侧趾夹角为 60°–72°，也远不属于"狭窄"类型。因此，卡岩塔足迹属（*Kayentapus*）不应属于跷脚龙足迹科（Grallatoridae）。本志书将其置于食肉龙下目（Carnosauria）中科未确定类型。由于外侧趾夹角大于 50° 而且其长度大于 30 cm 的三趾型足迹已经发现很多，相信为了研究和对比的方便，今后会出现新的足迹科包括这些有一定规律的三趾型足迹。

海流图卡岩塔足迹 *Kayentapus hailiutuensis* Li, Bai, Lockley, Zhou, Liu et Song, 2010
（图 116）

正模 野外编号（乌拉特中旗）4-4；足迹标本仍在野外产地（图 116）。产自内蒙古乌拉特中旗海流图西 10 km，41° 33′49.26″ N，108° 24′15.42″ E。

副模 内蒙古乌拉特中旗海流图足迹化石产地保存的 14 条行迹，野外编号为 Trackway 2–5，11，12，14–20 和 25。

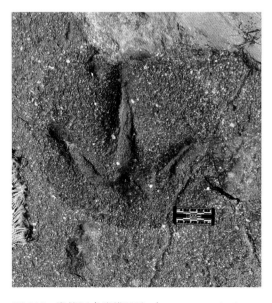
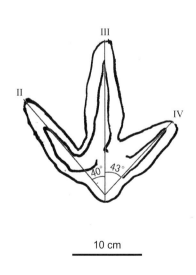

图 116　海流图卡岩塔足迹（*Kayentapus hailiutuensis*）照片及轮廓图（野外编号 4-4）（其中轮廓图引自李建军等，2010）

鉴别特征　中等大小，两足行走、三趾型足迹，中趾最长，趾间夹角大，趾间角为 II 40° III 43° IV，两侧趾（II、IV）夹角略大于 80°，宽略大于长，无尾迹及前足印迹。

产地与层位　内蒙古乌拉特中旗，下侏罗统石拐群。

评注　在目前发现的足迹属 *Kayentapus* 的足迹种中，*K. hailiutuensis* 的两外侧趾的夹角是最大的，略大于 80°。另外，根据 Niedźwiedzki（2006）推测，卡岩塔足迹的造迹恐龙是与双嵴龙（*Dilophosaurus*）相似的恐龙。双嵴龙生活在侏罗纪早期，在美国的亚利桑那州和我国云南等地的下侏罗统中曾经发现过双嵴龙的骨骼化石。在乌拉特中旗，保存 *Kayentapus hailiutuensis* 的地层未发现其他化石，一直属于哑地层。根据全世界的分布来看，*Kayentapus* 均保存在下侏罗统，这与骨骼化石的时代分布也比较吻合。因此，乌拉特中旗含恐龙足迹的地层的时代被确定为早侏罗世，这是利用足迹化石推断地质年代的成功尝试。

小河坝卡岩塔足迹 *Kayentapus xiaohebaensis* (Zhen, Li et Rao, 1986) Lockley, Li, Li, Matsukawa, Harris et Xing, 2012

（图 117）

Schizograllator xiaohebaensis：甄朔南等，1986，6 页；Zhen et al., 1989, p. 191；甄朔南等，1996，59 页；Matsukawa et al., 2006

正模　BMNH-Ph000708（模型）（图 117），化石原件保存在昆明市文物管理委员会（编号不详）。

归入标本　与正型标本保存在一起的、同一条行迹中的其他十个足迹（仍保存在野外）。采自云南省昆明市晋宁县夕阳乡小河坝村（24° 27′ 49.25″ N, 102° 17′ 45.8″ E）。

鉴别特征　两足行走足迹，趾行式，三趾型且趾端具爪，趾间角大，II 30° III 45° IV（III、IV 趾夹角大于 II、III 趾夹角）；趾垫长卵圆形；垫间缝较大；III 趾突出于两侧趾，足长 28 cm；两侧趾趾尖间距 30 cm；单步长 120 cm；无拇趾及尾迹印痕。

产地与层位　云南昆明，下侏罗统冯家河组。

评注　甄朔南等（1986）为在云南省昆明市晋宁县夕阳乡小河坝村下侏罗统冯家河组内发现的一条两侧趾夹角较大的三趾型行迹建立了新足迹属种：小河坝分叉跷脚龙足迹（*Schizograllator xiaohebaensis*）。其理由是趾垫清晰，三趾型，虽然与 *Grallator* 相似，但是两侧趾的夹角较大，明显大于 *Grallator*。从足迹属的名称来看，也暗示着其足迹与 *Grallator* 的关系。Matsukawa 等（2005）将在日本本州岛中部的长野县小古村（Otari）的早侏罗世地层中发现的一串 6 个足迹组成的行迹鉴定为 *Schizograllator*。但由于个体较小（小于云南的小河坝种）且足迹的长度大于宽度，因而在 *Schizograllator* 足迹属内建立新足迹

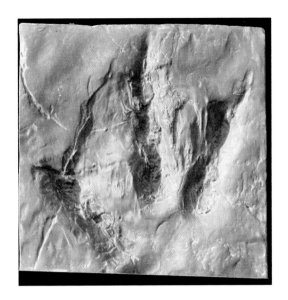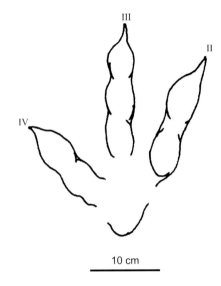

图 117　小河坝卡岩塔足迹（*Kayentapus xiaohebaensis*）正模模型及轮廓图（引自甄朔南等，1986）

种 *S. otariensis*。但是目前来看，*Schizograllator xiaohebaensis* 特征完全属于 *Kayentapus* 的特征（Lockley, 1998b; Piubelli et al., 2005; Lockely et al., 2012），比如，较大的两侧趾夹角，达到 75°，而且 III-IV 之间的夹角大于 II-III 之间的夹角等都是 *Kayentapus* 的典型特征。因此，Lockely 等（2013）认为 *Schizograllator* 应是 *Kayentapus* 的同物异名，并将 *Schizograllator xiaohebaensis* 合并到 *Kayentapus* 足迹属内，成为 *Kayentapus xiaohebaensis*。同时，日本下侏罗统的 *Schizograllator otariensis* 也合并到 *Kayentapus* 足迹属内，成为 *Kayentapus otariensis*。

鸡爪石卡岩塔足迹 *Kayentapus jizhaoshiensis* (Yang et Yang, 1987) Lockley, Li, Li, Matsukawa, Harris et Xing (comb.), 2013

（图 118）

Megaichnites jizhaoshiensis：杨兴隆、杨代环，1987，19 页；甄朔南等，1996，69 页；Matsukawa et al., 2006，p.19；Lockley et Matsukawa, 2009

Zizhongpus wumaensis：杨兴隆、杨代环，1987，9 页

cf. *Kayentapus*：Lockley et al., 2003, p.175

正模　重庆自然博物馆 CQMNH CFZW164。产自四川资中县五皇乡五马村。

鉴别特征　两足行走足迹，三趾型，趾行式，趾垫式 2-3-4。趾端具爪，趾间角为：II 25° III 28° IV，足迹长 38.5 cm，足迹宽 28 cm。

产地与层位　四川资中，中侏罗统新田沟组。

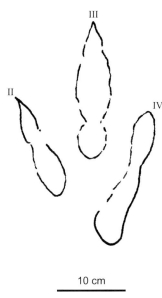

图 118　鸡爪石卡岩塔足迹（*Kayentapus jizhaoshiensis*）照片及轮廓图（其中轮廓图引自
Lockley et al., 2003）

评注　四川资中发现的这批恐龙足迹化石最早是由杨兴隆和杨代环（1987）研究的，并将其命名为鸡爪石巨大足迹（*Megaichnites jizhaoshiensis*）。足迹具有明显的趾垫印迹，属于典型的兽脚类足迹。Lockley 等（2003）重新描绘了足迹轮廓图（图 118），发现与杨兴隆和杨代环（1987）所描绘的足迹轮廓图大相径庭。杨兴隆和杨代环（1987）定义鸡爪石巨大足迹（*Megaichnites jizhaoshiensis*）时，认为这个足迹属除了其他兽脚类足迹特征以外，还具有趾垫宽，各趾前部宽大、后部缩小的特征。但是，根据重新绘制的足迹轮廓图并观察足迹标本形态，Lockley 等（2003）及 Lockley 等（2012）认为 *Megaichnites jizhaoshiensis* 的上述特征并不存在，前部膨大的特征是受恐龙重力影响地表发生弯曲造成的，最深部才是反应足部形态的足迹。根据这一足迹特征，Lockley 等（2003）认为鸡爪石巨大足迹（*Megaichnites jizhaoshiensis*）的特征属于 *Kayentapus* 范畴。因此，在属级水平上，*Megaichnites* 是 *Kayentapus* 的同物异名（Lockley et al., 2003）。但是，四川资中五皇乡五马村发现的 *Kayentapus* 个体（足迹长 38 cm，宽 28 cm）明显大于卡岩塔足迹的其他各种。因此，这里保存杨兴隆和杨代环（1987）建立的种名。另外，在资中五皇乡五马村，杨兴隆和杨代环（1987）根据另外一个保存不清晰的足迹建立了足迹新属种——五马资中足迹（*Zizhongpus wumaensis*），而其正模很不清晰，只是保存三条很窄小的趾迹，没有趾垫印迹，不具备属种鉴定特征。从足迹的轮廓看，与在一起保存的 *Megaichnites*（*Kayentapus*）*jizhaoshiensis* 足迹化石没有区别，应属于同一类型（Lockley et al., 2003）。因此，五马资中足迹（*Zizhongpus wumaensis*）的属名和种名属于无效名称。

卡岩塔足迹属未定种 1 *Kayentapus* isp. 1
（图 119）

材料　标本产自四川省天全县县城以北 2 km 青衣江右岸，为一件保存两个连续上凸的三趾型足迹的石板，无编号；另有，保存在成都理工大学博物馆的采集自同一地点的上凸三趾型足迹，编号为：CUT TQ. 1 和 TQ. 2。

产地与层位　四川全天，上三叠统须家河组。

评注　王全伟等（2005）报道了在四川省天全县县城以北 2 km 青衣江右岸须家河组地层中发现的两个连续的上凸三趾型足迹，形成一个单步（图 119）：足迹为趾行式，趾端具爪，足迹长 11 cm，足迹宽 10 cm，形成的单步长 30 cm，其中 III 趾平直，I、IV 趾呈弯曲状；趾间角较大，II 68° III 66° IV。从其特征来看属于 *Kayentapus* 特征，归入足迹属 *Kayentapus*。其形态与 *Kayentapus hailiutuensis* 相似，但个体小很多，归入未定种。但是，Xing 等（2013b）认为天全发现的这两个三叠纪晚期的兽脚类足迹归入 *Kayentapus*

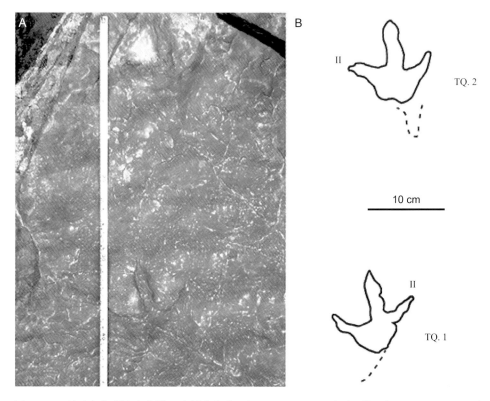

图 119　四川天全发现的卡岩塔足迹属未定种 1（*Kayentapus* isp. 1）（图片引自 Xing et al., 2013b）

理由不充分，主要表现在天全的足迹趾垫不清晰，仅在 III 趾上见到趾垫，而且，趾间角有些过大，以及三叠纪的地层中很少见 *Kayentapus*。因此，Xing 等（2013b）将天全的三叠纪兽脚类足迹归入兽脚类足迹未定类型，留待有更多的材料后详细研究。实际上，成都理工大学博物馆在四川天全同一地点于 1989 年采集到一批足迹化石，但未见报道。据王全伟等（2005）研究，这批足迹化石与这两个足迹化石形态相似，但趾间角略小，需要今后进一步研究。

卡岩塔足迹属未定种 2 *Kayentapus* isp. 2
（图 120）

材料 MDBSM (MGCM) H5，一完整上凸足迹，采集自新疆克拉玛依乌尔禾地区黄羊泉足迹化石产地，标本保存在新疆魔鬼城恐龙与奇石博物馆。

产地与层位 新疆克拉玛依乌尔禾黄羊泉水库（46° 4′ 25″ N, 85° 34′ 57″ E），下白垩统吐谷鲁群下部。

评注 Xing 等（2011d）记述了这件标本，标本为一小型上凸三趾型足迹（图 120），足迹长 13.4 cm，宽 10.6 cm，长宽比为 1.26。II 趾最短，III 趾最长，IV 较窄，III 趾与两侧趾夹角均为 35°，趾的近端趾垫与蹠趾区域不易区分，蹠趾区域后缘 V 字形，保存足迹的层面有雨痕。上述这些特征，尤其是两侧趾夹角为 70°，符合足迹属 *Kayentapus* 的特征范畴。由于仅有一个足迹，其他特征不详，故归入卡岩塔足迹属未定种 2（*Kayentapus* isp. 2）。

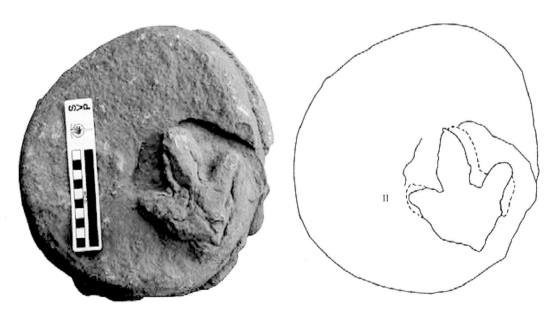

图 120 产自新疆克拉玛依市乌尔禾区黄羊泉足迹化石点的卡岩塔足迹（*Kayentapus* isp. 2），标本编号为 MDBSM (MGCM) H5（引自 Xing et al., 2011d）

卡岩塔足迹属未定种 3 *Kayentapus* isp. 3

（图 121）

材料 发现于四川凉山彝族自治州会东县杉松村的 40 个三趾型恐龙足迹，其中 12 个足迹组成三条行迹，其余的为零散、单个的足迹化石。所有足迹化石仍在野外，没有采集，野外编号为：三条行迹分别为 SSA1–4（图 121），SSB1–4，SSC1–4。另外，还有 SSM-1 和 HDCSB-1 等。

产地与层位 四川会东杉松村足迹化石点，中侏罗统新村组。

评注 Xing 等（2013f）报道了在四川凉山彝族自治州发现的一批恐龙足迹，并认为与卡岩塔足迹（*Kayentapus*）相似。足迹为三趾型兽脚类足迹，长 27.3–28.8 cm，无前足印迹及尾迹；足迹的长宽比为 0.91–1；趾垫无或不清晰；II、IV 趾近端略形成 U 形；行迹 SSA 的足迹两侧趾夹角为 76°–98°；行迹窄，步幅角 141°；复步平均长 156 cm。足迹上述特征基本符合卡岩塔足迹属（*Kayentapus*）的鉴别特征。因此归入卡岩塔足迹属未定种 3（*Kayentapus* isp. 3）。

 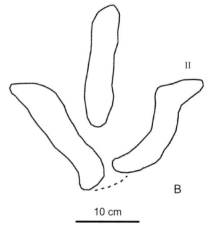

图 121 四川凉山彝族自治州发现的卡岩塔足迹，编号为 SSA2（引自 Xing et al., 2013f）
A. 足迹化石照片；B. 足迹轮廓图

彭县足迹属 Ichnogenus *Pengxianpus* Yang et Yang, 1987

模式种 磁峰彭县足迹 *Pengxianpus cifengensis* Yang et Yang, 1987

鉴别特征 两足行走足迹，三趾型，个体较大（长大于 25 cm），足迹为中轴型（mesaxony）且中趾最长，趾间角大，II、IV 趾趾间角可达到 69°；IV 趾近端有圆形蹠趾垫；行迹窄；无前足足迹及尾迹（Xing et al., 2013b）。

中国已知种　仅模式种。

分布与时代　四川，晚三叠世。

评注　磁峰彭县足迹（*Pengxianpus cifengensis*）最早由杨兴隆和杨代环（1987）研究命名。当他们首次描述时，认为该足迹存在拇趾印迹，属于四趾型足迹，又考虑到其地质时代为三叠纪晚期，将磁峰彭县足迹（*Pengxianpus cifengensis*）的造迹动物归入原蜥脚类恐龙。杨兴隆和杨代环（1987）给出的鉴别特征为：两足行走足迹，四趾型，趾行式，趾垫形状弹丸形，拇趾短粗，着地，与 III 趾夹角95°，II、III、IV 趾具爪，不尖锐，趾尖呈小圆头形状，II、III 趾近等长，IV 趾短，行迹窄，无前足印迹及尾迹。趾间角为 I 70° II 30° III 49° IV。但是，经过 Matsukawa 等（2006）、Lockley 和 Matsukawa（2009）、Lockley 等（2013）、Xing 等（2013b）对正模进行了仔细观察后，并没有发现拇趾印迹，杨兴隆和杨代环（1987）认为的拇趾印迹是层面的泥裂造成的（图 122，图 123）。因此，磁峰彭县足迹（*Pengxianpus cifengensis*）是三趾型足迹，属于兽脚类。而在三叠纪晚期至侏罗纪早期的兽脚类足迹中，磁峰彭县足迹（*Pengxianpus cifengensis*）的大小属于 *Eubrontes* 的范畴，而且 *Eubrontes* 是世界其他地区晚三叠世（Lucas et al., 2006）和侏罗纪地层中的常见足迹化石种类。但是，Lockley 等（2013）认为彭县足迹不能归入其中，理由是趾垫的结构与 *Eubrontes* 不同：*Eubrontes* 的趾垫清晰，有垫间缝，彭县的足迹趾垫不清晰。因此，保持 *Pengxianpus cifengensis* 为有效名称。Xing 等（2013b）重新对磁峰彭县足迹（*Pengxianpus cifengensis*）的正模进行了详细研究并给出了上述鉴别特征，并认为彭县足迹（*Pengxianpus*）确实与 *Eubrontes* 有很大区别，不宜合并到足迹属 *Eubrontes* 中去；但是，*Pengxianpus* 却与 *Kayentapus* 十分相似，Xing 等（2013b）列举了 4 条 *Pengxianpus* 与 *Katentapus* 的相似之处，包括①趾迹纤细，②趾间角大，③ III、IV 趾之间的夹角大于 II、III 趾之间的夹角，④ IV 趾近端明显的圆形蹠趾垫。因此，Xing 等 (2013b) 认为虽然目前大部分学者同意保留这个足迹属种为有效阶元，但不排除今后的研究中得出不同结论的可能。彭县足迹正模仅发现两个足迹化石。在两个足迹中一个足迹（CFPC2）保存得很不清晰，留下的趾迹很粗，推测是 II 趾滑动后形成的叠加印迹（Xing et al., 2013b）。由于数量少，足迹显示的特征可能不具备普遍性，只是目前所拥有的材料太少，尚不能完全证明 *Pengxianpus* 与 *Kayentapus* 属于同物异名，因此暂时保留 *Pengxianpus* 为有效足迹名称。

磁峰彭县足迹 *Pengxianpus cifengensis* Yang et Yang, 1987

（图 122—图 124）

正模　保存在一块石板上的两个上凸的足迹化石，标本保存在重庆自然博物馆，编号为 CQMNH CFPC1–2（图 122）。产自四川彭县磁峰乡蟠龙桥。

图 122　磁峰彭县足迹（*Pengxianpus cifengensis*）正模，形成的单步（陈伟提供）

鉴别特征　同属。

产地与层位　四川彭县，上三叠统须家河组。

评注　这是目前在中国境内发现的地质年代最早的恐龙足迹。在正模 CQMNH CFPC1 上还发现了两块皮肤印痕（图 123，图 124），显示了在恐龙脚底面的皮肤构造。另外，Xing 等（2013b）在这件标本上还发现了疑似哺乳动物的足迹（见下文）。

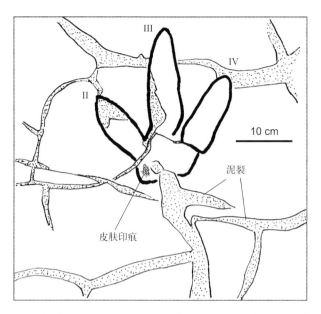

图 123 磁峰彭县足迹（*Pengxianpus cifengensis*）CFPC1 的轮廓及泥裂（引自 Lockley et Matsukawa, 2009）

图 124 磁峰彭县足迹（*Pengxianpus cifengensis*）化石
A. 正模 CFPC1；B. 正模中皮肤印痕局部放大

老瀛山足迹属 Ichnogenus *Laoyingshanpus* Xing, Wang, Pan et Chen, 2007

模式种 炎热老瀛山足迹 *Laoyingshanpus torridus* Xing, Wang, Pan et Chen, 2007

鉴别特征 两足行走足迹，三趾型，足迹的宽度与长度比率为 1.01；趾间夹角为 II

32° III 38° IV；足迹后部有明显蹠趾垫，近端圆弧状，远端渐尖锐，形成水滴状，各趾远端趾节印迹较深；步幅角为104°；足长与复步的比为1∶2.86；无前足足迹及尾迹。

中国已知种 仅模式种。

分布与时代 重庆綦江，早白垩世晚期。

评注 邢立达等（2007）根据足迹的长略等于宽的特点将炎热老瀛山足迹（*Laoyingshanpus torridus*）归入鸟脚类。但是通过详细观察，该足迹具有明显的爪迹，而且脚趾趾垫清晰，脚趾并不宽阔。模式种的建立是以幻迹为基础的。即使是幻迹，其爪迹也十分清晰，应属于兽脚类恐龙足迹。在讨论中，邢立达等（2007）认为炎热老瀛山足迹（*Laoyingshanpus torridus*）与嘉陵足迹（*Jialingpus* Zhen et al., 1983）有相似之处，并进行比较。在后来的研究中认定嘉陵足迹（*Jialingpus*）属于兽脚类恐龙足迹（Lockley et al., 2013）。因此，这里将炎热老瀛山足迹（*Laoyingshanpus torridus*）归入兽脚类恐龙足迹。炎热老瀛山足迹（*Laoyingshanpus torridus*）具有明显的蹠趾垫印迹，与亚洲足迹（*Ansianopodus* Matsukawa et al., 2005）的特征相似，但是炎热老瀛山足迹（*Laoyingshanpus torridus*）较宽，长宽几近相等，与亚洲足迹有明显区别，而且亚洲足迹的两侧趾夹角很小（小于60°）。Lockley等（2013）认为老瀛山足迹（*Laoyingshanpus*）保存状态不佳，特征不完整，应该归入可疑名（*nomen dubium*）。但是，上文已经提到老瀛山足迹（*Laoyingshanpus*）的特征还是比较明显的，邢立达等（2007）文中提到的"足迹后部有蹠骨印痕"实际上就是蹠趾垫印迹，这个印迹清晰，而且各趾远端趾节印迹较深等特征可作为老瀛山足迹属（*Laoyingshanpus*）主要鉴别特征。并且，该足迹还保存了可识别的行迹。因此，保留炎热老瀛山足迹（*Laoyingshanpus torridus*）的属种名称，并归入食肉龙下目科未定类型。

炎热老瀛山足迹 *Laoyingshanpus torridus* Xing, Wang, Pan et Chen, 2007

（图125，图126）

正模 QJGM-T14-1（图125）。

副模 QJGM-T14-2和QJGM-T14-3，与正模标本一起为3个连续的下凹足迹，三个足迹形成一完整足迹三角形。标本保存在重庆市綦江区三角镇野外恐龙遗迹化石点。

鉴别特征 同属。

产地与层位 重庆綦江三角镇红岩村陈家湾后山莲花保寨，下白垩统夹关组。

评注 在綦江足迹化石点保存有3个连续的足迹（图126），足迹位于第①层。根据邢立达等（2007）研究，綦江化石点第①层为幻迹层，并不是恐龙形成足迹时的接触层。所以，炎热老瀛山足迹（*Laoyingshanpus torridus*）的建立是以三个幻迹为基础的。但是，根据足迹现场情况看，幻迹层与足迹的接触层较薄，仅有1.5–2 cm厚，幻迹层保存了足

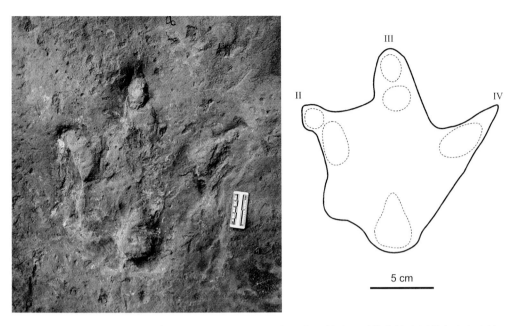

图 125　炎热老瀛山足迹（*Laoyingshanpus torridus*）正模及轮廓图（其中轮廓图引自邢立达等，2007）

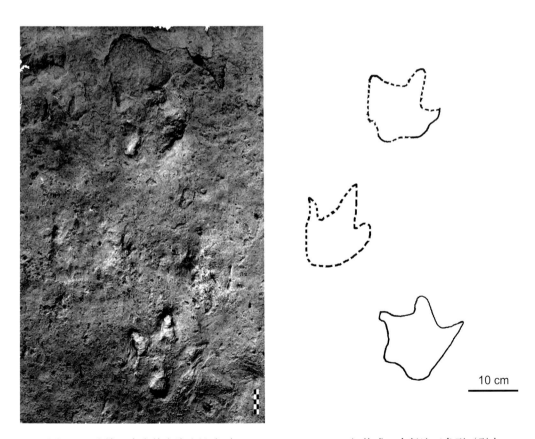

图 126　连续三个炎热老瀛山足迹（*Laoyingshanpus torridus*）构成一个行迹三角形（引自邢立达等，2007）

迹的基本特征。而且，三个连续的足迹组成行迹三角形，也能反应该足迹的行迹特征。因此，炎热老瀛山足迹（*Laoyingshanpus torridus*）应为有效足迹种。另外，邢立达等（2007）在描述炎热老瀛山足迹（*Laoyingshanpus torridus*）的时候，认为正模是上凸的足迹。实际上，根据现场观察，足迹保存在第①层层面上，岩层并没有倒转，因此，足迹正模本身为下凹的足迹，但是在足迹标本中确实存在三个趾尖处和蹠趾垫有上凸现象，这是因为恐龙的脚踩在地面上的时候，三个脚趾的趾尖和蹠趾垫的部位对地面压力较大，当恐龙的脚抬离以后，这些受力较大的地方向上反弹的结果，并不是整个足迹属于上凸足迹。上凸足迹一般保存在岩层的底面，是恐龙原始下凹足迹的天然铸模。

湘西足迹属 Ichnogenus *Xiangxipus* Zeng, 1982

模式种 辰溪湘西足迹 *Xiangxipus chenxiensis* Zeng, 1982

鉴别特征 两足行走足迹，三趾型，趾行式，中等大小，长略大于宽，II 趾与 IV 趾等长。趾间角大，II、IV 趾间夹角超过 90°，爪子强壮，弯曲，镰刀形，足迹跟部粗大明显。

中国已知种 *Xiangxipus chenxiensis* 和 *Xiangxipus youngi*。

分布与时代 湖南，晚白垩世。

评注 曾祥渊（1982）报道了三个新足迹种，三个足迹种的正模保存在一块采自湖南白垩系锦江组的石板上。在这三个足迹种中包括 *Xiangxipus* 的两个种：*Xiangxipus chenxiensis* 和 *X. youngi*。Lockley 等（2013）认为这两个种的形态差异比较大，已经达到了足迹属级的差异。经过仔细观察，尽管这两种足迹的大小有所差异，但是，这两个种的趾迹纤细、三趾型、趾间角很大等都是共同特征，只是 *Xiangxipus youngi* 的趾迹较粗大，趾端没有大而弯曲的爪迹。因此，在同一个足迹属下建立两个种的理由尚充分，但建立两个属则依据不足。Lockley 等（2013）注意到，个体较小的 *X. youngi* 的趾间夹角和足迹大小、形态类似 *Wupus agilis* (Xing et al., 2007)。但是，*Xiangxipus youngi* Zeng, 1982 命名在先。即使能够证明 *Xiangxipus youngi* 和 *Wupus agilis* 为同物异名，先命名的 *Xiangxipus youngi* Zeng, 1982 也是有效名称。实际上，湖南辰溪发现的保存在一块岩石上的三个足迹种 *Xiangxipus chenxiensis*、*X. youngi* 和 *Hunanpus jiuquwanensis* 之间的关系还需要进一步的研究。

辰溪湘西足迹 *Xiangxipus chenxiensis* Zeng, 1982

（图 127—图 129）

正模 HUGM HV003-4，在一块砂岩层面上与另外三个足迹（副模）形成一条行迹，并与九曲湾湖南足迹（*Hunanpus jiuquwanensis*）和杨氏湘西足迹（*Xiangxipus youngi*）的正模保存在同一块岩石上（图 128），标本保存在湖南地质博物馆内；北京自然博物馆制作正模模型，编号为：BMNH-Ph000610。产自湖南省辰溪县九湾铜矿（27°55′41.28″N，110°04′20.28″E）。

　　副模　HUGM HV003-3, 5, 6, 与正模标本（HUGM HV003-4）形成一条行迹。

　　鉴别特征　两足行走足迹，三趾型，足长 22 cm，足宽 21.5 cm。趾间角 II 60° III 36° IV；中趾较两侧趾粗壮，趾宽 3-4 cm，III 趾、IV 趾具有强壮爪迹，向外弯曲。

　　产地与层位　湖南辰溪，上白垩统小洞组。

　　评注　在一块石板上，保存了辰溪湘西足迹（*Xiangxipus chenxiensis*）正模和副模共 4 个连续足迹，形成一条行迹，其中有一个足迹（图 127 和图 128 中编号 5 的足迹）

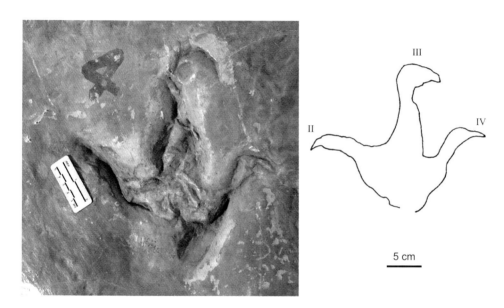

图 127　辰溪湘西足迹（*Xiangxipus chenxiensis*）正模照片（胡柏林拍摄）及轮廓图（轮廓图引自甄朔南等，1996）

图 128　保存辰溪湘西足迹（*Xiangxipus chenxiensis*）、杨氏湘西足迹（*Xiangxipus youngi*）和九曲湾湖南足迹（*Hunanpus jiuquwanensis*）的石板（胡柏林拍摄），编号为 HUGM HV003-1-8，现在湖南地质博物馆展出

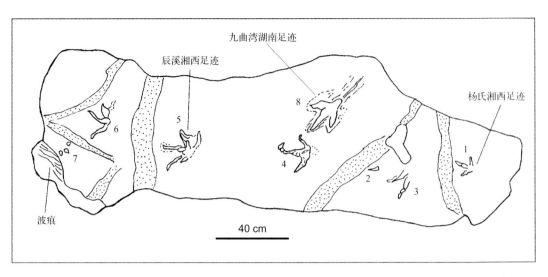

图 129　辰溪湘西足迹（*Xiangxipus chenxiensis*）、杨氏湘西足迹（*Xiangxipus youngi*）和九曲湾
湖南足迹（*Hunanpus jiuquwanensis*）分布图（引自 Matsukawa et al., 2006）

图中 1–8 为足迹编号

出现了不规则的现象，从印迹上看是四个趾，但经仔细研究此足迹并非四趾足所留，而是 II 趾先着地后又一滑动，留下了两个印迹，这也表明 II 趾活动十分灵活，才形成这一现象。辰溪湘西足迹（*Xiangxipus chenxiensis*）被认为是似鸟龙类恐龙留下的足迹（Lockley et al., 2011）。但是，从足迹趾端弯曲的爪子来分析，辰溪湘西足迹（*Xiangxipus chenxiensis*）的造迹恐龙可能与手盗龙类（maniraptora）有关。四个连续足迹 HUGM HV003-3, 4, 5, 6 形成一条行迹，其中单步长 60–70 cm。

杨氏湘西足迹 *Xiangxipus youngi* Zeng, 1982

（图 128—图 130）

　　正模　HNGM HV003-1（图 130），与辰溪湘西足迹（*Xiangxipus chenxiensis*）和九曲湾湖南足迹（*Hunanpus jiuquwanensis*）保存在同一块石板上（图 128，图 129）；北京自然博物馆制作模型，编号为 BMNH-Ph000727。产自湖南省辰溪县九湾铜矿（27°55′41.28″N, 110°04′20.28″E）。

　　副模　HNGM HV003-2。产自湖南省辰溪县九湾铜矿（27°55′41.28″N, 110°04′20.28″E）。

　　鉴别特征　小型，两足行走足迹，三趾型，足迹 12 cm 长，12.5 cm 宽，各趾较粗，II 趾长于 IV 趾，趾间角大，II 58° III 44° IV。趾末端爪迹不清晰，跟部窄小。

　　产地与层位　湖南辰溪，上白垩统小洞组。

　　评注　*Xiangxipus youngi* 以个体较小、趾迹较粗、没有大型弯曲的爪迹区别于 *Xiangxipus chenxiensis*。但是，在前进方向上与辰溪湘西足迹（*Xiangxipus chenxiensis*）一致，

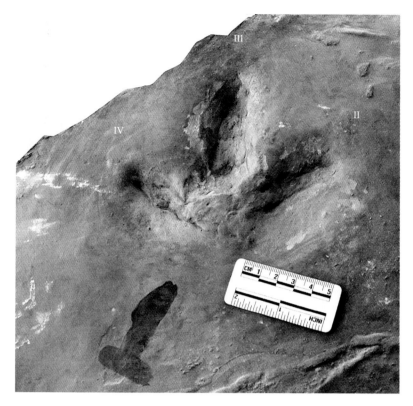

图 130 杨氏湘西足迹（*Xiangxipus youngi*）正模标本 HNGM HV003-1

很容易将其与辰溪湘西足迹（*Xiangxipus chenxiensis*）看成是一条行迹。实际上，仔细观察后发现 HNGM HV003-1 与 HNGM HV003-2 形成一个单步，与辰溪湘西足迹（*Xiangxipus chenxiensis*）的行迹有所交叉；其单步也小，长 50 cm（曾祥渊，1982）。因此，杨氏湘西足迹种（*Xiangxipus youngi*）成立。

肥壮足迹属 Ichnogenus *Corpulentapus* Li, Lockley, Matsukawa, Wang et Liu, 2011

模式种 东方百合肥壮足迹 *Corpulentapus lilasia* Li, Lockley, Matsukawa, Wang et Liu, 2011

鉴别特征 小型，两足行走足迹，三趾型，脚趾粗，足迹形态类似百合花朵，足迹长略大于宽（模式种长 11.8 cm，足迹宽 10.8 cm），三个功能趾为 II、III、IV，III 趾凸出于两侧趾程度很弱；趾间角较小，爪迹向行迹中线偏转，中轴对称较弱，趾迹近端相连，无趾叉（hypex）；行迹窄，单步和复步较长（Li et al., 2011）。

中国已知种 仅模式种。

分布与时代 山东，早白垩世。.

东方百合肥壮足迹 *Corpulentapus lilasia* Li, Lockley, Matsukawa, Wang et Liu, 2011

（图 131—图 133）

正模　一条行迹中的连续两个下凹足迹形成的一个单步，化石标本仍然保存在模式产地，科罗拉多大学自然历史博物馆（原美国丹佛科罗拉多大学 - 西科罗拉多博物馆）保存足迹模型，编号为 UCMNH CU 214.174（右足）和 CU 214.172（含左足），但是在模型 UCMNH CU 214.172 中除了 *Corpulentapus lilasia* 正模之外还有其他 7 个足迹，包括一个属于 *Eubrontes-Gralltor* 类型的大型三趾型兽脚类足迹，6 个杨氏副跷脚龙足迹（*Paragrallator yangi*）。产自山东省诸城市皇华镇黄龙沟（35°51′49.7″N，119°27′33.0″E）。

归入标本　IVPP V 17903（图 133），标本保存在中国科学院古脊椎动物与古人类研究所。

鉴别特征　同属。

产地与层位　山东诸城，下白垩统莱阳群龙王庄组。

评注　*Corpulentapus lilasia* 与其他报道过的中生代兽脚类足迹有明显区别，其鉴别特征包括：足迹类似百合花形态，趾迹粗，肉质感觉丰满，趾垫连续，垫间缝不明显，III 趾较短，与两侧趾平齐，这些特点使得整个足迹轮廓的轴对称形状很弱，而显示出辐射对称的形态，与其他兽脚类恐龙足迹相比，*Corpulentapus lilasia* 整个足迹显得很"肥

图 131　东方百合肥壮足迹（*Corpulentapus lilasia*）正模（引自 Li et al., 2011）
这个足迹仍然保存在野外模式产地。科罗拉多大学自然历史博物馆（原美国丹佛科罗拉多大学 - 西科罗拉多博物馆）复制模型，编号为 UCMNH CU 214.174

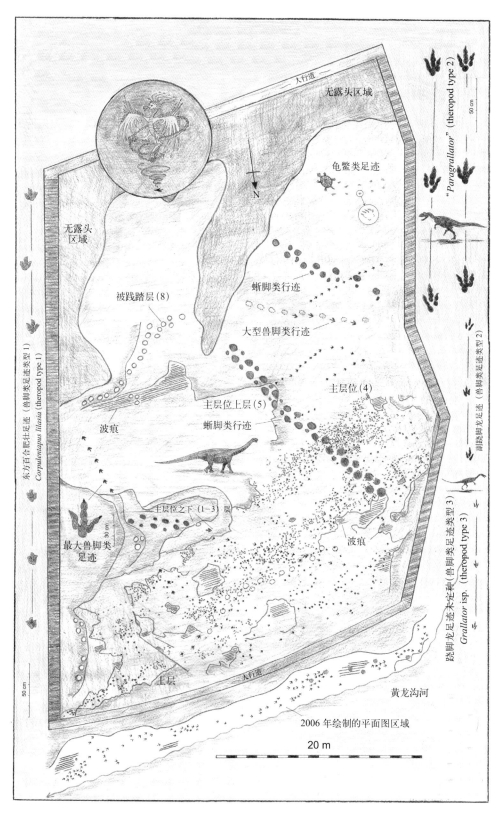

图 132　东方百合肥壮足迹（*Corpulentapus lilasia*）模式产地平面图（引自 Lockley et al., 2015）

5 cm

图 133　保存在中国科学院古脊椎动物与古人类研究所的东方百合肥壮足迹（*Corpulentapus lilasia*），标本编号为 IVPP V17903

厚"。尽管脚趾肥厚、中趾突出于两侧趾程度小、足迹长宽相近或相等、足迹形态的轴对称程度很弱等特点属于鸟脚类恐龙的特点，但是脚跟部的蹠趾垫 IV 位于蹠趾垫 II 之后，以及复步很长的特点属于典型的兽脚类恐龙。

　　李日辉等首次考察 *Corpulentapus lilasia* 模式产地的时候，保存足迹的岩层只有 3 m 宽、35 m 长一狭长面积，暴露的足迹数量 126 个（Li et al., 2011）。当文章发表的时候（2011 年），模式产地已经被当地政府清理出来更大的面积，48 m 长、47 m 宽的区域，暴露的足迹超过 2400 个（图 132），已经成为世界上恐龙足迹最密集、数量最多的足迹化石产地之一。诸城市政府已经在当地建设大篷对足迹进行保护，并规划建设黄龙沟恐龙足迹博物馆。在暴露出的足迹中，除了更多的 *Corpulentapus lilasia* 以外，还有 *Paragrallator yangi* 形成一些行迹，以及大量的 *Grallator* 类型的小型三趾型足迹。许欢等（2013）在诸城皇华镇黄龙沟庞大的足迹化石产地共识别出 63 条行迹，其中包括 46 条兽脚类行迹。许欢等（2013）指出在黄龙沟足迹产地共发现足迹化石 11000 个。但是，Lockley、李日辉、Matsukawa 和本志书编撰者联合绘制了黄龙沟足迹产地的详细足迹分布图，共识别出各种恐龙足迹 2417 个。

宁夏足迹属 Ichnogenus *Ningxiapus* Zong, Lü, Wen, Yang et Wan, 2013

模式种　六盘山宁夏足迹 *Ningxiapus liupanshanensis* Zong, Lü, Wen, Yang et Wan, 2013

鉴别特征　小型，两足行走足迹，三趾型，足迹长宽之比为 1.22；II 趾纤细，短于

IV 趾，两侧趾夹角小于 40°。

中国已知种　仅模式种。

分布与时代　宁夏隆德山河乡，早白垩世。

.

六盘山宁夏足迹 *Ningxiapus liupanshanensis* Zong, Lü, Wen, Yang et Wan, 2013
（图 134）

正模　产于宁夏隆德山河乡下白垩统同一个足迹的上凸和下凹印迹，编号分别为 NXGM(GSW)290-1（上凸）和 NXGM(GSW)290-2（下凹），标本保存在宁夏地质博物馆。

鉴别特征　同属。

产地与层位　宁夏隆德山河乡，下白垩统李洼峡组。

评注　宗立一等（2013）描述了发现于宁夏隆德山河乡下白垩统李洼峡组的一个足迹的上凸和下凹足迹化石，并根据足迹的长宽比小于 1.25 的特征将这对足迹归入鸟脚类恐龙。但是，通过对足迹照片的观察，笔者认为六盘山宁夏足迹（*Ningxiapus liupanshanensis*）应属于兽脚类恐龙足迹。理由是 II 趾纤细，而且趾尖尖锐，可能是尖锐的爪子留下的印迹。虽然，有些鸟脚类足迹的长略大于宽，但是大多数鸟脚类足迹的宽

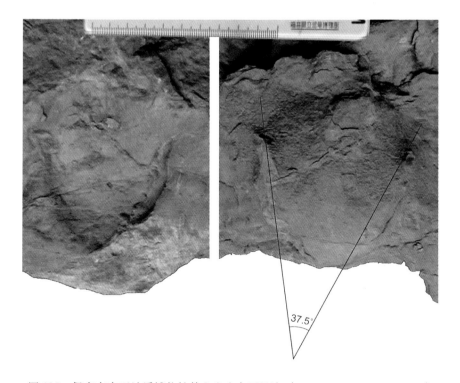

图 134　保存在宁夏地质博物馆的六盘山宁夏足迹（*Ningxiapus liupanshanensis*）
左图为上凸足迹，编号为 NXGM(GSW)290-1，右图为下凹足迹，编号为 NXGM(GSW)290-2（图中比例尺刻度部分长 10 cm）　[照片引自宗立一等（2013）]

都与长接近，甚至多数鸟脚类足迹的宽都大于长。宗立一等（2013）测得两侧趾夹角为80°，但是，笔者根据足迹脚趾的正确测量方法，测得两侧趾夹角仅为37.5°（图134）。这些特征都与兽脚类恐龙足迹的特征接近。因此，笔者认为六盘山宁夏足迹（*Ningxiapus liupanshanensis*）应属于兽脚类恐龙足迹。

兽脚亚目足迹化石属种不定1 Theropoda igen. et isp. indet. 1
（图135）

Hadrosauropodus isp.：Xing et al., 2009a, p. 838, pl. I B

材料　NCBLR.F.1–12，12个完整的下凹足迹形成4条行迹；南雄县国土资源局制作了一个模型，编号为NXBLR.F.M1。

产地与层位　广东南雄古市足迹化石点(25°02′51″N, 114°14′48″E)，上白垩统主田组。

描述　两足行走足迹，三趾型，未发现尾迹及前足印迹，足迹长36 cm，宽26 cm。

图135　保存在广东南雄古市足迹产地的疑似兽脚类足迹化石（引自 Xing et al., 2009a）

II、III 趾均为等边三角形形状，趾端尖锐，爪迹抛物线形，蹠趾区域较大，趾垫不清晰，足迹后部平滑，略有弯曲，向内凹进，趾间角为 II 22° III 25° IV。

评注　Xing 等（2009a）描述了在广东南雄古市足迹化石产地发现的 12 个足迹化石，并将其归入足迹属未定种 *Hadrosauropodus* isp.。但是，从其足迹形态上看应属于兽脚类足迹，主要表现在：长大于宽，长宽比值为 1.38；趾间角较小，外侧趾夹角 47°；趾端尖锐，似爪迹等特点。

兽脚亚目足迹化石属种不定 2 Theropoda igen. et isp. indet. 2
（图 136）

cf. *Irenesauripus* isp.；Xing et al., 2011c

材料　保存在贵州赤水市宝源地区的 72 个兽脚类足迹，形成 7 条行迹（BYA-BYG），其中 BYA1, BYA2, BYA3 被制作模型，保存在甘肃地质博物馆华夏恐龙足迹研究和开发中心，编号为 HDT.BYA1, HDT.BYA2, HDT.BYA3。原始足迹仍然保存在野外足迹现场。

产地与层位　贵州赤水宝源乡，下白垩统窝头山组（夹关组）。

描述　两足行走迹，三趾或四趾型，足迹长 14–20 cm，宽 13–22 cm；步幅角平均 165°，III 趾超出两侧趾；趾垫式为 2-2-4-4，每个趾迹远端均有一个尖锐的爪迹，其中 III 趾上爪迹最长，也最清晰；II、III 趾之间的夹角为 17° 至 39°，平均 26.8°；III、IV 趾之间的为 24° 至 39°，平均 28.2°；蹠趾区域与蹠骨印迹之间有一清晰凸起的界线；蹠骨远端印记横向加宽；平均长宽比为 1.13：1，其中足迹 BYA1-4 具有拇趾印迹，有些足迹（BYA11–13 等）保存了很长的蹠骨印迹，在所有足迹中，II 趾比 IV 趾的印迹深。

评注　Xing 等（2011c）描述了保存在贵州赤水宝源地区的这批兽脚类恐龙足迹，并将其鉴定为和平河龙足迹（相似属）未定种。根据描述这批足迹并不太符合和平河龙足迹属（*Irenesauripus*）的鉴别特征。和平河龙足迹属（*Irenesauripus*）是 Sternberg（1932）建立的，鉴别特征为：大型兽脚类足迹，半蹠行式，三个功能趾，趾间角大，蹠趾垫完整，宽度变化较大，蹠趾垫与三个功能趾一起均匀支撑身体重量，指垫不清晰，爪迹尖锐，无前足足迹，无拇趾印迹，无尾迹。Gangloff 等（2004）根据在加拿大育空（Yukon）地区早白垩世晚期发现的足迹化石对和平河龙足迹属（*Irenesauripus*）的鉴别特征进行了修订：大型兽脚类足迹，半蹠行式，拇趾偶尔出现，三趾型，后足足迹为中轴对称图形，III 趾为主趾，趾迹清晰，趾间角适中，II 趾、IV 趾等长到近等长，II 趾、IV 趾趾尖间距为足迹最大宽，II 趾、III 趾、IV 趾趾垫清晰，爪迹尖锐，跟部印迹清晰。Sternberg（1932）和 Gangloff 等（2004）的鉴别特征均指出和平河龙足迹属（*Irenesauripus*）为大型足迹，长度范围在 28 cm 至 53 cm。Sternberg（1932）在和平河龙足迹属（*Irenesauripus*）

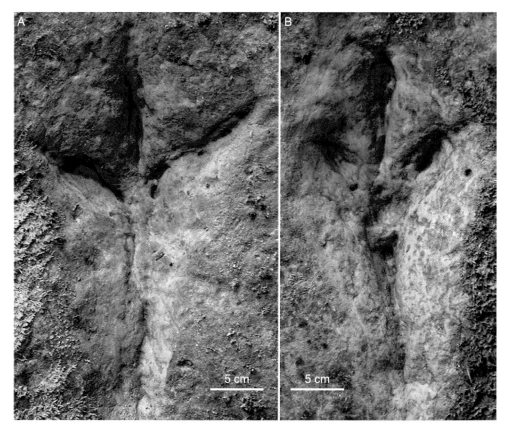

图 136 　贵州赤水市宝源地区的兽脚类足迹新类型（引自 Xing et al., 2011c）
A. BYA2；B. BYA3

下建立了三个足迹种：*I. mclearni*，足迹长 28–40 cm；*I. acutus*，足迹长 53 cm；*I. occidentali*，足迹长 50 cm 左右。而赤水的足迹长不超过 20 cm，不应属于大型兽脚类足迹。并且，个别赤水的足迹中还保存了"不一般"的 II 趾爪迹，表明至少 BYA 和 BYG 造迹恐龙的第 II 趾上具有特别长的爪。这点特征在 Sternberg（1932）和 Gangloff 等（2004）对和平河龙足迹属（*Irenesauripus*）的定义中均没有体现。另外，Sternberg（1932）的定义中明确指出和平河龙足迹属（*Irenesauripus*）"无拇趾印迹"，即使模式种中出现了部分蹠骨远端印迹，也未见拇趾。这说明和平河龙足迹属（*Irenesauripus*）造迹恐龙的拇趾趾位很高。而赤水的足迹中，有些足迹在保存蹠骨印迹的情况下出现了拇趾印迹，这并不符合和平河龙足迹属（*Irenesauripus*）的鉴别特征。虽然 Gangloff 等（2004）的修改后的鉴别特征中指出"拇趾印迹偶尔出现"，但是，Gangloff 等（2004）只根据一个完整和几个不完整足迹对原足迹属的鉴别特征进行的修改有些依据不足。另外，Xing 等（2011c）在描述中使用了 cf.，表示作者对这批足迹是否归入和平河龙足迹属（*Irenesauripus*）没有把握。在这种情况下，出现的新特征不能对原鉴别特征进行补充，而应该视为与该足迹属种的区别。因此，本志书将赤水发现的兽脚类足迹归入兽脚类足迹未定属种。如果足迹保存完好，可以在今后的研究中建立新属种。

兽脚亚目足迹化石属种不定 3 Theropoda igen. et isp. indet. 3

（图 137）

Megalosauripus isp.：Xing et al., 2011b

材料　保存在河北省赤城落凤坡野外足迹化石产地野外现场的一个大型三趾型足迹，编号为 LF126。

产地与层位　河北赤城落凤坡，上侏罗统土城子组。

描述　足迹长 38.3 cm，宽 27.5 cm，个体明显大于 *Therangospodus*，三个趾的末端膨大，有明显的爪迹，推测造迹恐龙的爪子长而尖锐，而且类似现代的猫科动物的爪子向下弯曲程度较大，爪尖翻转向上。

评注　Xing 等（2011b）记述了河北赤城土城子组含砾砂岩层面上与 *Therangospodus* 保存在一起的一个大型三趾型足迹（编号为 LF126；图 137），最大的特点为三个趾的

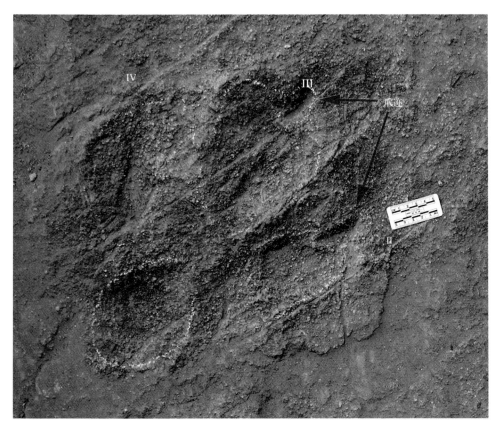

图 137　河北赤城落凤坡上侏罗统土城子组保存的大型兽脚类足迹

末端膨大，其中两个趾上具有明显的爪迹，爪迹印在趾垫迹上，说明造迹恐龙的爪子长而尖锐，而且类似现代的猫科动物的爪子向下弯曲程度较大，爪尖翻转向上。因此，推测这种爪子能够像猫科动物的爪子那样有伸缩功能。Xing 等（2011b）根据蹠趾垫较大，趾垫清晰，III 趾前凸的特点将其归入 *Megalosauripus* isp.。但是，证据并不是很充分。主要是足迹的趾远端膨大，使得整个足迹轮廓很像鸟脚类足迹 *Caririchnium*，与 *Megalosauripus* 足迹属的形态差得较远。但是，清晰的爪迹可以排除鸟脚类的可能。趾末端膨大的特点可以与徐氏张北足迹（*Changpeipus xuiana* Lu et al., 2007）进行对比。但是，根据 Lockley 等（1998b）研究，*Therangospodus* 常与 *Megalosauripus* 在一起形成足迹组合。因此，这个大型足迹还需要进一步研究，以确定其归属。

兽脚亚目足迹化石属种不定 4 Theropoda igen. et isp. indet. 4
（图 138）

Zhengichnus jingningensis：甄朔南等，1986，11 页

材料　BMNH-Ph000745，一件采集自云南晋宁夕阳地区下侏罗统冯家河组中的三趾型足迹化石（图 138），标本保存在北京自然博物馆。

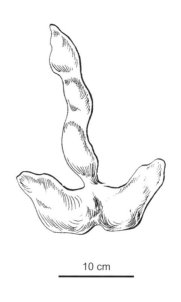

10 cm

图 138　兽脚亚目足迹化石属种不定 4（晋宁郑氏足迹）照片（王琼拍摄）及轮廓图（引自甄朔南等，1986）

描述　足迹全长 28 cm；最大宽度为 19 cm；趾间角为 II 50° III 53° IV；II 趾长 10 cm，中趾长 20 cm，且稍有弯曲，略向左偏斜，IV 趾长 9 cm。垫印迹保存模糊（图138）。

产地与层位　云南晋宁夕阳地区，下侏罗统冯家河组。

评注　甄朔南等（1986）描述了产自云南晋宁夕阳地区下侏罗统冯家河组中的一中趾极长的三趾型兽脚类足迹，并命名为 *Zhengichnus jingningensis*。这个足迹的中趾极长，其跟部很细；两侧趾粗、短；整个足迹呈倒 T 形。这种类型的足迹除了中国云南以外，在美国科罗拉多和英国的上侏罗统中还有发现（Harris, 1998）。Harris（1998）认为这种形态的足迹是兽脚类恐龙在非正常环境下形成的。但是，Lockley 等（2013）认为 *Zhengichnus jingningensis* 由于标本保存极不理想，可识别特征很少，很长的中趾是由于保存及风化的结果造成的，而且只是一个孤立的足迹。以此一个孤立及特征极不清晰的标本为基础建立的足迹属种应属于无效名称。

兽脚亚目足迹化石属种不定 5　Theropoda igen. et isp. indet. 5
（图 139）

材料　发现于山东临沭市曹庄镇马庄村岌山省级地质公园内 [Xing 等（2013g）命名的临沭足迹化石产地 LS I 和 LS II] 的 4 个兽脚类足迹，LSI-T20 和 LS II-T1-L1, R1, L2，其中后三个足迹为一条行迹中的连续三个足迹。

产地与层位　山东临沭，下白垩统大盛群田家楼组。

评述　Xing 等（2013g）报道了在山东临沭曹庄镇岌山地区恐龙足迹化石产地中发现的 4 个三趾型兽脚类足迹，均为后足足迹，包括一个单个足迹（LSI-T20），长28.3 cm，宽 24.0 cm，以及三个连续的足迹（LS II-T1-L1, R1, L2）。三个连续足迹平均长 26.4 cm，平均宽 22.5 cm，趾间角为 II 36° III 34° IV。其中 III 趾最长，II 趾最短，IV 趾略长于 II 趾；行迹较窄，步幅角达到 169°。根据个体为中等大小、没有清晰的趾垫印迹，以及较窄的行迹等特点，Xing 等（2013g）认为岌山兽脚类足迹与窄足龙足迹（*Therangospodus*）类似。但是，Xing 等（2013g）也注意到这批足迹最明显的特点是：III、IV 趾之间的趾叉（hypex）在前；II、III 趾的趾叉在后。这个现象在兽脚类足迹中很少见。其他一些兽脚类也出现过趾叉（hypex）位置错位的现象，比如，洛克里查布足迹（*Chapus lockley* Li et al., 2006）、小河坝卡岩塔足迹（*Kayentapus xiaohebaensis* Zhen et al., 1986）等，但都与岌山地区的兽脚类足迹的趾叉（hypex）位置相反，是 II、III 趾的趾叉（hypex）在前，III、IV 趾的趾叉（hypex）在后。因此，归入兽脚类足迹未定属种（Theropoda igen. et isp. indet.）。

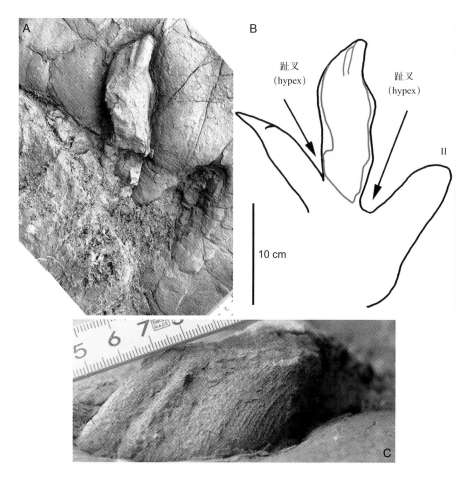

图 139　山东临沭岌山地区保存的兽脚类足迹（LS II-T1-L1）及其中趾铸模（引自 Xing et al., 2013g）

A. 足迹照片；B. 足迹轮廓图；C. III 趾铸模，显示边缘的鳞片划痕

　　岌山的兽脚类足迹显示了一个有趣的现象：在下凹足迹 LS II-T1-L1 的第三趾趾迹上面还保存有上覆地层留下来的造迹恐龙足上第 III 趾的三维立体铸模，在铸模的边上留有清晰的恐龙足上鳞片的划痕（图 139C）。保留下来的 III 趾迹铸模长 10 cm 左右，侧面的鳞片划痕每厘米 6–7 条，前端有清晰的爪子的划痕。这种同一个足迹的铸模和下凹足迹一起保存的现象十分罕见。Xing 等（2013g）对这种现象给予了令人信服的解释：这是由于在比较坚固的砂质地上有一层大约 3 cm 厚的泥质层，恐龙行走在这种地面的时候，直接踩透较软的泥质层，在下面坚固的砂质层表面留下清晰的足迹，同时在足侧面的泥质层上留下足上爪子和鳞片的划痕。后面的沉积中，泥沙充填了足迹坑，并在侧面"复制了"爪子和鳞片划痕。由于差异风化，泥质层形成的岩石被风化掉，就留下了既有下凹足迹又有铸模的罕见足迹化石。而且在铸模与下凹足迹之间还有一层很薄的被踩压实了的泥质层。

兽脚亚目足迹化石属种不定 6 Theropoda igen. et isp. indet. 6

（图 140）

疑似甲龙足迹：旷红伟等，2013，442 页

材料　发现于山东临沭后店子村的两个叠加印迹。

评述　旷红伟等（2013）、陈军等（2013）报道在山东省临沭县后店子村下白垩统田家楼组中发现疑似甲龙类足迹，但是通过照片观察，应该是两个叠加在一起的三趾型足迹，至少一个是兽脚类。

图140　山东临沭后店子村下白垩统田家楼组中两个叠加在一起的三趾型足迹（引自旷红伟等，2013）

兽脚类恐龙游泳足迹 (theropod swimming trace)

材料　保存在四川凉山昭觉县三岔河乡三比罗嘎村 II 号足迹产地下白垩统飞天山组的 9 个下凹足迹，原始足迹仍在野外，野外编号为 ZJ-II-1.1–1.8, ZJ-II-2.1（其中 ZJ 代表昭觉县；II 代表足迹产地编号）；甘肃华夏恐龙研究中心制作 ZJ-II-1.1 和 ZJ-II-1.2 足迹的玻璃钢模型，模型编号为 HDT.223–224。

产地与层位　四川凉山昭觉三岔河乡，下白垩统。

评注　兽脚类恐龙的游泳足迹比较罕见，一般表现为三个平行的爪迹，而且爪迹纤细，被认为是恐龙在水中游泳时后足在河底或湖底留下的划痕。Xing 等（2013j）描述了 9 个保存在四川凉山昭觉县三岔河乡三比罗嘎村 II 号足迹产地下白垩统飞天山组的

兽脚类游泳足迹。足迹纤细、前后两端逐渐变尖，没有保存蹠骨部分印迹，被认为是恐龙游泳时后足爪尖（或趾尖）在水底留下的划痕。Xing 等（2013j）将其归入抓痕足迹属（*Charaichnos* Whyte et Romano 2001）。抓痕足迹属（*Charaichnos*）是 Whyte 和 Romano（2001a）为描述在英国约克郡 Whitby 的 East Pier 中侏罗统 Saltwich 组内发现的一串兽脚类恐龙游泳足迹而建立的足迹属。但是，这个足迹属只是代表一个生态类型，表明造迹动物在游泳，并不能保证一定是恐龙留下的。形成这种类型足迹的造迹动物可以是恐龙，也可以是鳄鱼、龟鳖类，甚至是两栖动物（Whyte et Romano, 2001a）。因此，笔者并没有将这个足迹属与本书中的其他足迹化石属种一样放在足迹化石的系统分类中。

　　Xing 等（2011b）描述了发现于河北赤城县落凤坡上侏罗统或下白垩统土城子组中的 5 个兽脚类恐龙有游泳的足迹。足迹只保留有纤细的、向两端逐渐变尖的趾迹和爪迹，没有保存蹠骨印迹。Xing 等（2011b）认为这些足迹是恐龙游泳时留下的。但是，在同一地点的同一层面上保存的窄足龙足迹属未定种（*Therangospodus* isp.）非常清晰，而且挤压脊明显。很显然，窄足龙足迹属未定种（*Therangospodus* isp.）的造迹恐龙留下足迹时河水（或湖水）已经退却，地表湿度适中，恐龙足迹并不是在水下留下的。所以，在相同层面上留下水下足迹的可能性较小。因此，笔者认为河北赤城县落凤坡发现的"兽脚类游泳足迹"还需要详细探讨。

　　另外，邢立达（2010）报道在四川泸州古蔺县椒园乡中山村一处砖厂采石地的下侏罗统自流井组大安寨段中段的紫红色泥岩层面上也发现了与大量的蜥脚类足迹保存在一起的 8 个兽脚类游泳足迹，但未做详细描述，也未见游泳足迹照片。

疑似兽脚类恐龙蹲伏迹 (a probable theropod crouching trace)

（图 141）

　　材料　在河北省赤城倪家沟发现的一对不完整的下凹足迹，其中蹠骨印迹很长，与坐骨远端和耻骨远端印迹一起保存，编号为 T.C.1，原始足迹化石仍在野外。

　　产地与层位　河北赤城倪家沟寺梁，上侏罗统—下白垩统土城子组。

　　评注　Xing 等（2012b）描述了在河北赤城倪家沟

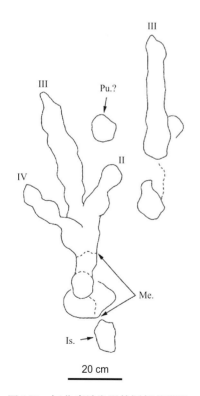

图 141　河北赤城发现的疑似兽脚类恐龙蹲伏迹线描图（引自 Xing et al., 2012b）

Is. 坐骨；Me. 蹠骨；Pu. 耻骨

发现的可能的兽脚类恐龙蹲伏痕迹，包括左右两个后足足迹，足迹后面有类似蹠骨印迹，与 III 趾在同一方向上。前后还分别发现两个圆形凹坑，前面的凹坑尺寸为 10 cm×9.2 cm；被解释为耻骨远端印迹；后面的凹坑尺寸为 12 cm×7.4 cm，属于坐骨远端。足迹个体较大，不包括蹠骨印迹长度，左足足迹长 58.7 cm，宽 33.6 cm，趾间角 II 31° III 32° IV；右足足迹不完整，仅能测量到足迹长 63.6 cm，III 趾长，43.4 cm，以及蹠骨印迹的长与宽。这两个足迹的最大特点就是 III 趾印迹很长，占整个足迹长的 73%，很难在已知兽脚类足迹中找到与其相似的足迹种类。因此，这对兽脚类足迹暂时归入兽脚类足迹未定属种。这是中国境内第一次报道的恐龙蹲伏迹（图 141）。

鸟臀目 Order ORNITHISCHIA Seeley, 1888

鸟脚亚目 Suborder ORNITHOPODA Marsh, 1881

评注 鸟脚亚目恐龙也是两足行走三趾型，所以，鸟脚类恐龙足迹在野外容易与兽脚类恐龙足迹混淆。Thulborn（1990）给出一些区别兽脚类恐龙足迹和鸟脚类恐龙足迹的标准，得到了多数足迹化石学者的认可：①足迹的形状：兽脚类恐龙足迹一般都是长大于宽，整个足迹看起来呈长形；鸟脚类足迹长宽基本相等，甚至宽大于长。②脚趾的形状：兽脚类恐龙足迹的脚趾纤细，多为锥形，远端尖锐；鸟脚类恐龙足迹的脚趾较粗，多为趾迹两边平行，呈 U 形。③趾远端形状：兽脚类恐龙足迹多有窄而尖锐的爪迹；鸟脚类恐龙足迹远端圆钝，个别小型鸟脚类出现爪迹，但是也显得粗钝、不尖锐。④中趾（III 趾）的长度：兽脚类恐龙足迹的中趾往往明显突出于两侧趾的长度，但是根据足迹大小有些变化；鸟脚类恐龙足迹的中趾突出于两侧趾的长度不明显。⑤脚趾的弯曲：兽脚类恐龙足迹的趾迹常发生弯曲；鸟脚类恐龙足迹的趾迹较粗，不容易发生弯曲。⑥两外侧趾（II 和 IV）的夹角：兽脚类恐龙足迹的外侧趾夹角较小；鸟脚类恐龙足迹的外侧趾夹角较大，一般大于 60°。⑦足迹的后边缘形状：兽脚类恐龙足迹的后边缘常为 V 字形；鸟脚类恐龙足迹的后边缘常为 U 字形。这个特征是与两类足迹的外侧趾夹角大小有关。⑧足迹的旋转：Lockley（1987）认为兽脚类恐龙足迹在行迹中多向外偏转，而鸟脚类恐龙足迹有向内偏转的趋势。但是这个区别并没有得到广泛的认可。鸟脚类在中国发现数量较多，包括禽龙类足迹（*Iguanodonopus*, *Sinoichnites*），鸭嘴龙类足迹（*Hadrosauropodus*, *Jiayinosauropus*, *Yunnanpus*, *Caririchnium* 等），棱齿龙类（*Anomoepus* 等）。余心起（1999）报道在安徽休宁齐云山上白垩统小岩组发现鸟脚类肿头龙类足迹，但需要进一步研究。另外，山东莒南（Lockley et al., 2013）和临沭（旷红伟等，2013）也有鸟脚类恐龙足迹的发现，尚未详细鉴定描述。

禽龙科？ Family ?Iguanodontidae Cope, 1869

定义与分类 在鸟脚类足迹中，一般将早白垩世的大型鸟脚类归入禽龙类足迹。

中国已知属 中国足迹 *Sinoichnites*。

评注 Iguanodontidae 是 Cope（1869）以骨骼化石为基础创立的科，包括中到大型禽龙类恐龙。但是，许多学者（Kuhn, 1963；Haubold, 1971；甄朔南等，1996）将一些禽龙类恐龙所留的足迹属种归入骨骼分类系统的 Iguanodontidae 中。目前尚没有明确定义的禽龙足迹科。长期以来，在足迹化石学领域对大型鸟脚类恐龙的研究一直很不规范。一般情况下，早白垩世的大型鸟脚类足迹均被归入禽龙类，而将晚白垩世的大型鸟脚类足迹归入鸭嘴龙类（Lockley et al., 2003）。

中国足迹属 Ichnogenus *Sinoichnites* Kuhn, 1958

模式种 杨氏中国足迹 *Sinoichnites youngi* Kuhn, 1958

鉴别特征 趾行式，两足行走足迹。三趾型，趾的印迹十分宽阔，趾端圆钝，无爪迹，足迹宽大于长，足迹长 30 cm、宽 33 cm，左侧趾 16 cm 长、6 cm 宽，中趾 19 cm 长、9 cm 宽。

中国已知种 仅模式种。

分布与时代 陕西，晚侏罗世。

杨氏中国足迹 *Sinoichnites youngi* Kuhn, 1958

（图 142）

正模 Teilhard de Chardin 和杨钟健 1929 年在陕西神木发现的一个单个足迹（图 142），足迹保存在硬砂岩上，但不幸的是，几经辗转，原始足迹标本下落不明。北京自然博物馆根据原始足迹照片制作了一件石膏模型，编号为 BMNH-Ph000702。

模式产地 根据 Teilhard de Chardin 和 Young（1929）的描述，足迹发现在陕西神木乌兰木伦河河岸悬崖上。但是，笔者及 Lockley、Matsukawa 等前往神木考察多次，没有找到原始产地。

鉴别特征 同属。

评注 这是中国最早发现的恐龙足迹化石，因此被称为"中国足迹"，是由 Teilhard de Chardin 和杨钟健于 1929 年在陕西神木乌兰木伦河河谷中的大范围出露的粗砂岩（神木砂岩）中发现的。发现足迹化石的神木砂岩直接覆盖在下侏罗统煤系地层之上，并且岩性与神木地区上侏罗统砂岩有些差别。因此 Teilhard de Chardin 和杨钟健并不明确产足迹化石的神木砂岩的层位是下侏罗统的顶部还是上侏罗统，因为当时无法追踪岩层，不

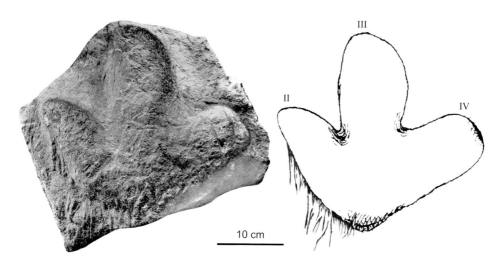

图 142　杨氏中国足迹（*Sinoichnites youngi*）正模照片及轮廓图（其中照片引自 Teilhard de Chardin et Young, 1929；轮廓图根据 Kuhn, 1958, Tafel XIII，增加滑迹）

能将神木砂岩和已经明确地层年代的上侏罗统砂岩进行确切的对比（Teilhard de Chardin et Young, 1929）。Kuhn（1958）认为其地质时代应为白垩纪，但杨钟健（Young, 1960）认为虽然在神木地区还没有确切的晚侏罗世的地层，但是根据足迹的大小和特征所代表的恐龙种类，其时代不应早到侏罗纪早期或者中期，因此认为产足迹地层应属于晚侏罗世。Chen 等（2006）和 Xing 等（2009a）认为 *Sinoichnites youngi* 的产出地层为上侏罗统安定组。Lockley 和 Matsukawa（2009）虽然也不能确切确定其地质年代，但是将 *Sinoichnites youngi* 放在晚侏罗世的恐龙足迹中进行描述。因此，笔者同意多数学者意见，将 *Sinoichnites youngi* 的地质时代归为晚侏罗世。关于 *Sinoichnites youngi* 的造迹动物，Teilhard de Chardin 和杨钟健（1929）认为足迹是类似于 *Iguanodon mantelli* 的禽龙所留。杨钟健明确指出其造迹动物应该是禽龙类恐龙（Young, 1960）。Kuhn（1958）将其命名为 *Sinoichnites youngi*，给出的特征为：三趾型、两足行走足迹，个体大，趾迹宽阔，趾端圆钝，无爪，属于以植物为食的鸟臀类恐龙，足迹全长 30 cm，宽 33 cm。另外，Kuhn（1963）、Haubold（1971, 1984）、Zhen 等（1989）和甄朔南等（1996）在分类中，均将 *Sinoichnites youngi* 足迹种归入以骨骼为基础建立的禽龙科？（?Iguanodontidae）。

　　由于只是单独的足迹，没有发现行迹，而足迹本身又是基本对称的三趾型足迹，因此很难判断这个足迹是左脚还是右脚所留。Teilhard de Chardin 和 Young（1929）、Kuhn（1958，1963）以及 Zhen 等（1989）和甄朔南等（1996）均未提及足迹的左右脚问题。Haubold（1971）在文章中引用了 Kuhn（1958）的轮廓图，并在轮廓图上将左侧趾标记为 (?)IV 趾，但未给出理由。笔者不同意 Haubold（1971）的观点，理由是在 *Sinoichnites youngi* 正模上可以见到明显的滑迹，一般动物行走时重心在两腿之间，如果地表比较泥泞的时候，恐龙的脚踩在地表时，应该向外侧滑动。我们可以看到在正模中，左侧趾的左侧有些滑迹，滑迹向左后方延伸，因此可以推断，左侧趾是内侧趾，即 II 趾。再考虑到这个足迹是个上凸的足迹，这个足迹应该是左脚所留。另外，Young（1943）提到在新疆阿克苏北偏东 80 km 的地方也发现了与在神木发现的中国足迹（*Sinoichnites*）类似的禽龙类足迹。

禽龙足迹科属种不定 **Iguanodontidae igen. et isp. indet.**

（图 143）

材料 NIGPAS 121568，保存在中国科学院南京地质古生物研究所的足迹化石一件（图 143），以及仍保存在野外的其他足迹化石，编号不详。

描述 中等大小的禽龙类足迹，具有三个较宽的趾迹，蹠趾垫印迹也较大，足迹长 24–34 cm，宽 24–30 cm，长等于或大于宽，脚趾向远端渐细，趾端圆钝，足迹呈现中轴对称图形，II 趾与 III 趾，以及 III 趾与 IV 趾的夹角为 30°–45°（Matsukawa et al., 1995）。

产地与层位 吉林延吉铜佛寺（42°53′37.9″N, 129°13′12.66″E），下白垩统铜佛寺组。

评注 Matsukawa 等（1995）描述了产自吉林延吉铜佛寺下白垩统的一批三趾型恐龙足迹，这些足迹脚趾印迹宽，足迹长略长于宽，趾端圆钝，无爪迹，属于典型的鸟脚类足迹。Matsukawa 等（1995）认为这个足迹属于禽龙类足迹。但是，与中国足迹

图 143　保存在中国科学院南京地质古生物研究所的禽龙足迹化石
标本采集自吉林延吉地区下白垩统铜佛寺组，标本号为 NIGPAS 121568（Matsukawa 提供）

（*Sinoichnites*）比起来，形态差异较大，主要表现在足迹的长宽比：中国足迹（*Sinoichnites*）宽大于长，而延吉发现的足迹长大于或等于宽，而且个体较小。并且，从照片上看侧趾趾垫与蹠趾垫之间的垫间缝较大，而且侧趾与中趾近乎平行。因此，不能归入中国足迹属（*Sinoichnites*），故归入禽龙（足迹）科未定属种，有待今后进一步详细研究。

鸭嘴龙科　Family Hadrosauridae Cope, 1869

定义与分类　在大型鸟脚类足迹中，一般将晚白垩世的鸟脚类足迹归入鸭嘴龙类足迹。

评注　在世界各地，特别是北美和中国等地的晚白垩世地层中发现过大量的鸭嘴龙类足迹，但是目前还没有一个正式的足迹学范畴的足迹科名称命名这些鸭嘴龙类足迹。另外，在很多并不是鸭嘴龙足迹的恐龙足迹名称中却含着鸭嘴龙类的名称，暗示着造迹恐龙属于鸭嘴龙，比如，*Hadrosaurichnus* Alonso, 1980 和 *Hadrosaurichnoides* Llompart, 1984 都是兽脚类恐龙足迹（Lockley et al., 2004）。董枝明等（2003）直接在描述骨骼化石的鸭嘴龙科 Hadrosauridae 中命名了足迹属 *Jiayinosauropus*，是中国境内发现的第一个鸭嘴龙类足迹，也是世界上第一个归入 Hadrosauridae 的确切的鸭嘴龙足迹。Lockley 等 (2004) 命名了第二个鸭嘴龙类足迹的属名 *Hadrosauropodus*，也是将其直接归入 Hadrosauridae 中（注：Lockley 等将命名鸭嘴龙足迹的文章发表在 Ichnos 杂志的第 11 卷中，Ichnos 杂志是季刊，第 11 卷是 2004 年出版的，Lockley 等的单页文献中却将第 11 卷误写成 2003 年出版，因此在引用上造成了一些混乱）。Xing 等（2009a）描述了在广东南雄发现的 *Hadrosauropodus*，并鉴别出一个新足迹种。并且，在系统记述中也将鸭嘴龙类足迹属 *Hadrosauropodus* 直接归入 Hadrosauridae。本志书也暂时沿用多数人的做法，将鸭嘴龙类的足迹属直接归入以骨骼化石为基础建立的鸭嘴龙科内，期待着今后的研究中能够定义鸭嘴龙足迹科。

中国已知属　*Hadrosauropodus*, *Jiayinosauropus*, *Yunnanpus* 和 *Caririchnium*。

鸭嘴龙足迹属　Ichnogenus *Hadrosauropodus* Lockley, Nadon et Currie, 2004

模式种　兰斯顿鸭嘴龙足迹 *Hadrosauropodus langstoni* Lockley, Nadon et Currie, 2004

鉴别特征　大型两足行走、三趾型足迹，足迹宽等于或大于长。每个趾迹上有一个卵圆形趾垫，趾垫与蹠趾垫之间垫间缝明显，呈脖颈构造，趾垫的长轴与足迹纵轴平行，足迹纵轴以 20° 左右的角度向内偏向行迹中线，单步较短，大约是两倍足长；蹠趾垫印迹圆形，后部向内凹陷，使足迹后部形成双叶状，偶有小型前足印迹（Lockley et al., 2004）。

中国已知种　*Hadrosauropodus nanxiongensis*。

分布与时代　北美、中国（黑龙江、广东），晚白垩世。

评注　足迹属 *Hadrosauropodus* 是 Lockley 等（2004）根据在加拿大艾伯塔省 Lethbridge

南南西方向 20 km 的 St. Mary River 峡谷中白垩纪晚期 Maastrichtian 地层中发现的大型三趾型足迹（图 144）建立的足迹属，也是第二个有效的鸭嘴龙类的足迹属。在模式种的正模标本的蹠趾垫和趾垫上发现了清晰的皮肤印痕。

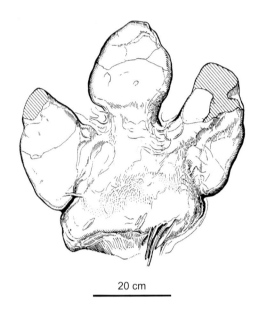

20 cm

图 144　*Hadrosauropodus langstoni* 正模素描图（引自 Lockley et al., 2004）

南雄鸭嘴龙足迹 *Hadrosauropodus nanxiongensis* Xing, Harris, Dong, Lin, Chen, Guo et Ji, 2009

（图 145，图 146）

Sauropod tracks：Erben et al., 1995

正模　YMK.A.2，为一下凹的足迹，化石保存在广东韶关杨梅坑足迹化石点（图 146）；南雄恐龙博物馆制作正模模型，模型编号：NXDM.F1（图 145）。

副模　YMK.A.1，YMK.A.3，YMK.B.1–5, YMK.C.1–4；模型 NDM.F2 与正模标本保存在一起的其他足迹。

鉴别特征　中等大小，两足行走三趾型足迹，宽大于长，无前足印迹及尾迹，II、IV 趾趾间夹角 51°–95°，II 趾印迹后部呈圆形凸出，IV 趾最宽，相当于 II 趾宽度的两倍（Xing et al., 2009a）。

产地与层位　广东韶关，上白垩统主田组。

评注　Xing 等（2009a）建立的足迹种 *Hadrosauropodus nanxiongensis* 是足迹属 *Hadrosauropodus* 的第二个种。根据 Xing 等（2009a）的描述，在广东韶关杨梅坑发现的

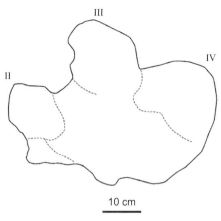

10 cm

图 145　南雄鸭嘴龙足迹（*Hadrosauropodus nanxiongensis*）正模标本模型（NXDM.F1）照片及轮廓图（引自 Xing et al., 2009a）

图 146　广东韶关杨梅坑南雄鸭嘴龙足迹（*Hadrosauropodus nanxiongensis*）野外产状（引自 Xing et al., 2009a）

YMK.A.1–3 为野外足迹编号

足迹归入足迹属 *Hadrosauropodus* 的理由是：杨梅坑的足迹宽大于长，足迹中显示每个趾下都有卵圆形趾垫印迹，足迹纵轴向行迹中线偏斜，单步短，只有两倍足长，蹠趾垫区域圆形，侧部和后部均向内凹等。但是，杨梅坑的足迹与 *Hadrosauropodus* 的模式种 *H. langstoni* 有明显区别，主要表现为：① II、IV 趾之间的夹角可达到 95°，而 *H. langstoni* 的这个夹角只有 70°；②杨梅坑的足迹在 II 趾侧后方有一个圆形外凸印迹；③ IV 趾的宽度是 II 趾宽度的两倍。后两个特征是杨梅坑足迹特有的，在 *H. langstoni* 没有这两个特征。

特别是第③个特征很稳定，在几个连续的足迹上均发现 IV 趾的宽度两倍于 II 趾的宽度。因此，*Hadrosauropodus nanxiongensis* 是有效种，也是这个足迹属内的第二个种。

嘉荫龙足迹属 Ichnogenus *Jiayinosauropus* Dong, Zhou et Wu, 2003

模式种 姜氏嘉荫龙足迹 *Jiayinosauropus johnsoni* Dong et al., 2003

鉴别特征 大型两足行走、三趾型鸟脚类足迹，趾厚实粗壮，趾尖有扁型爪，趾间有蹼，中趾远端边缘呈倒 U 形，中趾略向 IV 趾偏斜，足印后部边缘印迹粗圆，足印的宽大于长（足迹长 40 cm，宽 45 cm）。趾间角为 II 32.4° III 38° IV。无前足印迹及尾迹。

中国已知种 仅模式种。

分布与时代 黑龙江，晚白垩世。

评注 嘉荫龙足迹属 *Jiayinosauropus* 是世界上正式命名的第一个确切的鸭嘴龙类足迹化石。Lockley 等（2004）总结并详细研究了以前命名的大型鸟脚类恐龙足迹，发现只有三个确实属于鸟脚类的足迹。但是，这三个足迹属都产于早白垩世地层中，因此归入禽龙类足迹。所以在 Lockley 等（2004）重新观察、研究的足迹中没有确切的鸭嘴龙类足迹。以前有些足迹描述时被认为属于鸭嘴龙类，也都被 Lockley 等（2004）一一否定了。但是，大概是由于文章发表的时间问题，Lockley 等（2004）没有提及 *Jiayinosauropus*，所以也没有将他们创建的足迹属 *Hadrosauropodus* 与 *Jiayinosauropus* 进行比较。Xing 等（2009a）认为 *Jiayinosauropus* 与 *Hadrosauropodus* 具有许多相似之处，比如大致对称图形、宽大于长等。但是由于 *Jiayinosauropus* 模式种正模的后部不完整，无法提供足迹后部边缘的特征，鉴别特征不完全。因此，Xing 等（2009a）对 *Jiayinosauropus* 的有效性表示怀疑，只是暂时认为有效。但是，*Jiayinosauropus* 的鉴别特征明显，尽管 *Hadrosauropodus* 与 *Jiayinosauropus* 相似，根据优先律也应该保持 *Jiayinosauropus* Dong et al., 2003 的足迹属名，*Hadrosauropodus* 是 Lockley 等 2004 年创立的（即使网上发表时间是 2003 年，也应该按照年底计算。而董枝明等的文章交稿时间为 2003 年 1 月，纸质文章发表时间为 2003 年 10 月）。如果两个足迹属名为同物异名，后命名的 *Hadrosauropodus* 应该被废弃。Lockley 等（2013）承认 *Jiayinosauropus* 为有效足迹属名称，但是指出 *Hadrosauropodus* 的正模比 *Jiayinosauropus* 的正模保存清晰得多，反映的特征也多，所以 *Jiayinosauropus* 今后有可能被修订。目前通过观察和比较，两个足迹属具有明显差别，主要表现在：① *Hadrosauropodus* 的趾迹与蹠趾区域连接的地方有一个明显的收缩，类似脖颈构造（图 144），界线明显，使得趾迹呈"泪滴状"，而 *Jiayinosauropus* 趾迹的跟部没有收缩，趾迹没有形成"泪滴"形状，中趾 U 形；② 个体上 *Hadrosauropodus* 正模长 55 cm、宽 60 cm，明显大于 *Jiayinosauropus*，后者长 40 cm、宽 45 cm；③ 据董枝明等（2003）描述，*Jiayinosauropus* 具有蹼的印迹，而 Lockley 等（2004）没有提到这个特征；④ *Hadrosauropodus*

保存了前足的印迹，*Jiayinosauropus* 无前足印迹，为两足行走恐龙所留。因此，*Hadrosauropodus* 和 *Jiayinosauropus* 为互相独立的两个有效足迹属。

姜氏嘉荫龙足迹 *Jiayinosauropus johnsoni* Dong, Zhou et Wu, 2003

（图 147，图 148）

正模 JYSDM JF1（JDGP V.01），一保存近完整的左脚足印，呈上凸形式保存，化石保存在黑龙江省嘉荫神州恐龙博物馆。产自嘉荫县永安村之东南 1.2 km 黑龙江岸边一滚石板上。

归入标本 JYSDM JF2，半个上凸的足迹，保存在黑龙江省嘉荫神州恐龙博物馆。

鉴别特征 同属。

产地与层位 黑龙江，上白垩统嘉荫群永安村组。

评注 姜氏嘉荫龙足迹（*Jiayinosauropus johnsoni*）是董枝明等（2003）根据在嘉荫县永安村东南 1.2 km，黑龙江岸边的一块滚石上发现的上凸足迹命名的。Xing 等（2009a）对其正模重新进行了描述：三趾型鸟脚类足迹，无前足足迹和尾迹，长宽比值为 0.84，III 趾最短，IV 趾最长，所有趾迹为卵圆形，III、IV 趾趾端具爪迹，趾间角 II 46° III 31° IV，蹠趾垫区域后部缺失。上述这些数据与董枝明等（2003）的数据有些出入，比如，董枝明等（2003）描述的正模长 40 cm、宽 45 cm，这样其长宽比值为 0.89，而 Xing 等（2009a）给定的长宽比值为 0.84；趾间角差别不大，董枝明等（2003）测量的数据为 II 42° III 37° IV，而 Xing 等（2009a）测量的数据为 II 46° III 31° IV。但是，两篇文章均没有给出测量位置，本志书通过对足迹的测量，得出的数据与上述两个数据有较大

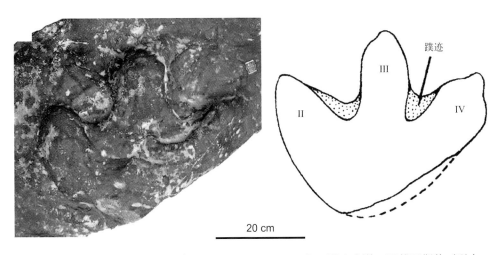

图 147 根据姜氏嘉荫龙足迹（*Jiayinosauropus johnsoni*）正模翻制的下凹模型照片（引自 Xing et al., 2009a）及线条图（引自董枝明等，2003）
线条图是根据上凸足迹化石绘制，代表一左足足迹

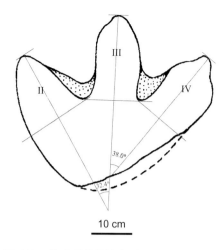

图 148　姜氏嘉荫龙足迹（*Jiayinosauropus johnsoni*）趾长和趾间角的测量

出入（图 148），为 II 32.4° III 38° IV。尽管角度差别不大，但是，II、III 趾之间的角度小于 III、IV 趾之间的角度，与上述两个测量相反。关于脚趾长度的测量，根据趾长测量的定义（图 6），在趾垫不清楚的足迹中，趾长的起点应该是趾两边的趾叉（hypex）连线的中点。因此，姜氏嘉荫龙足迹（*Jiayinosauropus johnsoni*）的趾长分别为：II 趾 16.7 cm，III 趾 20.0 cm，IV 趾 18.8 cm。长度略大于董枝明等（2003）的测量长度，但与 Xing 等（2009a）"III 趾最短，IV 趾最长"的结论大相径庭。除了正模以外，黑龙江省嘉荫县神州恐龙博物馆又发现了 JYSDM JF2 标本，也归入足迹种 *Jiayinosauropus johnsoni*，并在博物馆内展出。JYSDM JF2 是一个不完整的足迹，也是以上凸的形式保存的，个体明显大于正模，保存下来的两个趾也大于正模，爪迹清晰。Xing 等（2009a）认为 JF2 的爪迹与兽脚类恐龙足迹有些相似，有待于进一步研究确定。

云南足迹属 Ichnogenus *Yunnanpus* Chen et Huang, 1993

模式种　黄草云南足迹 *Yunnanpus huangcaoensis* Chen et Huang, 1993

鉴别特征　中到大型两足行走、三趾型足迹，宽等于或大于长，轴对称图形，趾粗，不具爪迹，趾行式。II 趾与 IV 趾夹角 83°–84°，III 趾居中。II、III、IV 趾长度接近，III 趾略长且较宽，趾垫较短，蹠趾垫较长，有滑迹；行迹窄，无前足和尾迹。

中国已知种　仅模式种。

分布与时代　云南，晚白垩世。

黄草云南足迹 *Yunnanpus huangcaoensis* Chen et Huang, 1993

（图 149）

正模　CYCD-09-FP8（保存在模式产地）。产自云南楚雄苍岭乡方家河西坡（25°02′44.4″N, 101°39′15.48″E）。

副模　CYCD-09-FP9, 10, 11（保存在模式产地），这三件标本被陈述云和黄晓钟（1993）选为参考标本。产自云南楚雄苍岭乡方家河西坡（25°02′44.4″N, 101°39′15.48″E）。

鉴别特征　同属。

产地与层位　云南楚雄苍岭乡，上白垩统江底河组。

评注　陈述云和黄晓钟（1993）描述了在云南楚雄苍岭乡方家河西坡上白垩统江底河组砂岩层面上保存的一条行迹，共识别出 14 个足迹，并命名为黄草云南足迹（*Yunnanpus huangcaoensis*）。后经现场考察，发现了连续 17 个足迹，行迹长 20 m。Lockley 等（2002）认为 *Yunnanpus huangcaoensis* 属于兽脚类。但是，*Yunnanpus huangcaoensis* II 趾与 III 趾的趾间夹角 35°–40°，IV 趾与 III 趾的趾间夹角 40°–50°。而且趾迹很宽，其中 II 趾长 19 cm，宽 11 cm；IV 趾长 19–21 cm，宽 9 cm；足印长 40 cm，宽 39 cm，呈倒三角状，趾端没有爪迹，完全符合鸟脚类足迹特征。陈述云和黄晓钟（1993）认为这批足迹与 *Sinoichnites* 相似，属于禽龙类足迹，但是，在大型鸟脚类分类中一般将早白垩世的足迹归入禽龙科，而把晚白垩世的足迹归入鸭嘴龙科。Lockley 等（2013）认为 *Yunnanpus huangcaoensis* 的正模保存很不清晰，不足以进行属种描述。因此，认定 *Yunnanpus huangcaoensis* 为可疑名（*nomen dubium*）。但是，通过现场对足迹进行观察，足迹化石的风化程度确实很严重，可是一些鸟脚类的鉴别特征还是能够识别出来，比如两侧趾的夹角很大、脚趾较粗等特征（图 149）都显示了鸟脚类足迹的特征。另外，根据 Lockley 等（2013）意见，一条完整的行迹足以为保留该足迹属种提供依据。所以，*Yunnanpus huangcaoensis* 应为有效足迹属种。足迹标本目前仍在野外，亟待保护。

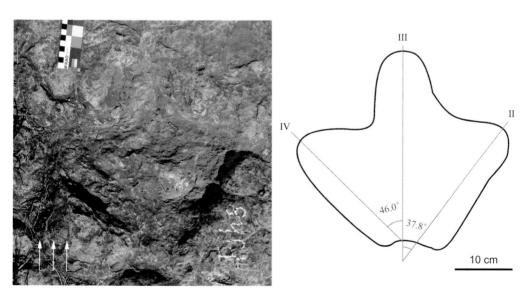

图 149　黄草云南足迹（*Yunnanpus huangcaoensis*）标本 CYCD-09-FP8 照片及轮廓图（张玉光摄影）
白色箭头指示光源方向

卡利尔足迹属 Ichnogenus *Caririchnium* Leonardi, 1984

模式种 巨大卡利尔足迹 *Caririchnium magnificum* Leonardi, 1984

鉴别特征 中到大型四足行走足迹，前后足足迹差别明显，前足较小，蹄状，亚椭圆形，后足远远大于前足，三趾型。行迹窄，趾间角大，行迹内宽常出现负值。前足印迹的长轴与行迹中线平行，或略向内偏。大型三趾型后足足迹趾垫清晰，垫间缝明显，脚趾短粗，后足向行迹中线偏斜（Lockley, 1987，修订）。

中国已知种 *Caririchnium lotus*, *C.* isp.1, *C.* isp. 2。

分布与时代 北美、韩国、日本、中国，白垩纪。

评注 *Caririchnium* 是 Leonardi（1984）为描述产于巴西下白垩统的四足行走的足迹而创立的足迹属，并认为是剑龙类恐龙所留。但是，Lockley（1987）根据蹄形向内偏转的前足，在考察了一些鸟脚类恐龙的骨骼化石后认为 *Caririchnium* 的造迹动物应该属于早期鸭嘴龙类恐龙。习惯上把早白垩世的大型鸟脚类足迹归入禽龙科，晚白垩世的大型鸟脚类足迹才归入鸭嘴龙科。但是，Lockley（1987）仔细研究了 *Caririchnium* 的前足印迹，与禽龙的前足不符。而且，早白垩世也有很多鸭嘴龙骨骼化石的报道（Kaye et Russell, 1973; Currie, 1983），故将 *Caririchnium* 放入鸭嘴龙足迹科内记述。

莲花卡利尔足迹 *Caririchnium lotus* Xing, Wang, Pan et Chen, 2007

（图 150，图 151）

正模 QJGM-T37-3，QJGM-T41-6b（前足足迹），QJGM-T54-2；保存在重庆市綦江区野外恐龙遗迹化石点。禄丰恐龙研究中心制作模型，模型登记号 LDRC-V.131-3。

副模 与正模标本保存在一起的其他 174 个后足足迹，编号为：QJGM-T21-1–5; T25-1–6; T27-1–5; T30-1–22; T31-1–7; T32; T35; T36-0–8; T37-1–2; T38-1–5; T40-1–3; T41-1–9; T42-1–10; T43-1–7; T46-1–6; T48-1–10; T49-0–5; T50-1–3; T51-1–2; T52; T53-1–3; T54-1; T54-3–10; T58-1–4; T59; T60-1–2; T61-1; T62-1–5; T63-1–2; T64-1–3; T71; T140-1–6; T101-1–15; T100-1–2。采自重庆市綦江区东 22 km 处三角镇红岩村陈家湾后山莲花保寨。

鉴别特征 四足行走，前足明显小于后足，前足足迹位于后足足迹第 III、IV 趾间之前；长大于宽；前足步幅角为 141°；足长与复步的比为 1∶12；后足三趾，长大于宽，长宽比值为 1.32∶1；趾间角约为 II 25° III 25°IV；足迹后部有丘状的蹠骨印痕；后足步幅角为 161°；足长与复步的比为 1∶5.65。

产地与层位 重庆綦江，下白垩统上部夹关组。

评注 *Caririchnium lotus* 是邢立达等（2007）在中国首次报道的 *Caririchnium* 足迹

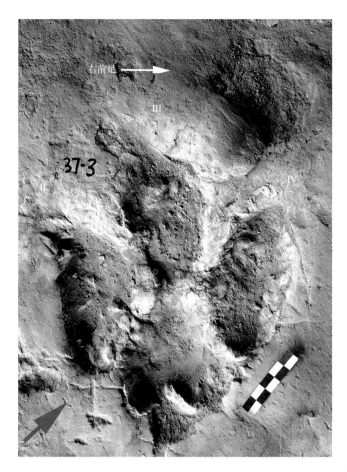

图150　莲花卡利尔足迹（*Caririchnium lotus*）右前足和右后足下凹足迹 (QJGM-T37-3，
引自邢立达等，2007)

红色箭头指示光源方向

化石，而且足迹保存清晰，特征显示完整。*C. lotus* 以后足趾间角较小（II、IV 趾夹角 50° 左右），II、IV 趾远端圆钝，呈 U 形而区别于足迹属 *Caririchnium* 中其他足迹种。实际上，*Caririchnium lotus* 的前足印迹只是一些不规则的小圆坑（图 150），直径在 10 cm 左右，出现在后足足迹的前方外侧，小圆坑内并不显示指迹。邢立达等（2007）文章提到的前足的三指，无法在平面图中确定照片中前足（邢立达等，2007，图版 I e）位置，因此推断前足中的三指印迹可能是沉积构造造成的。

　　在綦江足迹化石点，保存直接足迹的岩层部分被风化，在许多地方下层层面被暴露出来，由于保存直接足迹的岩层厚度较小（只有 4–5 cm），在下层层面上的幻迹所显示的足迹特征也比较完整。 在綦江足迹化石产地，邢立达等（2007）将保存直接足迹的岩层编号为第②层，将幻迹层编号为第①层。根据 Lockley（1987）意见，*Caririchnium* 的造迹恐龙属于鸭嘴龙类，说明重庆綦江地区在早白垩世晚期就有了鸭嘴龙活动。据报道，重庆綦江地区发现了大量的蜥脚类化石，但是目前还没有鸭嘴龙骨

图 151　莲花卡利尔足迹 (*Caririchnium lotus*) 行迹（引自邢立达等，2007）

红点处为正模标本

骼化石的发现。

Xing 等（2012a）描述了一个在綦江足迹化石点发现的呈现三维形态保存的足迹化石。这个三维足迹化石被认为是莲花卡利尔足迹（*Caririchnium lotus*）的造迹恐龙踩在比较稀软的地表时，脚部陷入泥地后形成的下凹足迹被后来的沉积物充填后形成的。三维保存的立体足迹化石能够提供造迹动物的运动机制的信息。这个立体的卡利尔足迹化石可以使我们重建鸭嘴龙行走时落脚、承重和拔脚的过程。这种化石在复原恐龙行为方面可以提供重要信息。

卡利尔足迹属未定种 1 *Caririchnium* isp. 1

（图 102，Track D；图 152）

材料　Track D，保存在河北省承德市滦平县偏岭村荞麦沟门铁路东侧的倾斜岩石上的一条恐龙行迹。

产地与层位　河北滦平，下白垩统西瓜园组。

评注　1995 年，尤海鲁和日本学者东洋一（You et Azuma, 1995）报道了在河北滦平发现的恐龙足迹化石点。共识别出 5 条恐龙行迹，分别命名为 Track A，B，C，D 和 E，并做了描述。层位为下白垩统下部，属西瓜园（Xiguayuan）组。其中，Track D 被认为是鸟脚类足迹卡利尔足迹（*Caririchnium*）：大型三趾型足迹，外轮廓近圆形，足迹长 47.2 cm、宽 45 cm，在三个趾中，II 趾最粗壮，略短于 III 趾，IV 趾最短，II、III、IV 三个趾迹的长度分别为 17.0 cm、20.5 cm、11.0 cm；II、III 趾间的夹角大致等于 III、IV 趾之间的夹角，II、IV 趾之间的夹角为 74°；复步长 266 cm，单步长 135 cm，步幅角 166°，后足足迹向行迹中线偏斜。另外，Track D 中还保存了前足足迹。前足足迹明显小于后足足迹，并位于相应的后足足迹外侧前方；前足轮廓椭圆形，足迹后边缘向里凹进；前足足迹宽大于长，长 12.1 cm，宽 20.6 cm；前足复步长 268 cm，单步长 154 cm，前足足迹步幅角 121.5°。前足足迹保存状态不好，细节无法识别。无论如何，这是中国首次报道的四足行走鸟脚类足迹（Matsukawa et al., 2006）。化石一直暴露在野外，风化严重（图152）。

图152　保存在河北省承德市滦平县偏岭村荞麦沟门铁路东侧的倾斜岩石上的卡利尔足迹属未定种1（*Caririchnium* isp. 1）

卡利尔足迹属未定种 2 *Caririchnium* isp. 2
（图153）

材料　ZDRC.F2.1a,b; ZDRC.F2.2b, 一件有三个完整的下凹足迹的石板，其中 ZDRC.F2.1a 为前足足迹，2.1b 和 2.2b 为后足足迹，标本保存在诸城市博物馆。

产地与层位　山东诸城张祝河湾村，下白垩统田家楼组（旷红伟等，2013）。

评注　Xing 等（2010b）报道了一极不清晰的鸟脚类足迹，化石产于山东诸城张祝河湾村下白垩统大盛群田家楼组（旷红伟等，2013），而 Xing 等（2010b）认为足迹的层位为莱阳群杨家庄组。足迹为四足行走，前足长 20.3 cm、宽 18.5 cm，位于后足足迹之前，与后足第 IV 趾在一条线上；后足足迹长 49 cm、宽 33.5 cm，复步长 108 cm，III、IV 趾互相靠得比较紧，而 II、III 趾又开比较大，II 趾最短、最宽，III 趾最长且宽于 IV 趾，蹠趾区域明显，足迹后部似向里面凹入。Xing 等（2010b）认为该足迹与 *Caririchnium* 和 *Hadrosauropous* 比较相似。由于足迹化石产于下白垩统，将这个种归入 *Caririchnium*。

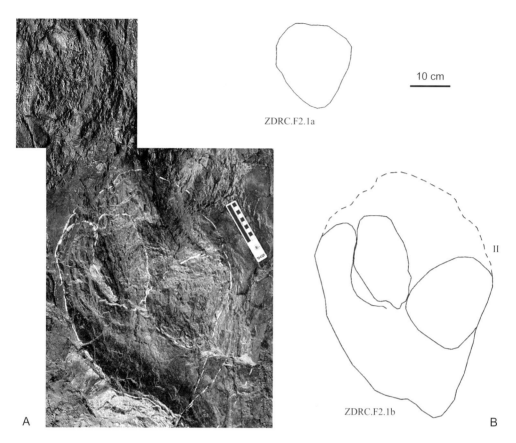

10 cm

ZDRC.F2.1a

ZDRC.F2.1b

II

A

B

图 153　产自山东诸城的卡利尔足迹属未定种 2（*Caririchnium* isp. 2）（引自 Xing et al., 2010b）

A. 足迹照片；B. 轮廓图

异样龙足迹科 Ichnofamily Anomoepodidae Lull, 1904

模式属　异样龙足迹属 *Anomoepus* Lull, 1904

鉴别特征　两足行走，或四足行走足迹，前足五指，指节式 2-3-4-3-2（对应于指 I-II-III-IV-V），两外侧指夹角接近 180°，爪迹圆钝。后足鸟脚型，具四趾，常以趾行式、三趾型行走，动物休息时可见长形蹠骨印迹；拇趾半旋转，有时着地形成印迹。

中国已知属　*Anomoepus*。

评注　异样龙足迹科一般被认为属于棱齿龙（*Hypsilophodon*）类的足迹。多数 Anomoepodidae 科的足迹以两足行走形式为主，前足不着地，后足也常以 II、III、IV 趾着地。在这种情况下，Anomoepodidae 科的足迹极易与小型兽脚类 *Grallator* 类型的足迹相混淆。一般以趾间夹角大小、趾端是否具有锐爪，以及趾迹的形状加以区别。Anomoepodidae 科的足迹趾间夹角较大、趾端不具锐爪、脚趾相对较粗等特征区别于 *Grallator* 类型的兽脚类足迹。Anomoepodidae 科的足迹偶尔四足行走，趾迹纤细，趾垫清晰，往往伴有蹠骨印迹。

异样龙足迹属 Ichnogenus *Anomoepus* Hitchcock, 1848

模式种 弯曲异样龙足迹 *Anomoepus scambus* Hitchcock, 1848

鉴别特征 两足或四足行走足迹，后足四趾，但只有 3 个功能趾（即行走时 II、III、IV 趾着地），蹠行式或趾行式，前足五指，分开角度很大，前足向外半偏转，偶见爪迹，后肢较长；行走速度慢时尾迹出现，有时可见腹部印迹 (Lull, 1953，修订)。

中国已知种 *Anomoepus intermedius*。

分布与时代 欧洲、美国、中国，三叠纪晚期—侏罗纪早期。

评注 足迹属 *Anomoepus* 是世界上最早认识到的足迹化石属之一，在世界许多地方都有发现。在以前的 *Anomoepus* 的鉴别特征中定义 *Anomoepus* 的前足和蹠骨很少着地，只有恐龙休息的时候，前足和蹠骨才留下足迹。可是在中国内蒙古乌拉特中旗发现的 *Anomoepus* 在行迹中连续留下前足和蹠骨印迹（图 156），说明前足也参与行走，因此在鉴别特征中改为"偶尔四足行走"，且蹠骨常留下印迹。在陕西神木栏杆堡乡也发现了 *Anomoepus* 类型的足迹，只有后足足迹，没有前足足迹。

中型异样龙足迹 *Anomoepus intermedius* Hitchcock, 1865

（图 154—图 156）

正模 Cat. No.48/1.AC，原化石保存在美国马萨诸塞州阿默斯特大学 Pratt 博物馆 Hitchcock 足迹化石藏品中 (Hitchcock lchnology Collection at the Pratt Museum of Amherst College, Amherst Massachusetts)。产自美国马萨诸塞州 South Hadley, Turners Falls 的采石场 (Ferry at Turners Falls, Field's Orchard in Gill, South Hadley Massachusetts)。

归入标本 内蒙古乌拉特中旗海流图西 10 km 野外足迹产地，野外编号：行迹 7，行迹 8，行迹 9，行迹 10，共包含 32 个足迹（标本仍然保存在野外）。

鉴别特征 前足具五指，I 指长 1.5 cm，II 指长 2.8 cm，III 指长 3.0 cm，IV 指长 2.3 cm （V 指未定义），指间夹角为 I 33° II 22° III 68° IV 25° V；后足四趾型，II 趾长 5.2 cm，III 趾长 7.36 cm，IV 趾长 5.7 cm，动物站立时后足足迹全长 10.5 cm，坐姿时（包括蹠骨印迹）足迹长 17.3 cm，两侧趾趾尖距离 8 cm；趾间角为 I 56° II 20° III 35° IV，单步长 12–20 cm；行迹宽 15–18 cm，后足足迹中线与行迹平行或者向内偏转，最大偏转 25° (Lull, 1953，修订)。

产地与层位 北美、欧洲、中国，上三叠统—下侏罗统。

评注 *Anomoepus intermedius* 区别于模式种的主要特征包括，长宽比稍微小一些、跟部较小、后足两侧趾趾间角更开阔。

中国归入标本描述 *Anomoepus intermedius* 的中国归入标本发现于内蒙古乌拉特中旗

图 154　产于内蒙古乌拉特中旗的中型异样龙足迹（*Anomoepus intermedius*）
野外编号 7-8, 7-9

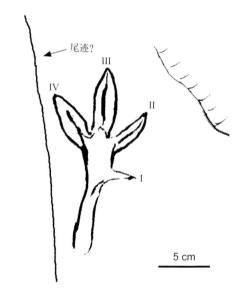

图 155　内蒙古乌拉特中旗下侏罗统保存的中型异样龙足迹（*Anomoepus intermedius*）照片及轮廓图

海流图镇西 10 km 处。足迹保存精美，细节清晰，呈现十分良好的自然属性和可保护性。其中有 4 条行迹属于中型异样龙足迹（*Anomoepus intermedius*），即：行迹 7，行迹 8，行迹 9 和行迹 10，共包括 32 个足迹。足迹的造迹者并不总是以四足行走的方式行走，而是有时四足行走，有时两足行走。前足足迹总是出现在后足足迹前方内侧的位置，距后足 II 趾间的距离为 6~7 cm。在后足足迹 7-1、7-3、7-6、7-8、7-10、7-12、7-17 中，均保留了蹠骨印迹。

在所保留的前足足迹中，足迹 7-9 保存最为完好（图 154），显示出五个指的印迹，呈扇状分布，两个最外侧指，I 指和 V 指之间的夹角达到 180°。足迹 7-9 长 6 cm，宽 6.5 cm，五个指的长度都在 2 cm 左右，指垫印迹不清晰，掌部有一个脊状凸起。整个前足印迹位于后足 II 趾趾尖所指的方向，距离 4 cm。

后足足迹中 7-12（图 155）保存最为完好，四个脚趾的印迹都得以保存，足迹全长 18 cm，两个侧趾趾尖间距离 10 cm，其中蹠骨印迹长 11.5 cm，占整个足迹长的 2/3 左右，I 趾趾迹位于蹠骨内侧、距离蹠骨远端 7.5 cm 的位置上，I 趾长 5 cm，与蹠骨夹角为 72°，向行迹内侧伸出。II 趾长 6 cm，III 趾长 6.5 cm，IV 趾长 6 cm；四个趾之间的夹角为 I 30° II 41° III 52° IV。实际上，拇趾直接从蹠骨内侧伸出。在足迹 7-12 中，整个蹠骨印迹向上凸起，根据前面叙述的嵴状凸起的形成原因，可以认为造迹恐龙在行走时蹠骨

图 156　内蒙古乌拉特中旗下侏罗统保存的中型异样龙足迹（*Anomoepus intermedius*）行迹照片及行迹轮廓图

对地面形成较大压力。蹠骨离开后，被压地面向上反弹，形成凸起。在行迹 7 中，足迹 7-1，7-3、7-6、7-8、7-10、7-12、7-17 都有蹠骨印迹（图 156），而且，前足印迹基本都出现在有蹠骨印迹的后足足迹旁边，说明恐龙行走时当蹠骨落地支撑身体的时候，前足也落地。后足足迹单步长 35–40 cm，复步长 60–70 cm，长度变化较大。

覆盾甲龙类 THYREOPHORA Nopcsa, 1915

评注 覆盾甲龙类（Thyreophora）最早是 Nopcsa（1915）定义的一个恐龙类群，主要包括剑龙类、甲龙类和角龙类。但是，后来的研究中发现角龙类是个比较特殊的类群，其生活时代不早于早白垩世，属于晚期类群的恐龙。于是，在目前的研究中覆盾甲龙类（Thyreophora）仅包括剑龙类和甲龙类等原始的鸟臀类恐龙（Weishampel et al., 1990）。

剑龙四足行走，前足足迹小，后足足迹大；剑龙前足有 4 个功能趾，呈扇状排列，后足具 II、III、IV 三个趾，III 趾最长，后足足迹呈轴对称图形，趾式为 0-2-2-2-0，后足趾端具有较大的蹄子。三趾型的后足足迹常使人们误解。因此，很少有人确切地报道发现剑龙足迹。甲龙也是四足行走，但是与剑龙不同，甲龙的前足略小于后足；前足五指，较短，呈半圆形分布，前足各指均具较大的、扁平的爪（指甲）；后足具有 I、II、III 和 IV 四个功能趾，与前足的指比较，后足的趾较长，呈辐射状排列，趾端具扁铲状爪（趾甲）。后足足迹长大于宽。前后足足迹均向外侧偏转。行迹较宽，一般是足迹宽的 2.5 倍，无尾迹。目前，已经发现的恐龙足迹中确切归入甲龙类足迹的也很少。目前属于甲龙类可能性比较大的足迹属应该是 *Tetrapodosaurus* Sternberg, 1932，其足迹能够与早白垩世 *Sauropelta* 相对比（Thulborn, 1990）。

四足龙足迹科 Ichnofamily Tetrapodosauridae Sternberg, 1932

模式属 四足龙足迹属 *Tetrapodosaurus* Sternberg, 1932

鉴别特征 四足行走，中等大小，脚趾远端蹄状、圆钝，行迹宽，复步短，无尾迹。

中国已知属 *Tetrapodosaurus*。

评注 甲龙类足迹在世界上报道很少，主要原因就是识别问题。可能有些甲龙类足迹被鉴定为其他龙的足迹，比如角龙类或蜥脚类恐龙足迹。截止到 2007 年年底，世界上确切的甲龙类足迹产地至少有 15 个，分布在北美洲、南美洲、欧洲和亚洲等地（邢立达等，2007），其中最著名的是在加拿大西部和玻利维亚。甲龙足迹的地质时代除了英国的中侏罗世地层中的报道以外，主要分布在白垩纪。中国在重庆市綦江的早白垩世晚期地层中也发现了甲龙类足迹，这也是中国首次报道的甲龙类足迹。张建平等（2012）报道在北京延庆地区的土城子组中发现了覆盾甲龙类足迹，没有命名。旷红伟等（2013）报道在山东临沭也有疑似甲龙足迹的发现，但经观察应属于兽脚类恐龙足迹叠加在另一足迹上。

四足龙足迹属 Ichnogenus *Tetrapodosaurus* Sternberg, 1932

模式种 北方四足龙足迹 *Tetrapodosaurus borealis* Sternberg, 1932

鉴别特征 四足行走,趾(指)短,大部包含在趾垫(或脚蹼)内,远端趾(指)节分开。前足具五指,指短宽,足迹位于后足足迹之前,蹠行式;后足四趾(I–IV),蹠行式。步幅角120°,复步长132 cm。后足足迹紧邻前足足迹(Haubold, 1971修改)

中国已知种 仅一种,*Tetrapodosaurus sinensis*。

分布与时代 北美、中国,白垩纪。

评注 *Tetrapodosaurus* 是 Sternberg(1932)为了描述在加拿大西部不列颠哥伦比亚早白垩世晚期地层中发现的一串四足行走的恐龙足迹(图157)而建立的足迹属,但是这个足迹属的名称使用骨骼化石的后缀结尾,其足迹的含义包含在名称中间。一开始,这个足迹属被认为是角龙类足迹(Sternberg, 1932),后来 Carpenter(1984)根据其地质时代和足迹的形态分析将足迹属 *Tetrapodosaurus* 归入甲龙类。

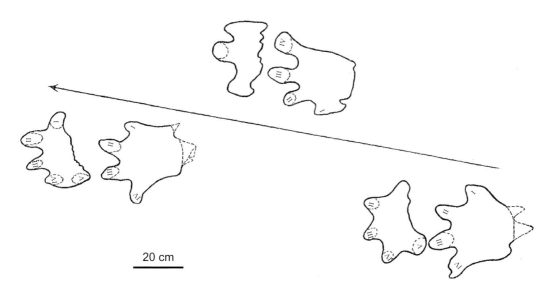

20 cm

图157 四足龙足迹 *Tetrapodosaurus borealis* 行迹轮廓图(引自 Sternberg, 1932)

中国四足龙足迹(新组合) *Tetrapodosaurus sinensis* (Xing, Wang, Pan et Chen, 2007) comb. nov.
(图158)

Qijiangpus sinensis:邢立达等,2007,1593页;邢立达等,2011,1531页

Ornithopod tracks:Lockley et al., 2013, p.15

正模 QJGM-T2-1,一下凹的后足足迹;QJGM-T3-1,一下凹前足足迹,化石保存

在重庆市綦江区三角镇野外恐龙遗迹化石点；禄丰恐龙研究中心制作模型，模型登记号LDRC-V.134。产自重庆市綦江区东 22 km 处三角镇红岩村陈家湾后山莲花保寨。

副模 QJGM T2-2, T3-2, T5-1, T5-2, T11, T12。产自重庆市綦江区东 22 km 处三角镇红岩村陈家湾后山莲花保寨。

鉴别特征 前足五指，足迹的长宽比为 1∶0.91；足迹后缘无明显掌骨印痕；步幅角为 107°，足长与复步的比为 1∶5.34。后足四趾，足迹的长宽比为 1∶0.88；第 IV 趾最长，第 II、III 趾略短，第 I 趾最短；足迹后缘有圆形的蹠趾垫。

产地与层位 重庆綦江，下白垩统夹关组。

评注 中国四足龙足迹（*Tetrapodosaurus sinensis*）是中国首次关于甲龙足迹的报道，而且到目前为止这也是中国境内唯一一次确切的甲龙足迹的报道。邢立达等（2007）为了描述在重庆綦江发现的与大量的鸟脚类足迹——莲花卡利尔足迹（*Caririchnium lotus*）保存在一起的 8 个甲龙类足迹而创立了新足迹属种 *Qijiangpus sinensis*（中国綦江足迹）。从形态

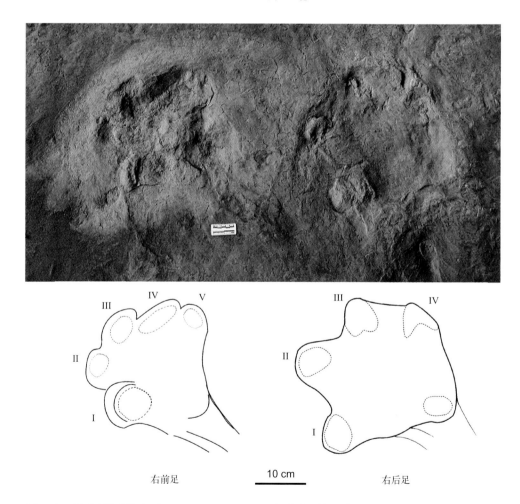

图 158 中国四足龙足迹（*Tetrapodosaurus sinensis*）照片（胡柏林摄影；其中的比例尺 5 cm）及轮廓图

上看，这批足迹应属于四足龙足迹(*Tetrapodosaurus*)。邢立达等（2007）在描述这批足迹的时候，曾经识别出新发现足迹与 *Tetrapodosaurus* 的四点区别：首先，*Tetrapodosaurus* 的趾（指）间角小于綦江的甲龙足迹。但是，邢立达等（2007）文章中在描述綦江甲龙足迹的特征时，关于趾（指）间角的数据有些混乱。邢立达等（2007）在綦江足迹的鉴别特征中指明綦江甲龙足迹的前足指间角为 I 65° II 28° III 31° IV 43° V，可是在后面的讨论中将 *Tetrapodosaurus* 正模的指间角数值(I 73° II 42° III 33° IV 50° V)误认为是 *Qijiangpus sinensis* 的指间角数值，而把 *Qijiangpus sinensis* 的指间角数值误认为是 *Tetrapodosaurus* 正模的指间角数值。因此得出 *Qijiangpus sinensis* 的指间角大于 *Tetrapodosaurus* 正模的指间角的结论，与事实正好相反。另外，邢立达等（2007）并没有指明趾（指）间角的测量位置。实际上，关于甲龙、角龙等足迹的趾间角的测量还没有统一的标准，不同的学者的参考点不一样，测量出来的角度值差别很大，所以趾（指）间角作为足迹的鉴别特征还需进一步统一标准。第二，*Tetrapodosaurus* 前足足迹宽大于长，长宽比为 1∶1.35，而綦江甲龙足迹前足长大于宽，长宽比值为 1∶0.9。第三，*Tetrapodosaurus* 的前足第 I 指明显短于 II、III、IV 指，但是綦江甲龙足迹的前足 I 指虽然也短于 II、III 指，但却长于第 IV 指。第四，綦江甲龙足迹与 *Tetrapodosaurus* 在前足后边缘上也有一些小差别。但是，上述这些区别不足以达到属间的区别，可作为种间的区别。因此，綦江发现的甲龙类足迹为一独立的种，归入 *Tetrapodosaurus* 足迹属内。Lockley 等（2013）认为綦江的甲龙足迹保存不佳，这个名称应该属于可疑名（*nomen dubium*），而且从形态上看属于鸟脚类足迹。但是，从现有保存的特征来看，还是基本符合四足龙足迹（*Tetrapodosaurus*）的鉴别特征，比如四足行走，趾（指）短，趾垫粗且相连，远端趾（指）节分开，前足具五指，足迹位于后足足迹之前，后足四趾，步幅角107°，比较接近 *Tetrapodosaurus* 模式种模式标本的120°步幅角。另外，綦江这批足迹与鸟脚类的差别是很大的。鸟脚类足迹大多为宽趾三趾型足迹，外侧趾的夹角大。而且，鸟脚类足迹多为两足行走，即使四足行走，前足足迹也要比后足足迹小很多（Thulborn, 1990）。綦江的足迹没有显示出这些特征。綦江发现的甲龙类足迹显示了前后足大小差异不大，与鸟脚类足迹的差别明显。更何况，綦江发现的甲龙类 8 个连续足迹形成行迹，其鉴别特征完全可以作为一个足迹种的依据。

覆盾甲龙类足迹科不确定 Thyreophora incertae ichnofamiliae

神木足迹属 Ichnogenus *Shenmuichnus* Li, Lockley, Zhang, Hu, Matsukawa et Bai, 2012

模式种 杨德氏神木足迹 *Shenmuichnus youngteilhardi* Li, Lockley, Zhang, Hu, Matsukawa et Bai, 2012

鉴别特征 常以四足行走，后足三趾型，具钝爪，前足印迹较大，具五指，显示

Moyenosauripus 形态（前足与后足相比较小，具五指，后足四趾，趾迹清晰），但以前足较大，后足无拇趾印迹，前后足爪迹圆钝，无尾迹等特征区别于 *Moyenosauripus*。

中国已知种 仅模式种。

分布与时代 陕西神木，早侏罗世。

杨德氏神木足迹 *Shenmuichnus youngteilhardi* Li, Lockley, Zhang, Hu, Matsukawa et Bai, 2012

（图 159—图 161）

正模 SM-C6, SM-C7, 分别由前足和后足组成的单步，标本保存在陕西神木博物馆；北京自然博物馆制作模型，编号为 BMNH-Ph000906, BMNH-Ph000907。

副模 SM-C1-5, SM-C8-15, 与正模标本保存在一起的其他 13 组足迹，每个编号分

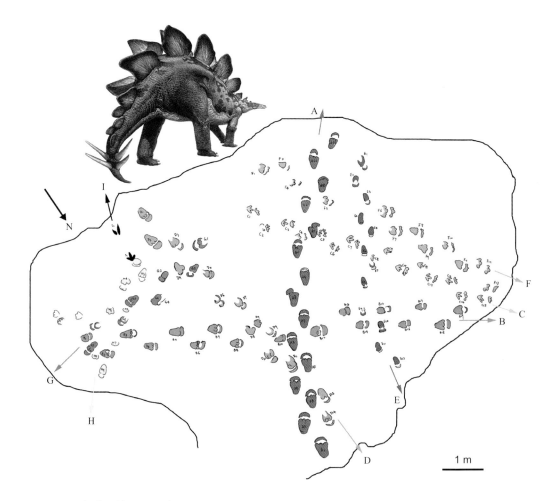

图 159　杨德氏神木足迹（*Shenmuichnus youngteilhardi*）野外分布图，图中 A–I 为行迹编号（引自 Li et al., 2012）

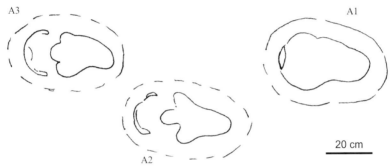

图 160 杨德氏神木足迹 (*Shenmuichnus youngteilhardi*) 在泥泞地表形成的足迹 SM-A1–3 照片
及其轮廓（引自 Li et al., 2012）

别包含同侧相邻的前后足足迹。在模式产地陕西神木栏杆堡乡邱井沟村（38°45′32.16″N，
110°36′17.4″E）（图 159）共保存 8 条杨德氏神木足迹（*Shenmuichnus youngteilhardi*）行迹
（A–H），其中行迹 C 保存最清晰，被确定为模式行迹（type trackways）。2011 年神木
博物馆将所有暴露足迹发掘搬迁至位于神木县城的博物馆内，并按照野外产状拼接复原，
目前已经开馆接待观众。

地模 模式行迹保存在一起的其他 7 条行迹，编号为 SM-A1–15, SM-B1–19, SM-
D1–14, SM-E1–12, SM-F1–13, SM-G1–8, SM-H1–9。这 7 条行迹显示出相同的动物在不同
地表条件下形成的不同形态的足迹。

鉴别特征 同属。

产地与层位 陕西神木栏杆堡乡，下侏罗统富县组。

评注 *Shenmuichnus youngteilhardi* 是 Li 等（2012）为描述在陕西神木栏杆堡乡邱井
沟村中生代早期地层中发现的四足行走的恐龙足迹而创建的足迹属种名称，*Shenmuichnus
youngteilhardi* 为四足行走足迹，前足五趾，宽大于长，一般宽 16–17 cm，长约 11–14 cm；
后足三趾，长宽相近，长 15–17 cm，呈对称图形，各趾均具爪迹，II 趾和 III 趾各具两个趾垫印迹，II、IV 趾夹角 50°–74°；行迹中，III 趾略偏向行迹中线；行迹内宽 10–15 cm，外宽 42–47 cm，复步长 84–92 cm；单步角 108°–122°。*Shenmuichnus youngteilhardi* 是一个典型的相同的动物在不同性质的地表上行走而留下形态不同足迹的例子。在足迹化石产地，共发现 9 条行迹，212 个恐龙足迹（图 159），除了 2 个兽脚类恐龙足迹之外，其余 8 条行迹均为杨德氏神木足迹（*Shenmuichnus youngteilhardi*），是同一种恐龙在不同的时间在相同的地点留下的。由于时间不同，地面干燥程度也不同，因而足迹表现出了不同的形态。最泥泞的地表状况保存了比较深的足迹（行迹 A），足迹周围保存"挤压脊"，而形成三角足迹（*Deltapodus*）类型的形态（图 160），这种足迹形态具有比较清晰的后足趾迹和半圆形前足足迹，前足趾迹不清晰，而且经常受到后足足迹的扰动，使前后两个足迹连在一起，形成"人脚"形状；地面干燥适中的状况保存了较浅的足迹（行迹 C），显示出莫彦龙足迹（*Moyenosauripus*）的形态（图 161），前足五趾，后足三趾，而且趾迹十分清晰，前后足足迹没有相互干扰。其他几条行迹的特征介于这两种极端形态之间，呈过渡形态。因此，神木足迹显示了相同恐龙在不同地表条件下形成的不同形态的足迹。这批足迹化石的发现成

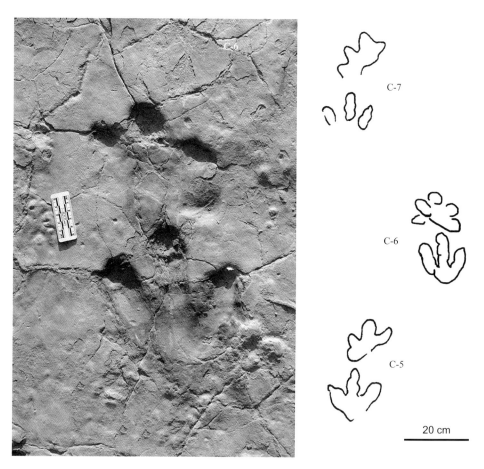

图 161　杨德氏神木足迹（*Shenmuichnus youngteilhardi*）正模标本局部 SM-C6 照片及模式行迹中的连续三组足迹 C-5, C-6, C-7 的轮廓图（引自 Li et al., 2012）

为解决全世界足迹命名方面难题的一个关键性证据。另外，神木足迹的发现为研究四足鸟臀类恐龙在中生代早期的古地理和古生态的分布提供了重要证据。由于这个足迹地点比较重要，神木博物馆将邱井沟地点发现的足迹挖掘至馆内保存。在距离邱井沟村地点直线距离3 km左右的李家南圪崂附近发现了第二个地点。这个地点保存有异样龙足迹（*Anomoepus*）、跷脚龙足迹（*Grallator*）、三角足迹（*Deltapodus*）以及神木足迹（*Shenmuichnus*），同时还发现了许多植物化石，显示出早侏罗世的时代特征。研究认为神木足迹属于剑龙类所留。

三角足迹属 Ichnogenus *Deltapodus* Whyte et Romano, 1994

模式种 布氏三角足迹 *Deltapodus brodricki* Whyte et Romano, 1994

鉴别特征 大型四足行走足迹，前足内侧指强壮，前足轮廓新月形，向前凸出，宽28–30 cm，是长的2倍左右，拇指偶尔出现，指向行迹中线；后足三角形，长34–50 cm，长略大于宽，足迹最宽处位于外侧趾，足迹内侧略有凹陷，足迹轮廓近似中轴对称，具三趾，趾短，行迹较宽，内宽24 cm，外宽90 cm，复步长90–110 cm，单步60–70 cm，步幅角90°左右，足迹略向外偏转，前足足迹位于同侧后足前相当于前足长度的位置，无尾迹。

中国已知种 *Deltapodus curriei*, *D.* isp.。

分布与时代 欧洲、北美、中国，侏罗纪到白垩纪。

评注 *Deltapodus* 是 Whyte 和 Romano（1994）根据在英格兰约克郡中侏罗世地层中发现的一批四足行走的恐龙足迹建立的足迹属。当时，他们根据①四足行走，②足迹向外偏转，③后足大于前足，④前足的宽大于长，⑤前足指迹不清晰等特点认为该足迹属于蜥脚类足迹。但是，足迹还展现了许多不符合蜥脚类足迹的特点，比如，①后足三角形，而蜥脚类后足足迹多为圆形或卵圆形，②足迹外形中轴对称，而蜥脚类后足足迹不对称，③后足足迹显现三个钝爪爪迹，而蜥脚类足迹如果有趾迹的话，一般显现4–5个短脚趾印迹，④约克郡足迹的趾迹出现在后足足迹前边缘，而大部分蜥脚类的足迹中如果有趾迹的话，趾迹出现在前边缘和前侧边缘，而且趾迹常弯曲，⑤指向行迹中线的拇指印迹，这个特征在蜥脚类足迹中很罕见。尽管 Whyte 和 Romano（1994）将在约克郡中侏罗世地层中发现的足迹归入蜥脚类，但是，由于上述疑点的存在，他们也对自己的结论表示怀疑。经过一些时间的详细对比和研究，Whyte 和 Romano（2001b）认为上述描述的 *Deltapodus* 是剑龙类足迹。

柯里三角足迹 *Deltapodus curriei* Xing, Lockley, McCrea, Gierliński, Buckley, Zhang, Qi et Jia, 2013

（图162，图163）

正模 一个完整的前后足足迹组合，足迹为下凹足迹，编号为 MDBSM (MGCM).

SA2m 和 MDBSM (MGCM).SA2p，化石仍然保存在野外。位于新疆克拉玛依市乌尔禾区黄羊泉水库足迹产地（46°4′25″N, 85°34′57″E）。

副模 与正模标本保存在同一条行迹中的另外 3 个前后足足迹组合，编号分别为 MDBSM (MGCM).SA1m, MDBSM (MGCM).SA1p, MDBSM (MGCM).SA3m, MDBSM (MGCM).SA3p, MDBSM (MGCM).SA4m, MDBSM (MGCM).SA4p。与正模足迹一样，所有副模足迹也仍然保存在野外。

参考标本 保存在魔鬼城恐龙及奇石博物馆内另外 20 件标本，编号为 MDBSM (MGCM).SZ1–SZ17, MDBSM (MGCM).SZ20–22，其中 MDBSM (MGCM).SZ10p 和 MDBSM (MGCM).SZ20m 是上凸形式保存的足迹；仍然保存在黄羊泉水库化石点的 6 个足迹，编号为 MDBSM (MGCM).SB1p, SB2m, SB2p, SZ18p, SZ19m, SZ19p；以及保存在四川自贡恐龙博物馆的一件后足足迹，编号为 ZDM201103。

鉴别特征 四足行走足迹，内侧趾（指）强壮，前足足迹形状卵圆形，有时不规则形状；宽是长的 2 倍，拇指印迹清晰、粗壮；掌指区域下凹，而指的外围区域凸出；后足长大于宽，超出 35%；后足三趾（II–IV），趾迹清晰，短圆形；三个趾迹长度相近，后跟部较长，边缘微弯曲，II、III 趾趾间夹角略大于 III、IV 趾趾间夹角（但脚趾较短不易测量）；在行迹中，前后足均向外偏斜。

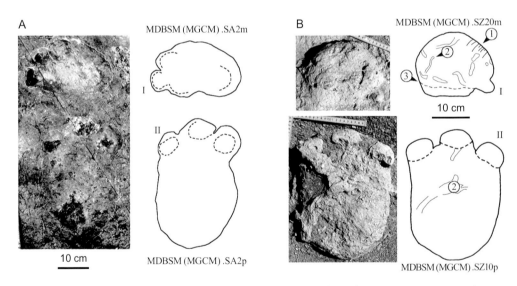

图 162　柯里三角足迹 (*Deltapodus curriei*) 标本照片及轮廓图（引自 Xing et al., 2013h）
A. 正模标本 MDBSM (MGCM).SA2m 和 MDBSM (MGCM).SA2p；B. 上凸形式保存的标本 MDBSM (MGCM).SZ10p 和 MDBSM (MGCM).SZ20m，图中①前足前内侧皮肤上鳞的划痕；②无脊椎动物遗迹；③加长的掌指骨区域

产地与层位 新疆克拉玛依乌尔禾，下白垩统土谷鲁群下部。

评注 Xing 等（2013h）根据在新疆克拉玛依市乌尔禾区发现的 30 多个四足行走的恐龙足迹建立了新足迹属柯里三角足迹 (*Deltapodus curriei*)，这是中国第一个确切的三

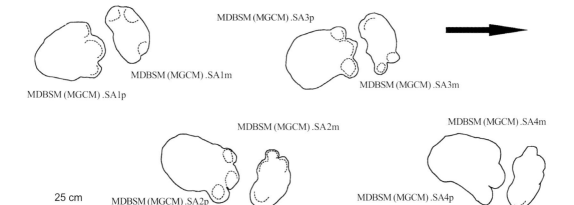

图 163　新疆克拉玛依乌尔禾区柯里三角足迹（*Deltapodus curriei*）行迹轮廓图及足迹编号（引自 Xing et al., 2013h）

角足迹的报道。在此之前。张建平等（2012）报道了北京延庆地区土城子组侏罗 - 白垩系界线附近发现的三角足迹相似属（cf. *Deltapodus*），由于足迹保存不佳没有建立新足迹属种。因此，柯里三角足迹（*Deltapodus curriei*）是第一个在中国境内发现的三角足迹种，也是世界上地质年代最年轻的三角足迹。三角足迹（*Deltapodus*）被认为是剑龙类恐龙所留。

三角足迹属未定种　*Deltapodus* isp.

（图 164）

cf. *Deltapodus* isp.：张建平等，2012，148 页

材料　保存在北京延庆县千家店 S309 公路旁上侏罗统土城子组第三段中的一批足迹。足迹产地编号为 YQSID。产地中包含 30 多个足迹。张建平等（2012）的文章中并没有对所有发现足迹全部进行编号，仅编了如下号码：YQSID-A1m, YQSID-A1p, YQSID-A2p（张建平等，2012，图 3 中误标注成 YQID-A1p），YQSID-B3m, YQSID-B3p，以及在一起保存的兽脚类足迹 YQSID-C1, D1, D2 和 E1 等。足迹均以幻迹形式保存（图 164）。

产地与层位　北京延庆，上侏罗统土城子组。

评注　张建平等（2012）描述了北京延庆县千家店地区上侏罗统土城子组的恐龙足迹化石。这是北京地区首次发现确切的恐龙足迹。足迹为四足行走足迹，分大小两种尺寸：大型足迹的后足 67.7 cm × 42.2 cm，前足 28.5 cm × 48.3 cm；小型足迹后足 40.3 cm × 30.1 cm，前足 18.7 cm × 30.5 cm。在编号的足迹中，属于小型足迹的 YQSID-B3m 和 B3p 保存较好，被作为描述依据：YQSID-B3m 为前足迹，呈蚕豆状，各指不可辨，大小为后足迹的一半，位于后足迹的前方，强烈外偏于行迹中线；YQSID-B3p 后足迹呈椭圆状，三趾型，各趾短且末端圆钝，趾间角为 II 22° III 27° IV, 跟部强壮，呈圆弧形，足迹稍内偏于行迹中

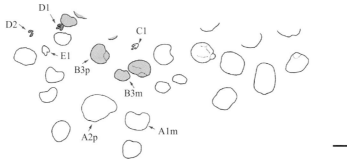

图 164 北京延庆千家店足迹化石点 YQSID（引自张建平等，2012，有改动，原图误将 A2p 写成 A1p）

线。根据这些特征，张建平等（2012）认为这些足迹与 *Deltapodus* 相似，并将其归入 cf. *Deltapodus* isp.。其中最关键的理由就是在 YQSID-A2p 和 YQSID-B3p 中识别出三个趾迹。但是，这些足迹为幻迹，并不是恐龙行走时所接触的原始地面，所以，后足趾迹保存不完全。很有可能后足足迹中承重比较大的 II、III、IV 趾对地面的压力较大，在下面一层留下印迹，而形成保存三个趾的幻迹。因此，后足是否三趾型值得商榷。

鸟臀目足迹属种不定 Ornithischia igen. et isp. indet.

（图 165）

材料 保存在临沭岌山省级地质公园内的 3 个连续的四趾足迹，编号为 LCBLR (LS) V-02-T1–3。另有 5 个极不清晰足迹，可能属于同一类型。目前足迹仍保存在野外。

产地与层位 山东临沭，下白垩统田家楼组。

评注 Xing 等（2013g）描述了临沭岌山省级地质公园内保存的 8 个四趾足迹，形成两条行迹，其中只有两个足迹 LCBLR (LS) V-02-T1 和 LCBLR (LS) V-02-T2 比较清楚，可识别出趾迹，但是测量尺寸相差较大：LCBLR (LS) V-02-T1 长 19.2 cm，宽 18.4 cm；LCBLR (LS) V-02-T2 长 27.7 cm，宽 20.0 cm。两个足迹均具四趾，足迹旁形成挤压脊。Xing 等 (2013g) 认为四个趾中最短的是 I 趾，根据趾长的分布，推断足迹 LCBLR (LS) V-02-T1 是左足足迹，LCBLR (LS) V-02-T2 是右足足迹，并认为 LCBLR (LS) V-02-T3 应该是同一条行迹的下一个足迹。但是，LCBLR (LS) V-02-T3 很不清晰，无趾迹，因此无

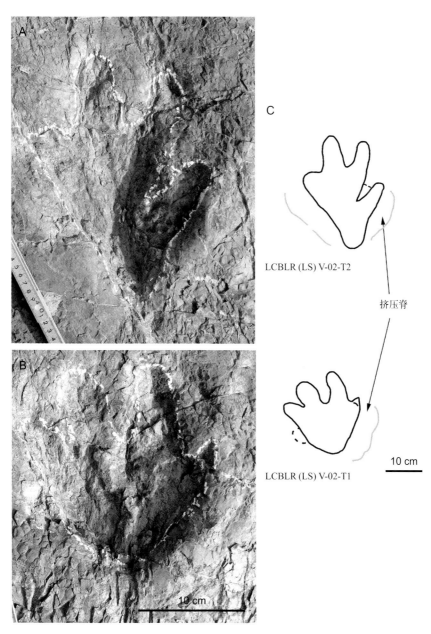

图 165　山东临沭发现的鸟臀类四趾足迹（引自 Xing et al., 2013g）

A. LCBLR (LS) V-02-T2；B. LCBLR (LS) V-02-T1；C. 足迹分布图

法鉴定。在 LCBLR (LS) V-02-T1 中，I 趾最短，具爪，II 趾最长，趾间角为 I 39° II 24° III 20° IV。LCBLR (LS) V-02-T2 的趾间夹角小于 LCBLR (LS) V-02-T1 的趾间角，只有 I 20° II 18° III 19° IV。而且，LCBLR (LS) V-02-T2 的"跟部"较长。Xing 等（2013g）认为足迹的形态与覆盾甲龙类（Thyreophora）的骨骼特征相似。但是，覆盾甲龙类一般应为四足行走，而这里描述的四趾足迹仅发现"一侧"的足迹，在同一层面上未发现"另一侧"足迹。因此，推断岌山的四趾足迹应该是一种行迹较窄的鸟臀目恐龙所留，并不存在"另一侧"。由于鹦鹉嘴龙在山东和辽宁等地有很多发现，Xing 等（2013g）将岌山的四趾足迹 LCBLR (LS) V-02-T1 与内蒙古鹦鹉嘴龙（*Psittacosaurus neimongoliensis*）的足部骨骼相比较，结果较为一致。于是，推测临沭岌山地区发现的四趾型足迹是鹦鹉嘴龙类恐龙所留。鹦鹉嘴龙前足短小，行走时多用后足行走，因此形成两足行走足迹。但是，根据足迹推测，LCBLR (LS) V-02-T1 和 LCBLR (LS) V-02-T2 的造迹动物的体长为 2.13–2.46 m，略长于常见的鹦鹉嘴龙。另外，根据两个足迹推测其造迹恐龙的属种明显证据不足，还需更多的同类型足迹的发现以及更深入的研究。

鳄目 Order CROCODILIA

鳄目足迹科未定 Crocodilia incertae ichnofamiliae

广元足迹属 Ichnogenus *Kuangyuanpus* Young, 1943

模式种　四川广元足迹 *Kuangyuanpus szechuanensis* Young, 1943

鉴别特征　四足行走足迹，趾行式，前足具有三个平行趾，趾长分别为 II：2.7–3.6 cm，III：3.8–4.8 cm，IV 4.5–5.4 cm。后足足迹四趾，各趾相互平行，后足比前足大 1/3，相对趾长为 I<II<III=IV；趾长分别为 I：4.5 cm；II：7.5 cm；III：8.4 cm；IV 8.4 cm；每个足迹后面均有一个枕状隆起。

中国已知种　仅模式种。

分布与时代　四川广元，中侏罗世。

四川广元足迹 *Kuangyuanpus szechuanensis* Young, 1943

（图 166）

Batrachopus szechuanensis：Zhen et al., 1989, p. 195；甄朔南等, 1996, 78 页

正模　一块有四个足迹的石板，63 cm 长，42 cm 宽，上面印有四个上凸的足迹，

图 166　四川广元足迹（*Kuangyuanpus szechuanensis*）正模的上凸足迹模型（编号为 BMNH-Ph000307；王琼拍摄）及含上凸正模石板素描图（引自 Young, 1943）

保存在南京地质博物馆，编号为 NGM-C161；北京自然博物馆制作下凹足迹模型，编号：BMNH-Ph000307。

模式产地　四川省广元市（市区以北数千米，位于广元至成都公路边上）。

鉴别特征　同属。

产地与层位　四川广元，中侏罗统下沙溪庙组。

评注　Young（1943）描述了在四川广元发现的保存在一块石板上的四足行走，具有平行脚趾的足迹，将其命名为四川广元足迹（*Kuangyuanpus szechuanensis*），这是中国侏罗纪地层中最早命名的四足动物足迹。Young（1943）认为该足迹为与虚骨龙相似的蜥臀类恐龙所留。共四枚足迹保存在一块 63 cm 长、42 cm 宽的石板上（图 166）。足迹显示的脚趾互相平行，后足比前足大 1/3。在每个足迹后面都有一个由于对沉积物的挤压而形成的枕状隆起。Young（1943）认为这是由于恐龙奔跑向后蹬地形成的。Zhen 等（1989）经过对比认为 *Kuangyuanpus* 应属于鳄形类动物所形成的足迹，并在分类位置上将 *Kuangyuanpus* 放入鳄形类，在形态上认为 *Kuangyuanpus* 与 *Batrachopus* Hitchcock 为相似（Zhen et al., 1989；甄朔南等，1996），并将足迹的种名修改为 *Batrachopus szechuanensis*。Olsen 和 Padian（1986）对 *Batrachopus* 进行了详细研究，特别对 Lull（1915，

1953）描述的 *Batrachopus* 进行了详细研究，发现了很多问题。于是，对 *Batrachopus* 的鉴别特征进行了重新修订：*Batrachopus* 为小型四足行走主龙类（Archosauria）足迹，前足五指，稍向外偏斜，使得 II 指向前方、IV 指向侧方、V 指向后方伸出，后足四趾着地，V 趾退化（即使偶尔落地也是在 III 趾后形成卵圆形印迹），III 趾最长，I 趾最短。后足足迹长介于 2–8 cm 之间。而且，*Batrochopus* 所有种的地质时代均不晚于侏罗纪早期。再来看广元足迹（*Kuangyuanpus szechuanensis*），其后足长度大于 8 cm，其中最重要的特征是各趾印迹平行，与 *Batrachopus* 的鉴别特征区别较大，而且，广元足迹（*Kuangyuanpus*）的地质时代为侏罗纪中期。因此，Lockley 等（2010a）认为广元足迹（*Kuangyuanpus* Young, 1943）并不是 *Batrachopus* 的同物异名，而是一个有效的足迹属名，应该予以恢复。Lockley 等（2010a）通过对广元足迹（*Kuangyuanpus szechuanensis*）的正模仔细观察后认为属于鳄目动物游泳的足迹。另外，足迹趾保留了脚趾的远端部分，并没有保存全部脚趾的印迹，而且是平行印迹，宽大于长，这些是典型的游泳动物留下的痕迹特征（Lockley et al., 2010a）。广元足迹（*Kuangyuanpus szechuanensis*）正模中足迹后面的枕状隆起是由于动物在水中游动时向后蹬水底形成的。*Kuangyuanpus* 的形态与在美国和西班牙晚侏罗世地层中发现的 *Hatcherichnus* 十分相似。

莱阳足迹属 Ichnogenus *Laiyangpus* Young, 1960

模式种　刘氏莱阳足迹 *Laiyangpus liui* Young, 1960

鉴别特征　小型足迹，四足行走，前足具三趾，后足四趾，趾迹清晰；后足的 I 趾和前足的 I、V 指均未保存；各趾纤细，趾尖尖锐，各趾近乎平行，前足 1.2–1.9 cm 长，1.7–2.3 cm 宽；后足 1.8–2.2 cm 长，2.1–2.6 cm 宽（Young, 1960，有删减）。

中国已知种　仅模式种。

分布与时代　山东莱阳，早白垩世。

刘氏莱阳足迹 *Laiyangpus liui* Young, 1960

（图 167）

正模　IVPP-V 2471，一块具有许多足迹的石板，保存在中国科学院古脊椎动物与古人类研究所。这件正模标本曾一度被认为丢失了（Lockley et al., 2010a, b, 2013）。产自山东省莱阳市龙旺庄镇水南村（36°56′15.96″N, 120°48′41.16″E）。

鉴别特征　同属。

产地与层位　山东莱阳，下白垩统水南组。

评注　刘氏莱阳足迹（*Laiyangpus liui*）是杨钟健 1960 年根据发现在一块石板上的

图 167　含刘氏莱阳足迹（*Laiyangpus liui*）的石板（王宝鹏摄影）

许多足迹命名的。据 Young（1960）报道，该石板上可识别出 85 个足迹（图 167），行进方向基本一致。足迹比较容易被区分成两大类：前足和后足。所有的趾迹平行，末端尖锐，宽大于长。杨钟健认为刘氏莱阳足迹（*Laiyangpus liui*）属于虚骨龙类恐龙足迹（Young, 1960）。但是，自从 1960 年以来，虚骨龙的概念发生了很大变化。虚骨龙都是两足行走，三个功能趾着地。而莱阳足迹属于四足行走，且前足三指，后足四趾，不符合虚骨龙类特征。Lockley 等（2010a）认为，前足三指、后足四趾，趾迹平行、末端尖锐、宽大于长等特征是典型的鳄目动物在水中游泳时的足迹特点。但是，Young（1960）对 *Laiyangpus liui* 定义的鉴别特征中指出：*Laiyangpus liui* 有尾迹。一般情况下，动物在游泳时，水的浮力会将尾巴托起，不会使其垂在水底而留下痕迹，很难形成尾迹。Lockley 等（2010a, b）也对 Young（1960）关于尾迹的鉴定有疑问。因此，由于存疑，Young（1960）原来鉴别特征中的"有尾迹"的特征这里被删除。

Young（1960）将 *Laiyangpus liui* 的地质时代确定为上侏罗统莱阳组。陈丕基等 2000 年对莱阳足迹的化石产地进行再次考察，虽然没有在刘氏莱阳足迹原始产地北泊子村发现类似的足迹，但在北泊子西北方向的黄岩地村发现了许多小型兽脚类恐龙足迹和鸟类足迹，在水南村附近发现兽脚类足迹（杨氏副跷脚龙足迹 *Paragrallator yangi*），并根据莱阳组中的生物化石组合，将刘氏莱阳足迹产出地层归入下白垩统（Chen et al., 2006）。

翼龙目 Order PTEROSAURA Kaup, 1834

评注　与翼龙骨骼化石最早在 1784 年就被科学界认识到相比，翼龙足迹化石被人们认识到时间就晚得多。最早被科学界认可的翼龙足迹发现于 1952 年，并在 1957 年公布于世，Stokes（1957）描述了在亚利桑那州晚侏罗世地层中发现的盐洗翼龙足迹（*Pteraichnus saltwashensis*），并得到科学界的重视。但是，文章发表后受到了很多质疑，Leonardi（1981）、Padian 和 Olsen（1984）等认为这不是翼龙足迹，而是鳄类足迹。Padian 和 Olsen（1984）的文章发表以后，带动了很多人对 Stokes 翼龙足迹的解释产生疑问（Lockley et Hunt, 1995）。直到 1995 年 Lockley 等详细论述了翼龙足迹与鳄类足迹的区别后，大多数科学家才相信翼龙足迹化石的存在，承认 Stokes（1957）建立的足迹属 *Pteraichnus* 是翼龙足迹而不是鳄类足迹。翼龙类前足四指，I–III 指细弱，具爪，正常指节，第 IV 指加长，形成翼指，支撑翼膜，爪节消失；后足 I–IV 趾加长，V 趾退化（Romer, 1956）。翼龙前足常形成三指型印迹，但是这三个指迹是哪三个指所留，不同的科学家给出了不同的解释。Stokes（1957）认为这三个指是 I、II、III 指，其中 III 指最长，支撑着翼膜。但是，翼龙骨骼化石显示前肢的翼指是第 IV 指，Stokes（1957）认为是第 III 指支撑翼膜显然是不对的。Unwin（1989）、Lockley 等（1995）以及彭冰霞等（2004）认为这三个指是 II、III、IV 指，其中 IV 指最长，是翼指，支撑着翼膜。翼龙行走时，翅膀折叠，夹在腋下，翼尖指向后上方，IV 指的掌指关节着地，I 指向前，不着地，没有印迹。Billon-Bruyat 和 Mazin（2003）根据对法国西南部 Crayssac 提唐阶（Tithonian）下部发现的翼龙足迹的研究以及对其他已经发表的一些文章描述的翼龙足迹的观察后，对 *Pteraichnus* 的鉴别特征进行了修订，并认为翼龙前足的三个指迹是 I 指、II 指和 III 指所留。

根据翼龙前肢骨骼来看，第 I–III 指在翼的前缘中偏内侧的位置呈扇形分布，I 指最短，III 指最长，三个指的分布形状与翼龙足迹基本吻合（Romer, 1956；吕君昌等，2013）。因此，本志书同意 Billon-Bruyat 和 Mazin（2003）的观点，翼龙前足留下的三指印迹是第 I–III 指所留，第 IV 指是翼指，翼龙行走时，翼指折叠，只有掌指关节着地，形成掌指垫与第 I–III 指的掌指垫合成一个较大的垫，第 IV 指不形成印迹。实际上，在近年许多描述翼龙足迹的文章中，大都将前足的三个指迹确认为是第 I–III 指留下的印迹（Lockley et Wright, 2003; He et al., 2013; Xing et al., 2013i 等）。

翼龙足迹化石的发现对复原翼龙的行走姿态起到了关键性的作用。在翼龙足迹化石发现之前，对于翼龙怎样在地面上行走一直争论不休。有些科学界认为它们就像鸟类那样，只用两足行走，即使有些科学家认为翼龙应该是四足行走，但是对其行走姿态一直也找不到证据。翼龙足迹化石的发现解决了翼龙行走方式的问题。在正常翼龙足迹中，每组前后足迹中的前足足迹总是在后足足迹后面，前足第 III 指指尖总是指向动物前进的相反方向，被描述为"指向后方"。因此，在测量前足足迹长时，测量线要平行于第 III 指的主轴线（图 168）。

图 168　翼龙行走姿态及其足迹的测量（引自 Lockley, 2002）

翼龙足迹科 Ichnofamily Pteraichnidea Lockley, Logue, Moratalla, Hunt, Schultz et Robinson, 1995

模式属　翼龙足迹属 *Pteraichnus* Stokes, 1957

鉴别特征 四足行走足迹，行迹宽，后足足迹形状为对称图形，四个功能趾，蹠行式；前足三趾型，轮廓不对称，III 指最长、弯曲、指尖指向后方、与行迹中线平行，前足印迹深度常大于后足印迹深度（引自 Lockley et al., 1995，有修改）。

中国已知属 *Pteraichnus*。

评注 在翼龙足迹科（Ichnofamily Pteraichnidea）建立以前，关于翼龙类足迹的研究比较混乱，有的翼龙足迹被鉴定成其他爬行动物足迹，而有很多其他爬行动物足迹被鉴定成翼龙足迹。甚至有人认为当时唯一的一个有效的翼龙足迹属——*Pteraichnus* 的造迹动物属于鳄类（Padian et Olsen, 1984）。还有很多不确定的足迹化石被命名为 *Pteraichnus*-like 足迹。当时，在北美洲和欧洲发现了很多翼龙类足迹，很多没有正式名称。因此，为了规范翼龙足迹的研究并确定翼龙足迹的特征，Lockley 等（1995）建立了翼龙足迹科（Ichnofamily Pteraichnidea）。按照 Lockley 等（1995）的观点，前足的三个指迹为 II、III、IV 指的印迹。但是，通过上述对比和讨论，本志书认为三个指迹应该是 I、II、III 指的印迹。因此将科的鉴别特征中"IV 指拉长"改为"III 指最长"。

翼龙足迹属 Ichnogenus *Pteraichnus* Stokes, 1957

模式种 盐洗翼龙足迹 *Pteraichnus saltwashensis* Stokes, 1957

鉴别特征 四足行走，前足足迹长大于宽，轮廓为不对称图形，具三指（I, II, III），指行式，I 指常具爪，指尖指向前方或前侧方，II 指很少具爪，指尖指向前侧方或后侧方，III 指个别具爪，指尖指向后方，从 I 指到 III 指长度增加，IV 指不着地，仅 IV 指远端的掌指关节在前足印迹的中部边缘留下印迹；在个别保存极好的标本中可见到 IV 指近端指垫的印迹；后足足迹近似长三角形，蹠行式，具四趾（I, II, III, IV），II 趾和 III 趾略长于 I 趾和 IV 趾，四趾均具爪。在同侧前后足足迹组合中，后足足迹在前，前足足迹在后，前足足迹的印迹深度常大于后足印迹深度（Billon-Bruyat 和 Mazin 2003 年修改补充）。

分布与时代 欧洲、北美、中国，晚侏罗世至晚白垩世。

中国已知种 *Pteraichnus* cf. *saltwashensis*, *P. yanguoxiaensis*, *P. dongyangensis*, *P.* isp. 1, *P.* isp. 2, *P.* isp. 3。

评注 翼龙足迹属（*Pteraichnus*）是 Stokes（1957）为了描述在美国亚利桑那州 Apache County 的 Carrizo Mountain District 的 Morrison 组中发现的一条由 9 对足迹组成的翼龙行迹而创立的。足迹属创立以后，很多新的翼龙足迹的发现都被放在该足迹属中，在西班牙的白垩纪、北美洲和欧洲其他地方的侏罗纪和白垩纪的沉积中都有发现，往往伴随着淡水沉积。Stokes（1957）命名时就认为这是翼龙留下的足迹。但是，Padian 和 Olsen（1984）认为这是鳄类留下的足迹。Lockley 等（1995）仔细研究了正模以及新发现的类似的标本后认定，这类足迹还是翼龙所留，并认为足迹属 *Pteraichnus* 的造迹动物是一类四足行走、蹠行式、身体的重量大多在前肢上的翼龙类。Stokes（1957）的属的鉴别特征中，虽然认为前足三个指的印迹是 I、II、III 指印迹，但是，他认为加长撑起翼的指是 III 指，在足迹中仅留下拖拽痕迹。这里改成"III 指最长"。目前中国已经正式报道了 6 个翼龙足迹化石点(He et al., 2013)，其中发现的翼龙足迹均归入翼龙足迹属(*Pteraichnus*)。

中国发现的 6 个翼龙足迹化石地点为：甘肃永靖盐锅峡下白垩统河口组（彭冰霞等，2004；Li et al., 2006；Zhang et al., 2006），山东即墨下白垩统（Xing et al., 2012c），浙江东阳上白垩统（Lü et al., 2010; Chen et al., 2013），重庆綦江下白垩统（Xing et al., 2012c），四川昭觉下白垩统飞天山组（叶勇等，2012[①]；Xing et al., 2015）以及新疆克拉玛依下白垩统吐谷鲁群（Xing et al., 2013e; He et al., 2013）。

盐洗翼龙足迹（相似种） *Pteraichnus* cf. *saltwashensis* Stokes, 1957

（图 169）

Pteraichnus saltwashensis：Xing et al., 2015, p. 145

正模 保存在美国犹他大学地质博物馆（编号不详）的一条翼龙行迹化石标本，包括 9 对前后足足迹（编号不详）。标本产自美国亚利桑那州 Apache County 地区的 Carrizo 山西北侧。

归入标本 保存在四川凉山昭觉县三岔河乡三比罗嘎村下白垩统飞天山组的 11 个翼龙足迹，足迹仍在野外，包括 8 个前足足迹和 3 个后足足迹，野外编号分别为 ZJI-P1-LP1, ZJI-P1-LM1, ZJI-P1-RM1, ZJI-PI-P1, ZJI-PI-P2, ZJI-PI-M2, ZJI-PI-M3, ZJI-PI-M4, ZJI-PI-M5, ZJI-PI-M6, ZJI-PI-M7（其中 ZJ 代表昭觉县，I 代表 1 号产地，P 代表翼龙足迹，LP 代表左后足足迹，LM 代表左前足足迹，M 代表前足足迹）。科罗拉多大学自然历史博物馆（原美国丹佛科罗拉多大学 - 西科罗拉多博物馆）制作了前足足迹的模型，编号分别为 UCMNH(UCM)214.269–214.272。

鉴别特征 同属。

产地与层位 美国亚利桑那、中国四川，上侏罗统至下白垩统。

评注 1991 年在四川昭觉县三岔河乡三比罗嘎村开采铜矿时，村民们发现了大量的恐龙足迹。2004 年，昭觉县文化影视新闻出版和体育旅游局文管所所长俄比解放率先对足迹化石产地进行了考察。根据昭觉县文管所提供的信息，成都理工大学李奎、刘建等于 2006 年 2 月又对该地区的足迹化石进行了考察，确认足迹化石产自下白垩统飞天山组，并在其中识别出翼龙足迹。刘建等（2009[①]）在南京举办的中国古生物学会第十次全国会

[①]刘建（Liu J），李奎（Li K），杨春燕（Yang C Y），江涛（Jiang T）. 2009.四川昭觉恐龙足迹化石的研究及其意义 . 中国古生物学会第十次全国会员代表大会暨第 25 届学术年会论文摘要集 . 195–196

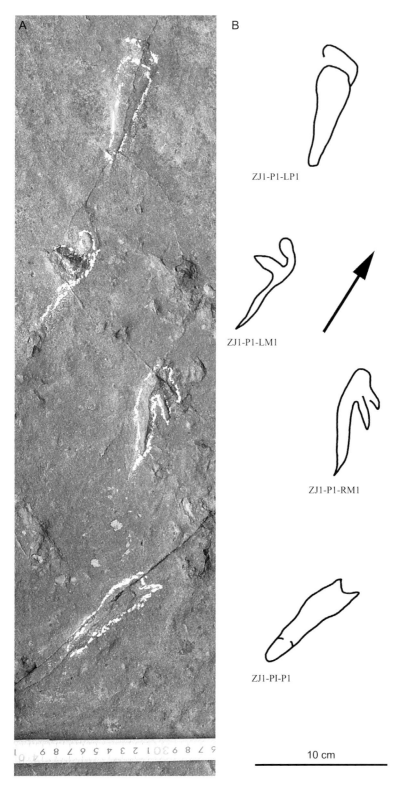

图 169　四川昭觉发现的盐洗翼龙足迹（相似种）(*Pteraichnus* cf. *saltwashensis*) 照片及轮廓图
（引自 Xing et al., 2015）

A. ZJI-P1 行迹照片；B. ZJI-P1 行迹轮廓图及各足迹编号

员代表大会暨第 25 届学术年会上做了题为"四川昭觉恐龙足迹化石的研究及其意义"的学术报告。邢立达等于 2012 年和 2013 年对化石产地再次进行了考察。在考察中，他们发现刘建等报告中提到的保存足迹的岩层大部分（95%）已经垮塌。Xing 等（2015）根据残存部分仍然保留的足迹化石和 2006 年拍摄的录像，对上面的翼龙足迹和其他足迹进行了再研究。经研究，Xing 等（2015）认为昭觉足迹化石产地保存的翼龙足迹与 *Pteraichnus saltwashensis* 相似。笔者基本同意Xing 等（2015）的观点，但是，Xing 等（2015）未给出详细对比，而且从足迹保存状态来看，昭觉翼龙足迹的后足趾迹不清晰。因此，笔者认为可暂时归入盐洗翼龙足迹相似种（*Pteraichnus* cf. *saltwashensis* Stokes, 1957）。

盐锅峡翼龙足迹 *Pteraichnus yanguoxiaensis* Peng, Du, Li et Bai, 2004
（图 170，图 171）

Rhamphorhynchid pterosaur trackway：Li et al., 2006

选模　LDNG-LM4（前足），RP1（后足）。彭冰霞等（2004）确定的正模是 CUG-

图 170　盐锅峡翼龙足迹（*Pteraichnus yanguoxiaensis*）（引自 Li et al., 2006）
A. 右后足足迹（LDNG-RP1）；B. 左前足足迹（LDNG-LM4，增加前足足迹轮廓图）

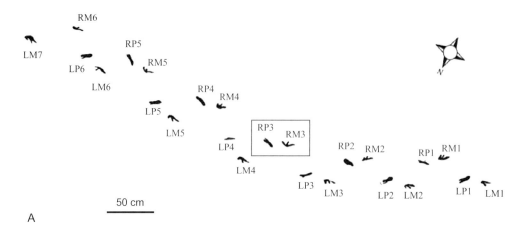

图 171　盐锅峡翼龙足迹（*Pteraichnus yanguoxiaensis*）

A. 行迹分布图（引自 Li et al., 2006），红方框为 b 图中足迹在行迹中的位置；B. 编号为 LDNG-RP3（后足）、
RM3（前足）的足迹（李大庆提供）

PT2，但是文章中没有给出正模标本的清晰照片和编号依据。Li 等（2006）给出明确编
号并附图（图 170，图 171），而且可以确定行迹中的位置，因此选用 Li 等（2006）编号
中的 LDNG-LM4（前足）、RP1（后足）为模式标本（图 170），标本保存在甘肃刘家峡
恐龙国家地质公园恐龙足迹展览馆内，位于甘肃永靖县盐锅峡。

副模　LDNG-LM1–3, LDNG-LM 5–7, LDNG-RM1–6, LDNG-LP1–6, LDNG-RP2–5,
CUG-PT1 [彭冰霞等（2004）的编号为 CUG-PT3–11]；美国科罗拉多大学保存模型，编号
为 CU 214.51–53。

产地与层位　甘肃永靖盐锅峡，下白垩统上河口组。

鉴别特征　四足行走足迹，前、后足长度均等，为 12 cm 左右，前足足迹为外侧轴型，指行式，I 指最短，III 指最长，指迹向后延伸，平行于行迹中线，后足具 4 个功能趾，蹠行式；其中 II、III 趾较长，IV 趾长于 I 趾；脚印长，外形近长方形；前后足迹都向外偏转；行迹宽，外宽 41 cm，内宽 30 cm（彭冰霞等，2004；Li et al.，2006）。

评注　彭冰霞等（2004）首次报道了甘肃永靖盐锅峡发现的翼龙足迹，并将其命名为盐锅峡翼龙足迹（*Pteraichnus yanguoxiaensis*）。Li 等（2006）对这批足迹进行了更详细的描述。盐锅峡翼龙足迹（*Pteraichnus yanguoxiaensis*）是中国境内首次发现并被描述命名的翼龙类足迹。盐锅峡的翼龙类足迹四足行走，前足三指，呈现典型的翼龙前足的不对称图形，前足平均长 12.2 cm，平均宽 4.8 cm，前足 III 指最长，指迹向后延伸，平行于行迹中线，后足平均足长 12.3 cm，平均宽 3.6 cm，后足具四趾，行迹较宽特点符合翼龙足迹属（*Pteraichnus*）的鉴别特征，因此归入 *Pteraichnus*。但是，*Pteraichnus* 的模式种 *Pteraichnus saltwashensis* Stokes, 1957 的后足足迹中跟部较小，足迹长为宽的 2 倍，后足中线与行迹中线的夹角达到 45°，而盐锅峡的翼龙足迹的后足跟部较宽，且长为宽的 3 倍，后足中线与行迹中线的夹角仅为 30°，与模式种有明显区别。在足迹属 *Pteraichnus* 中，还有一个种 *P. stokesi* Lockley, 1995。盐锅峡的翼龙足迹与其区别在于 *P. stokesi* 的后足与行迹中线的夹角也达到 45°，而且步幅角很小，只有 90°（Lockley et al.，1995），与盐锅峡翼龙足迹的 94°–114° 步幅角有所区别，因此，*Pteraichnus yanguoxiaensis* 为有效足迹种。彭冰霞等（2004）在描述足迹特征的时候，也将前足的三指印迹鉴别为 II、III、IV 指。而本志书认为这三个指的指迹应该是 I、II、III 指。因此，在鉴别特征中做了适当的修改。

东阳翼龙足迹 *Pteraichnus dongyangensis* Chen, Lü, Zhu, Azuma, Zheng, Jin, Noda et Shibata, 2013

（图 172）

Pterosaur footprints：Lü et al., 2010, p. 46

Pteraichnus isp.：Xing et al., 2012c, p. 53

Pteraichnus isp.：He et al., 2013, p. 1480

正模　DYM-04666-1（前足足迹）；DYM-04666-2（后足足迹），保存在东阳博物馆。产自浙江东阳。

副模　DYM-04666-3（前足足迹化石），DYM-04666-4（一个前足足迹，一个后足足迹）。产自浙江东阳。

产地与层位　浙江东阳，上白垩统金华组（原方岩组）。

鉴别特征　四足行走足迹，前足较小，具三指，为不对称图形，指间角为 I、II 指之

图 172　东阳翼龙足迹正模标本（引自 Lü et al., 2010）

A. 前足足迹（DYM-04666-1）；B. 后足足迹（DYM-04666-2）

间的夹角大于Ⅱ、Ⅲ指之间的夹角，后足较长，前后足足迹长度比约为1∶1.4，后足窄长型，长宽比约为3∶1，后足跟部印迹较深。

　　评注　东阳翼龙足迹（*Pteraichnus dongyangensis*）是陈荣军等（Chen et al., 2013）根据在浙江东阳上白垩统金华组（原方岩组）发现的翼龙类足迹（图172）命名的翼龙足迹种。化石是在2010年发现的，Lü 等（2010）曾经对这批足迹进行了描述，其形态属于翼龙足迹，而且符合翼龙足迹属（*Pteraichnus*）的特征，Lü 等（2010）和 He 等（2013）将其归入翼龙足迹属未定种（*Pteraichnus* isp.）。Chen 等（2013）根据其个体较小 [但是，Chen 等（2013）测量后足足迹只有1.5 cm，应该是测量误差所致，实际最大宽应为3 cm]，前足Ⅱ指偏向Ⅲ指，前、后足差别较大，以及后足根部印迹较深等特点建立了新种东阳翼龙足迹（*Pteraichnus dongyangensis*）。另外，东阳翼龙足迹后足Ⅱ、Ⅲ趾趾迹及趾节印迹清晰。在前足附近有一较深的凹槽，被认为是翼指的近端印迹。东阳翼龙足迹的地质时代为晚白垩世，是目前中国发现的地质时代最晚的翼龙足迹。在浙江东阳与翼龙足迹一起保存的还有兽脚类、蜥脚类、鸟脚类以及鸟类足迹。

翼龙足迹属未定种 1 *Pteraichnus* isp. 1

（图 173）

材料 采集自山东青岛即墨闻馨园小区的 5 个下凹的翼龙足迹（图 173），包括 2 个前足足迹 [编号为 IGPLU (LUGP) 3-001.2m 和 IGPLU (LUGP) 3-001.3m]，3 个后足足迹 [编号为 IGPLU (LUGP) 3-001.1p, IGPLU (LUGP) 3-001.2p, IGPLU (LUGP) 3-001.3p]，标本保存在山东临沂大学地质古生物研究所。甘肃华夏恐龙足迹研究和开发中心制作了模型，编号为 HDT 217-221。

产地与层位 山东青岛即墨闻馨园小区（36°23′0.12″ N, 120°25′41.05″ E），下白垩统莱阳群曲格庄组。

评注 Xing 等（2012c）描述了在山东省即墨市闻馨园小区建设工地上发现的 5 个翼龙足迹（图 173）。这 5 个翼龙足迹包括 2 个前足印迹和 3 个后足印迹，分布在同一条行迹中。前足趾行式，足迹长 6.40–6.73 cm，宽 1.31–1.51 cm，具三指，向外偏斜，三个指迹从一个中心点向外辐射分布，III 指印迹最深，I 指和 II 指较短，具爪迹，并分别向前侧方和后侧方偏转；III 指爪迹清晰；I 指和 III 指之间的夹角平均 115.8°；指垫不清晰；后足蹠行式，足迹长 6.28–7.32 cm，宽接近 2 cm，跟部 U 形。总的来说，前足足迹比后足足迹深，基本符合一般翼龙足迹的特征。根据即墨翼龙足迹的形态特征，Xing 等（2012c）将其归入翼龙足迹属（*Pteraichnus*），并由于其后足趾迹不清晰，缺失爪迹，后足总体形

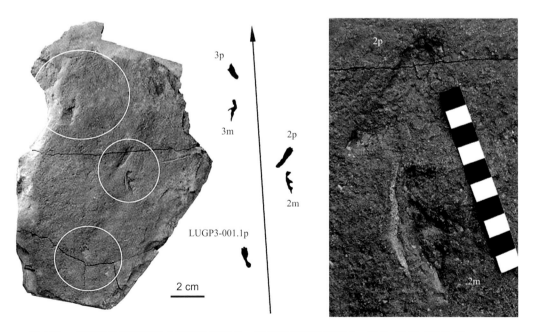

图 173　山东即墨发现的翼龙足迹化石照片、行迹轮廓图及足迹 2m 和 2p 特写（引自 Xing et al., 2012c）

图中，LUGP3-001.1p, 2p, 3p 为后足足迹编号；2m 和 3m 为前足足迹编号

态卵圆形，前足 I 指印迹短粗等特征，区别于 *Pteraichnus* 的所有已知种，但是目前还不能排除这些特征是由于当时翼龙行走时地表的性质造成的这种可能。因此，Xing 等（2012c）将其归入翼龙足迹属未定种（*Pteraichnus* isp.）。He 等（2013）也同意此观点，认为山东即墨的翼龙足迹属于足迹属 *Pteraichnus*。

翼龙足迹属未定种 2 *Pteraichnus* isp. 2
（图 174）

材料 保存在重庆市綦江区三角镇红岩村陈家湾后山莲花保寨半山腰的足迹产地中的 30 个翼龙足迹（Xing et al., 2012e, 2013i）。

产地与层位 重庆綦江三角镇红岩村陈家湾后山莲花保寨，早白垩世夹关组。

评注 重庆市綦江区三角镇红岩村陈家湾后山莲花保寨半山腰的足迹产地由于产出大量精美鸟脚类和兽脚类恐龙足迹，早已闻名遐迩。2011 年 3 月，李大庆和王丰平在考察中发现了 12 个翼龙足迹，至少形成一条行迹。同年 11 月，在綦江召开了国际恐龙足迹学术讨论会，会后，Xing 等（2012e）在会议论文集中对这批翼龙足迹化石做了简单的报道，并将这批足迹归入翼龙足迹属（*Pteraichnus*）中。

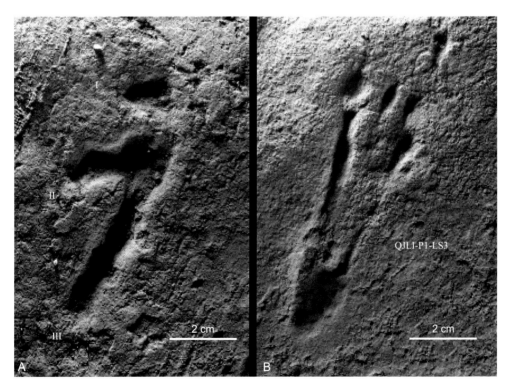

图 174 綦江发现的翼龙足迹（*Pteraichnus* isp. 2）（引自王申娜，2012；摄影：肖诗白）
A. 前足足迹；B. 后足足迹

2013 年 Xing 等（2013i）对綦江的翼龙足迹进行了详细的考察和描述，共识别出 30 个翼龙足迹，组成 5 条行迹，包括 20 个前足足迹和 10 个后足足迹；前足足迹的长在 7 cm 到 9.8 cm 之间变化，平均长 8.62 cm、宽 3.66 cm；后足足迹长在 8.3 cm 到 10.3 cm 之间变化，平均长 9 cm、宽 3.1 cm。因此，足迹大小差别不大。根据 Xing 等（2013i）描述，綦江翼龙足迹前足轮廓为不对称图形，具三指，分别是第 I 指、第 II 指和第 III 指，而且从 I 到 III 指逐渐加长，其中第 III 指指尖指向后方；后足四趾（I, II, III, IV），整个足迹的形状类似三角形（这个概念比较模糊，实际上綦江翼龙足迹的后足足迹轮廓更近似长矩形），II 趾和 III 趾略长于 IV 趾和 V 趾，这些特征符合足迹属 *Pteraichnus* 特征。本志书同意 Xing 等（2013i）的观点，綦江翼龙足迹归入翼龙足迹属（*Pteraichnus*）。有意思的是，在綦江足迹现场与翼龙足迹以及小型兽脚类恐龙足迹一起保存的还有大量的无脊椎动物遗迹。因此，Xing 等（2013i）认为这些翼龙和小恐龙甚至鸟类当时正在这里捕食无脊椎动物。

翼龙足迹属未定种 3 *Pteraichnus* isp. 3

（图 175）

材料　MDBSM (MGCM).H30a.m, MDBSM (MGCM).H30a.p，保存在一块岩石上的前后足足迹化石。与其一起保存的还有一些鸟类足迹化石（*Aquatilavipes dodsoni*——详见下文），标本现保存在魔鬼城恐龙及奇石博物馆。

产地与层位　新疆克拉玛依乌尔禾黄羊泉足迹产地，下白垩统吐谷鲁组下部。

评注　He 等（2013）描述了发现在新疆克拉玛依市乌尔禾区黄羊泉足迹产地保存在一起的翼龙足迹的一前足和一后足足迹，周围还有很多鸟类足迹（*Aquatilavipes dodsoni*——详见下文）。He 等（2013）认为这是一只翼龙踩下的连续的左前足和左后足足迹，后足足迹在前，前足足迹在后。前足指行式，长 12.3 cm，宽 5.2 cm，与其他翼龙足迹一样，前足足迹强烈不对称，具三指，指垫不清晰；I 指最短，弯曲并指向侧方；II 指稍微直一些，指向侧后方；III 指最长，宽度也最大，形状为新月形，指向侧后方，指尖弯曲指向行迹中线，指尖有类似爪的印迹；指间角为 I 58° II 70° III。后足蹠行式，足迹长 14 cm，宽 6 cm，具四趾，趾垫不清晰，总体形状为长三角形，趾迹基本平直，只有 II 趾和 IV 趾略向内弯曲，II 趾和 III 趾等长，并长于 I 趾和 IV 趾，II 趾和 III 趾远端有爪迹，分别长 8 mm 和 9 mm，蹠骨部分形成长三角形轮廓。

根据上述描述，乌尔禾的翼龙足迹符合 *Pteraichnus* 的特征。到目前为止足迹属 *Pteraichnus* 共有 7 个有效种：*P. saltwashensis*, *P. stokes*, *P. longipus*, *P. parvus*, *P. nipponemsis*, *P. yanguoxiaensis*, *P. dongyangensis*。从形态上看，乌尔禾翼龙足迹与 *Pteraichnus* 的模式种 *P. saltwashensis* 有很多相似的地方，最大的区别就是乌尔禾翼龙足迹前足足迹小于后足足迹。而模式种则正相反（*P. saltwashensis* 的前足 8.25 cm，大于后足的 7.62 cm 长）。乌

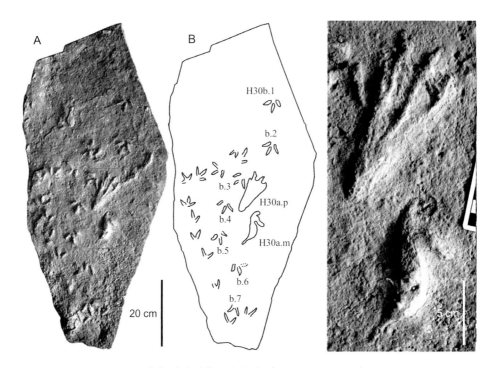

图 175　乌尔禾地区的翼龙足迹（*Pteraichnus* isp. 3）

A. 含乌尔禾翼龙足迹未定种（*Pteraichnus* isp. 3）和多德逊水生鸟足迹（*Aquatilavipes dodsoni*）的石板（引自 He et al., 2013）；B. 轮廓图（引自 He et al., 2013）；C. a 图中红框部分乌尔禾翼龙足迹未定种（化石）放大图 [编号 MDBSM (MGCM) H30a.m, H30a.p]

尔禾翼龙足迹区别于 *P. longipus, P. parvus, P. nipponemsis* 等在于后足的趾迹较长。乌尔禾翼龙足迹的前足第 III 指宽于其余两个指的特点与 *P. stokes* 相似，但是第 III 指比后者的长一些。乌尔禾翼龙足迹与这 7 个已知种都不同，因此应是一个新类型，暂时归入未定种。乌尔禾翼龙足迹以下面三个特点区别于中国其他 7 个翼龙足迹种：①后足长三角形而不是矩形；②后足的四个趾更纤细；③个体大小比中国其他地区发现的足迹都大很多。

Xing 等（2013e）记述了发现在新疆乌尔禾沥青矿地区的一个疑似翼龙前足足迹 [MDBSM (MGCM). A7]，并将其归入翼龙足迹属 *Pteraichnus*。但是，没有行迹或其他相关的足迹，仅一个零散印迹就被确定为翼龙足迹，证据不是很充分。因为，有很多偶然情况都可以形成类似的结构。

爬行动物目不确定　REPTILIA incertae order

手兽足迹科　Ichnofamily Chirotheriidae Abel, 1935

模式属　手兽足迹属 *Chirotherium* Kaup, 1835

鉴别特征　四足行走，行迹窄，步幅角 135°–180°，速度慢时为 100°；前足较小，五指，位于后足前部；后足五趾，形似人手，后足中轴线与行迹中线平行，V 趾位于其余四趾后，趾尖向足迹外侧方偏转，IV 趾短于 III 趾，大部分种类 I–IV 趾具爪迹，趾垫及蹠趾垫清晰，常见足底皮肤印痕（Haubold, 1971 修订）。

中国已知属　*Chirotherium*。

手兽足迹属 Ichnogenus *Chirotherium* Kaup, 1835

模式种　巴尔斯手兽足迹 *Chirotherium barthii* Kaup, 1835

鉴别特征　四足行走陆生四足动物足迹；前足指行式，五指，小于后足，中轴型，III 指最长，I 指最短，V 指不向外偏斜，但是与 I–IV 指分开，与通过 III 指的前足中轴线形成角度 60°–90°。III、IV 指之间的夹角大于 II、III 指之间的夹角，IV 指短于 II 指，同时 II 指的长度等于或短于 III 指。爪迹不常见，大型种类趾（指）端圆钝。后足五趾，人手形状，中轴型，蹠行式，III 趾最长，I 和 V 趾短于 II–IV 趾；II 趾不长于 IV 趾，V 趾呈 65°–90° 角度向侧方偏斜，趾迹弯曲，位于其余四趾之后；后足个体大于前足，印迹也比前足足迹深。足迹长 9–24 cm，后足与前足的长度比为 1∶0.35 至 1∶0.55，蹠趾垫和趾垫一般保存清晰，V 趾不具爪迹。小到中型个体足迹中 I–IV 趾上爪迹清晰；大型个体中趾迹末端锥形尖灭。行迹窄，前足印迹位于后足足迹之前，一般在后足 III 趾前方（King et al., 2005，修订）。

分布与时代　全球分布，三叠纪。

中国已知种　仅模式种。

评注　手兽足迹（*Chirotherium*）1833 年首次发现于德国三叠纪岩石中，其形状与人类的手有些相似，它由四个向前伸的趾和一个以大幅度夹角向外伸的"拇趾"组成。但是使人感到困惑的是这个以大幅度夹角向外分开的趾位于足迹的"外侧"！这个奇特的"外侧拇趾"使很多科学家感到困惑，因为无论是现生动物还是古生物中都没有发现过外侧趾发育成拇趾形状的动物。最初为足迹命名的时候，Kaup（1835）甚至确定不了该足迹是哺乳动物还是爬行动物所留，所以在命名时他就给出了两个属名供选择：一个是 *Chirotherium*（手兽），另一个是 *Chirosaurus*（手龙）。他指出如果今后发现这个足迹的造迹动物是哺乳动物就用前者，若是爬行动物就用后者（Kaup, 1835）。为一个动物在正式论文中给出两个名字，这也是绝无仅有的。后来根据命名的优先权，*Chirotherium* 被认为是正式的名称，而 *Chirosaurus* 被废弃。然而不幸的是，后来经研究，这个足迹的造迹者属于爬行动物。但是，根据国际动物命名法规，只能使用手兽 *Chirotherium* 这个名称。

这个令人困惑的足迹引起的争论已长达 180 年。手兽足迹的造迹者曾经被推测为巨猿、熊、有袋类、迷齿两栖类等（Thulborn, 1990）。Haubold（1984, p. 224, 225）列出了 50 篇研究"手兽"的经典著作和论文，但这仅仅是研究这一题目中的一小部分。许多被手兽足迹困惑的科学家都勉强承认，其造迹动物具有一个与其余四趾相对的外侧趾。有影响的解剖学家理查德·欧文（Richard Owen）认为这批足迹为迷齿两栖类所留，并十分肯定地认为这个奇怪的趾是个正常的内侧趾，只是动物在行走时左右脚交叉地行走，这样就把左脚的印迹留在右边，而将右脚的印迹留在了左边（Sarjeant, 1975）。1925 年，德国科学家 Wolfgang Soergel 经过详细研究"手兽"后，发表了研究著作。他认为这个向外侧伸出的"大趾"就是一个变化了的外侧趾，即第 V 趾，并强调指出这个异常的脚属于槽齿类爬行动物。Soergel（1925）做出结论认为，"手兽"的造迹动物大概是与鳄类很相似的槽齿类动物，这类动物的体长从 35 cm 变化到 2.5 m。

在 Soergel（1925）做出结论 40 年之后，瑞士古生物学家 Krebs（1965, 1966）描述了一个第 V 趾向外生长的槽齿类 *Ticinosuchus*，产于瑞士中三叠统。这件化石中每个脚趾都有强壮的爪，而且牙齿显示了食肉动物特征，因此可以断定这是个食肉动物。*Ticinosuchus* 各个方面特征都满足 Soergel 所预言的手兽造迹动物的特征，特别是与其余四趾相对生长的 V 趾与手兽的外翻的大趾印迹很吻合。因此，*Ticinosuchus* 被认为是手兽最可能的造迹动物。即使如此，"手兽"仍然使科学家产生各种联想。1970 年 Demerthium 仍将某些"手兽"化石标本与兽脚类恐龙和原蜥脚类恐龙联系起来。Haubold（1971, 1986）和 Parrish（1986）认为该类造迹动物与植龙有很大的相似性。King 等（2005）总结了在英国境内发现的 Chirotherid 类的足迹，认为造迹动物应该是槽齿类动物中的劳氏鳄类（rauisuchians）和鸟鳄类（ornithosuchians）。2004 年，德国在发现手兽足迹化石的 Hildburghausen 市的市政厅广场树立起了一个"手兽纪念碑（Chirotherium-Monument）"，上面镶嵌了很多产自德国 Hildburghausen 模式产地的巴尔斯手兽足迹（*Chirotherium barthii*）化石模型。纪念碑前面是一个巴尔斯手兽足迹造迹动物的复原铜雕（图 177），其形象是综合了 *Euparkeria* 和 *Saurosuchus* 的骨骼特征复原的。Klein 和 Lucas（2010）发现 *Chirotherium barthii* 出现的地层层位很局限，仅分布在下三叠统上部至中三叠统 (Olenekian–Anisian)。因此，手兽足迹化石组合可以进行大范围的地层对比。

手兽化石在世界各地都有发现，尤其在德国、英国、法国、西班牙等欧洲国家发现最多，研究程度也较高。此外，在非洲、北美，以及南美的阿根廷和巴西也都有发现。我国的手兽足迹是 1988 年在贵州贞丰发现的。在世界各地发现的手兽足迹主要保存于三叠纪地层中，而且以中、晚三叠世为主，发育于具有炎热干旱的泥裂结构的层面上。吕洪波等（2004）认为这些发现地可能当时处于同一个大陆，或者同位于低纬度的炎热干旱地带。到目前为止在手兽足迹属中已有至少 75 个足迹种，其中 35 个是有效的（Xing et al., 2013a）。

巴尔斯手兽足迹 *Chirotherium barthii* Kaup, 1835

（图 176—图 178）

正模 Kaup（1835）描述命名 *Chirotherium barthii* 没有指定具体的正模，而是将

所有在模式产地发现的手兽足迹一起描述，所有的足迹都产自同一层位。后来，含化石岩石被切割成 100 多块，分别运送到欧洲许多博物馆。目前，保存这批 *Chirotherium barthii* 正模的博物馆、研究所等分布在德国、英国、荷兰、法国、奥地利等国家。每个博物馆或研究机构都有自己的编号（Hendrik Klein 提供信息）。图 176 所示的标本就是保存在德国哥达自然博物馆（Museum der Natur Gotha）的一件 *Chirotherium barthii* 足迹化石。模式产地为德国 Thuringia 南部 Hildburghausen 附近的 Winzer quarry at Hessberg，"Thüringischer Chirotheriensandstein"（Buntsandstein）（Haubold, 1971, 2006）。

图 176 德国 Thuringia 哥达自然博物馆（Museum der Natur Gotha）保存的 *Chirotherium barthii*
化石标本（引自 Haubold, 2006）

归入标本 产于中国贵州省贞丰县北盘江镇上坝村牛场足迹化石产地（25°34′28.26″N, 105°39′4.50″E）和龙场镇龙场足迹化石产地（25°28′14.58″N, 105°30′53.82″E）的 70 个下凹足迹（编号为：NC1–21，包括 20 个后足足迹和 18 个前足足迹；LC1p–7p 等）；

图177 德国 Hildburghausen 手兽纪念碑前巴尔斯手兽足迹（*Chirotherium barthii*）造迹动物的
铜雕复原像（引自 Haubold, 2006）

产地层位为中三叠统关岭组，科罗拉多大学自然历史博物馆［原美国丹佛科罗拉多大学 - 西科罗拉多博物馆 (Museum of Western Colorado]　保存的模型 CU 140.17（牛场——L00612），CU 140.18–CU 140.20（龙场——L00613）。

鉴别特征　中到大型手兽型足迹，行迹较窄，步幅角可达 170°，后足长 19–22 cm，具五趾，类似人手形状，蹠行式，脚掌迹明显，I–IV 趾细长，趾间夹角很小，I 趾退化，比其余各趾细小，足迹中轴型，III 趾最长，IV 趾略长于 II 趾，I–IV 趾近端的垫构成前凹后边缘，第 V 趾近端的垫较大，卵圆形，位置与 IV 趾平齐，趾垫远端变小，逐渐尖锐，并向外侧横向弯曲（类似人类手的拇指），无尾迹，前后足大小比为 0.45：1–0.5：1，前足五指，扇状分布，位于后足足迹前方；I 指和 V 指指迹较短，偶尔消失（King et al., 2005；Xing et al., 2013a）。

中国归入标本描述　在牛场足迹产地，识别出三条行迹，足迹显示的特征为四足行走，前后足均具五趾，蹠行式，足迹长 22–25 cm，宽 14–17 cm，趾（指）迹常相互离开，趾端具爪迹，后足 I–IV 趾间夹角很小，第 V 趾向外侧横向伸出，并且向后弯曲，类似人类的拇指，复步长 89–109 cm（吕洪波等，2004；Xing et al., 2013a）。龙场足迹产地识别出一条行迹，仅包含 7 个后足足迹和 1 个前足足迹，行迹较窄，足迹形态与牛场足迹的后足足迹相似，只是个体较小，足迹平均长 15 cm。在两个产地的足迹中，后足的 II、III、IV 趾组成一个近似轴对称图形，III 趾最长，IV 趾略长于 II 趾，II、IV 趾趾间角平均 35°。

产地与层位　欧洲、北美、中国（贵州），下三叠统上部至中三叠统（Olenekian–Anisian）。

评注　我国目前仅在贵州贞丰地区发现手兽足迹（图178），最早由王雪华和马骥（1989）报道，是他们 1988 年 5 月在黔西南地区进行岩相古地理调查时，在贵州贞丰牛场上坝村中三叠统关岭组泥质白云岩层面上发现一条十余米长的行迹，共包括 10 组前后足足迹，并确定为 *Chirotherium* sp.。甄朔南等（1996）首次将其翻译为"手兽"足迹。吕洪波等

图 178　贵州贞丰牛场保存的巴尔斯手兽足迹（*Chirotherium barthii*）（引自 Lockley et Matsukawa, 2009）

左侧为行迹照片（光源来自于照片下方），为了便于识别，拍摄时将足迹下凹的地方撒上沙土；右侧
为在该行迹上制作的橡胶模型（CU 140.17）

（2004）又在距离牛场足迹化石点十几公里的龙场镇的关岭组下部的白云岩层面上发现了
相同类型的手兽足迹，进行了详细描述，并与牛场发现的手兽足迹进行了对比。Lockley
和 Matsukawa（2009）进一步确定了贵州贞丰的手兽足迹与欧洲各地发现的手兽足迹形态
形似。Klein 和 Lucas（2010）在讨论全世界三叠纪四足动物足迹对生物地层和地质年代
的意义时，将贵州贞丰的手兽足迹鉴定为巴尔斯手兽足迹种（*Chirotherium barthii*）。但是，

没有给出详细的对比和理由。由此，贵州保存手兽足迹的地层时代确定为奥伦尼克期晚期到安尼期早期（Late Olenekian–Early Anisian）。Xing 等（2013a）重新研究了贵州贞丰两个足迹产地的足迹化石，同意 Klein 和 Lucas（2010）的观点，也将贵州贞丰的手兽足迹归入巴尔斯手兽足迹种（*Chirotherium barthii*）并给出了详细的对比和描述。根据巴尔斯手兽足迹（*Chirotherium barthii*）后足的 II、III、IV 趾组成一个近似轴对称图形的现象，Xing 等（2013a）认为其造迹动物属于主龙类（Archosauria）基干类群，可能属于鸟蹠类（Avemetatarsalia），其理由是 I 趾和 V 趾已经开始退化。但是，手兽奇特的向外侧生长的第 V 趾，是很多其他主龙类（Archosauria）主干类群所不具备的。而且，这种奇特的足迹在三叠纪时世界性广泛分布，而以后就再没有出现过，应该是一个灭绝类群，属于进化旁支。

鸟纲 Class AVES Linnaeus, 1758

评注　鸟足迹化石在中生代地层中也较常见，但常与小型兽脚类恐龙足迹造成混淆。Lockley 等（1992）、李日辉等（2005b）以及 Lockley 等（2012）在对白垩纪小型兽脚类恐龙足迹的研究中，提出了识别古鸟类足迹的 5 条标准：①足迹较小，最常见的鸟类足迹一般长 5 cm 左右，或 5 cm 以下；②趾纤细，恐龙的脚趾比较粗胖；③ II–IV 趾间角较大，多数鸟类足迹 II–IV 趾间角为 110°–120°，恐龙足迹的夹角较小，一般小于 90°，以 30°–60° 最为常见；④具有伸向后方的拇趾（I 趾）印迹，兽脚类恐龙足迹多数为三趾型，四趾恐龙足迹的拇趾往往在三个功能趾的侧方，指向前侧方；⑤鸟类的爪迹比较纤细，常常由于爪子较长，鸟类行走时爪子在地表形成弯曲的拖曳痕迹。另外，鸟类足迹的地质时代集中在白垩纪，到目前为止还没有可靠的白垩纪之前的鸟类足迹的报道。陕西铜川和河南义马的中侏罗世地层中发现类似鸟类的足迹，但不能确定归属。

山东鸟足迹科 Ichnofamily Shandongornipodidae Lockley, Li, Harris, Matsukawa et Liu, 2007

模式属　山东鸟足迹属 *Shandongornipes* Li, Lockley et Liu, 2005
鉴别特征　四趾型鸟类足迹，非轴对称，趾对生（II、III 趾向前伸，I、IV 趾向后伸）。
中国已知属　*Shandongornipes*。
评注　山东鸟足迹科（Ichnofamily Shandongornipodidae）是专门为以山东鸟足迹为代表的对生趾鸟或者异生趾鸟足迹建立的足迹科。李日辉等（2005b）创立山东鸟足迹属时，将其归入鸟类足迹未定科。Lockley 等（2007）认为这个鸟类足迹属与以前发现过的所有鸟类足迹有明显差别，于是建立新科以示区别。这也是第一次对生趾鸟类足迹的记录，比骨骼化石的记录早 5000 万到 6000 万年。

山东鸟足迹属 Ichnogenus *Shandongornipes* Li, Lockley et Liu, 2005

模式种 沐霞山东鸟足迹 *Shandongornipes muxiai* Li, Lockley et Liu, 2005

鉴别特征 小到中型四趾型古鸟类足迹，非轴对称，趾对生（II、III 趾向前伸，I、IV 趾向后伸），行迹窄（6–7 cm），单步长（41–46 cm），拇趾长，趾尖向后，拇趾中线与行迹中线近乎平行，其位置与向前伸的 II、III 趾间的趾间缝位置相对，II、III 趾趾间夹角 32°；IV 趾向后伸，与拇趾形成 77° 夹角，II、III、IV 趾的趾垫式为 2-3-3（Lockley et al., 2007 修订）。

中国已知种 仅模式种。

分布与时代 山东莒南，早白垩世。

沐霞山东鸟足迹 *Shandongornipes muxiai* Li, Lockley et Liu, 2005
（图 179）

正模 LRH-dz67，为一右足下凹足迹，足迹标本仍然保存在野外；中国地质调查局青岛海洋地质研究所制作一上凸的足迹模型：(QIMG) LRH-DH 01；科罗拉多大学自然历史博物馆（原美国丹佛科罗拉多大学 - 西科罗拉多博物馆）制作模型：CU214.118。模式产地在山东省莒南县岭泉镇后左山村西南（35°12′51″N, 118°43′12″E）。

副模 LRH-dz66, LRH-dz68, LRH-dz69, LRH-dz70，与正模保存在同一条形迹中的其他四个下凹足迹；中国地质调查局青岛海洋地质研究所将 LRH-dz68 足迹制作一上凸的足迹模型：(QIMG) LRH-DH 02；科罗拉多大学自然历史博物馆（原美国丹佛科罗拉多大学 - 西科罗拉多博物馆）制作模型：CU214.117。

鉴别特征 各趾互不相连，蹠趾部（蹠骨近端连接处）抬离地面，各趾均具锐爪，平均足长 8.5 cm（包括拇趾），平均足宽 5.3 cm；单步长是平均足长的 5 倍。

产地与层位 山东莒南后左山，下白垩统田家楼组。

评注 沐霞山东鸟足迹（*Shandongornipes muxiai*）是李日辉等（2005b）为山东莒南后左山恐龙公园一串 5 个脚趾分得很开的鸟类足迹（图 179）建立的鸟类足迹属种。由于足迹上脚趾分得很开，使得两个脚趾向后伸出，他们认为向后伸的两个脚趾是 I 趾和 II 趾，鸟类足态属于异趾足（heterodactyly）。Lockley 等（2007）对 *Shandongornipes muxiai* 进行了重新观察和研究后认为向后伸的两个趾是 I 趾和 IV 趾，足迹属于对趾足（zygodactyl）。因为第一，在两个脚趾向后伸的现生鸟类中绝大多数都属于对趾足鸟类，异趾足的种类很少；第二，一般鸟类的 II、III、IV 趾的脚趾垫式为 2-3-4，而 *Shandongornipes muxiai* 在向后的两个脚趾中除了拇趾以外，另外一个脚趾上的趾垫多于 2 个，如果是 II 趾的话，

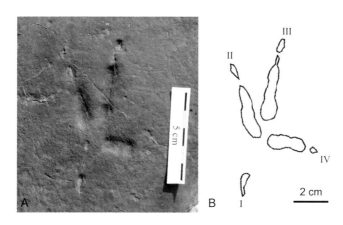

图 179　沐霞山东鸟足迹（*Shandongornipes muxiai*）（引自李日辉等，2005b，图 3c）

A. 足迹照片（李日辉提供）；B. 轮廓图

趾垫应该是 2 个，因此推断向后伸出的这两个脚趾是 I 趾和 IV 趾，不是 I 趾和 II 趾，足迹属于对趾足鸟类。

　　这是世界上首次发现对趾足鸟类的足迹化石，也是中生代期间对生趾鸟类的唯一记录。对趾足鸟类的骨骼化石最早可追溯到 65–56 Ma 前的古新世到始新世期间（Lockley et al., 2007）。*Shandongornipes muxiai* 的发现将对生趾鸟的历史向前推进了 6000 万年。到目前为止，在早白垩世地层中发现了大量的鸟化石，但这些鸟类均属于常态足（anisodactyl）鸟类。与 *Shandongornipes muxiai* 的造迹鸟类无关。李日辉等（2005b）认为 *Shandongornipes muxiai* 的造迹鸟类是岸边鸟类型，但是现生的岸边鸟类均属于常态足鸟类，没有发现对趾足鸟类。在现生树栖鸟类中，也有一些鸟类是对趾足类型，适于攀爬。但是，它们的腿较短，不会留下像 *Shandongornipes muxiai* 这样长的单步和复步。经过对比发现，*Shandongornipes muxiai* 的造迹鸟类与现生的走鹃（*Geococcyx*）很相似，属于擅长地面行走的鸟类。

　　另外，需要提起注意的是，山东鸟足迹（*Shandongornipes* Li, Lockley et Liu, 2005）与山东鸟（*Shandongornis* Yeh, 1977）骨骼化石无关，山东鸟（*Shandongornis*）骨骼化石是产自山东临朐山旺地区中新世硅藻土中的新生代鸟类化石，而山东鸟足迹（*Shandongornipes*）化石则是产自山东莒南下白垩统田家楼组中的中生代鸟类足迹化石。至于早白垩世的山东鸟足迹和中新世的山东鸟化石之间是否存在亲缘关系，还需今后的详细科学研究才能确定。

韩国鸟足迹科 Ichnofamily Koreanornipodidae Lockley, Houck, Yang, Matsukawa et Lim, 2006

　　模式属　韩国鸟足迹属 *Koreanaornis* Kim, 1969

定义与分类 Lockley 等（1992）根据在韩国白垩纪地层中发现的鸟类足迹化石 *Jindongornipes kimi*（Lockley et al., 1992）和 *Koreanaornis hamanensis*（Kim, 1969）建立了鸟类足迹科 Ignotornidae，并将这两个鸟类足迹属种包含其中。但是，后来在韩国有了更多的白垩纪鸟类足迹的发现。在对这些鸟类足迹化石进行整理和重新分类的过程中，对鸟类足迹科 Ignotornidae 的鉴别特征进行了修订和整理。重新修订后，脚趾近端具有轻微的蹼，拇趾十分发育指向足迹后方，并向形迹中线偏斜等特征成为了足迹科 Ignotornidae 的重要鉴别特征（Kim et al., 2006）。因此，*Jindongornipes kimi* 和 *Koreanaornis hamanensis* 由于不具备这些特征而被从足迹科 Ignotornidae 中移了出来。同时，Lockley 等（2006a）为这两个足迹属分别建立了足迹科：韩国鸟足迹科（Koreanornipodidae）和镇东鸟足迹科（Jindongornipodidae）。这两个科建立以后，也包含了中国早白垩世地层中发现的一些鸟类足迹化石。

鉴别特征 小型足迹，宽大于长（长为 2.5–3.0 cm），亚轴对称图形，三个功能趾，趾迹纤细，II、IV 趾趾间角大，一般为 90°–115°；拇趾小，偶尔保存，指向后方并偏向行迹中线，与 IV 趾夹角 180°，II、III、IV 趾的趾垫式一般为 2-3(4)-4(5)，中趾偏向形迹中线。

中国已知属 *Koreanaornis* 和 *Pullornipes*。

韩国鸟足迹属 Ichnogenus *Koreanaornis* Kim, 1969

模式种 咸安韩国鸟足迹 *Koreanaornis hamanensis* Kim, 1969

鉴别特征 小型四趾型鸟类足迹，拇趾偶有出现，经常表现为三趾型，趾迹纤细，III 趾中常显示 4 个趾垫，IV 趾中为 5 个垫，趾垫长一般为 2–3 mm，趾迹近端常分离（近端不连接），爪迹变化大，纤细，不清晰；足迹向行迹中线偏转，足迹宽为 2.5–4.4 cm，不包括拇趾印迹的足迹宽大于长，II 趾与 IV 趾趾间角为 120° 左右，可在 105°–125° 之间变化（Lockley et al., 1992 修改补充）。

中国已知种 *Koreanaornis sinensis*, *K. anhuiensis*, *K.* isp.。

分布与时代 东亚地区，白垩纪。

评注 足迹属 *Koreanaornis* 是 Kim（1969）为描述在韩国庆尚道（Gyeongsang Province）南部马山市（Masan City）以北 12 km 下白垩统咸安组（Haman Formation）上部发现的鸟类足迹化石而建立的足迹属，被认为与现生的珩鸟类（*Charadrius*）相似（Kim, 1969; Lockley et al., 1992）。但是，Kim（1969）认为 *Koreanaornis* 属于三趾型足迹。Lockley 等（1992）发现了拇趾印迹，同时对正模进行测量时发现有些数据不符。于是，Lockley 等（1992）对 *Koreanaornis* 的鉴别特征进行了修订，并将其从原来的足迹科 Ignotornidae 中移了出来，为其新建立足迹科 Koreanornipodidae。

中国韩国鸟足迹 *Koreanaornis sinensis* (Zhen, Li, Zhang, Chen et Zhu, 1994) Lockley, Li, Li, Matsukawa, Harris et Xing, 2013

（图 180）

Aquatilavipes sinensis：Zhen et al., 1994, p.107；甄朔南等，1996，79 页；Matsukawa et al., 2006, p. 8

正模　CFEC-E-1，含两个连续足迹的石板，保存在重庆自然博物馆，产自四川省峨眉山市（原峨眉县）川主乡幸福崖（29°36′12.72″N, 103°26′34.86″E）。

鉴别特征　小型二足行走足迹（3.1 cm 长，3.8 cm 宽），三个功能趾纤细，宽大于长，II、IV 趾间夹角大于 115°，IV 趾长于 II 趾。三个趾中 III 趾最长，每个趾末端具锐爪，无拇趾印迹。

产地与层位　四川峨眉川主乡，下白垩统夹关组（Barremian–Albian）。

评注　Zhen 等（1994）为发现于四川峨眉地区下白垩统的两枚鸟类足迹（图 180）建立了新足迹种中国水生鸟足迹（*Aquatilavipes sinensis*），足迹长 3.1 cm，最大宽为 3.8 cm。II 趾长为 2.1 cm，宽为 0.72 cm；III 趾长为 3.1 cm，宽为 0.6 cm。两侧趾夹角为 115°；III 趾与 IV 趾的夹角为 45°，所有趾的末端都具有利爪，无明显的跟部印迹及前足印迹。单步长 8.8 cm。经过与 *Aquatilavipes* Currie, 1981 对比，Zhen 等（1994）认为属于同一类型，故在足迹属 *Aquatilavipes* 内建立新足迹种。但是，Lockley 等（2008）认为在峨眉地区发现的鸟类足迹与在韩国发现的 *Koreanaornis hamanensis*（Kim, 1969）更为接近。根据 Kim

图 180　中国韩国鸟足迹（*Koreanaornis sinensis*）形成的单步及素描图（引自 Zhen et al., 1994）

（1969）的描述，*Koreanaornis hamanensis* 无拇趾印迹，II 趾长 1.8 cm，III 趾长 2.5 cm，IV 趾长 1.8 cm，只有 III 趾含 0.3 cm 爪迹，其余各趾无爪迹，II 趾和 IV 趾近端间距 1 cm，II 趾和 III 趾之间的夹角 55°–60°，III 趾和 IV 趾之间的夹角为 50°–60°，单步长 6.7 cm。另外，从 III 趾与 II 趾和 IV 趾的夹角来看，峨眉地区的鸟类足迹和韩国鸟足迹（*Koreanaornis*）的中趾都偏向于 IV 趾，而水生鸟足迹（*Aquatilavipes*）偏向 II 趾。因此，峨眉的鸟类足迹符合 *Koreanaornis* 足迹属特征更多一点。Lockley 和 Harris（2010）也指出峨眉鸟类足迹在形态上与 *Koreanaornis* 很接近。因此，峨眉地区的鸟足迹归入韩国鸟足迹属（*Koreanaornis*）。

安徽韩国鸟足迹 *Koreanaornis anhuiensis* (Jin et Yan, 1994) Lockley, Li, Li, Matsukawa, Harris et Xing, 2013

（图 181）

Aquatilavipes anhuiensis：金福全、颜怀学，1994，57 页；甄朔南等，1996，79 页

正模　一件保存 5 个鸟类足迹的石板，长 54 cm，宽 25 cm，保存在安徽省地质博物馆，馆藏号：AGB2882（登记号 GS VIII-4）。产自安徽省滁州嘉山古沛盆地。

鉴别特征　足迹具三个功能趾，偶尔有拇趾印迹出现，足迹长 3 cm，宽 3.5 cm；II 趾和 IV 趾基本等长，为 2 cm；III 趾长 2.5 cm；拇趾印迹在足迹后方，常呈现点状印迹位于足迹后方 0.8 cm 处；II、IV 趾趾间角 128° 左右。单步长 5.5 cm，趾间无蹼。

产地与层位　安徽滁州，上白垩统邱庄组。

评注　金福全和颜怀学 1988 年在考察合肥盆地周缘中生代地层时，于嘉山古沛一带古沛盆地的邱庄组中，找到一块十分珍贵的足迹化石，并于 1994 将其归入足迹属

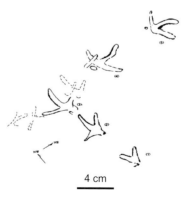

4 cm

图 181　安徽韩国鸟足迹（*Koreanaornis anhuiensis*）标本及轮廓图（其中轮廓图引自金福全、颜怀学，1994）

Aquatilavipes Currie, 1981，并建立新种：安徽水生鸟足迹（*Aquatilavipes anhuiensis* Jin et Yan, 1994）。但是，Currie（1981）和 Lockley 等（1992）给出的 *Aquatilavipes* 的特征中明确表明该属足迹不具有拇趾印迹，而安徽古沛发现的鸟化石具有明显的拇趾印迹，在发现的 5 个足迹中有 4 个足迹的后方有拇趾印迹，因此并不符合 *Aquatilavipes* 的特征。Lockley 等（2006a）建立了韩国鸟足迹科（Koreanornipodidae）并以 *Koreanaornis hamanensis* 为基础给出了足迹科的特征。因此，Lockley 等（2013）将安徽古沛盆地上白垩统邱庄组内发现的鸟类足迹重新组合到足迹属 *Koreanaornis* 中，并因足迹宽大于 *Koreanaornis hamanensis* 的足迹宽及其他一些特征，保持其种本名。

<h2 style="text-align:center">韩国鸟足迹属未定种 Koreanaornis isp.</h2>

（图 182，图 183）

Avipedidae gen. et sp. indet.：Li et al., 2002, p. 93

Koreanaornis：Li et al., 2006，p. 45

材料　PRCGP 001，一块保存 4 个上凸鸟类足迹的石板，保存在甘肃省古生物研究中心。

产地与层位　甘肃永靖盐锅峡，下白垩统河口群。

评注　Li 等（2002）报道了在盐锅峡 1 号点发现的鸟类足迹。足迹呈对称图形，具三个纤细脚趾，无蹼，无拇趾，宽大于长，足迹宽 4 cm，长 3.4 cm；无后跟印迹，足迹相互不连接，II 趾平均长 2.3 cm，III 趾平均长 2.6 cm，IV 趾平均长 1.8 cm，II、IV 趾趾间夹角 104°–125°，II、III 趾趾间角 63°，大于 III、IV 趾趾间角（52°）；II-III-IV 趾

图 182　产自甘肃永靖的韩国鸟足迹（Koreanaornis isp.）（引自 Li et al., 2002）

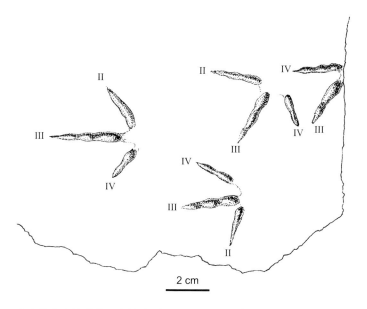

图 183　产自甘肃永靖的韩国鸟足迹（*Koreanaornis* isp.）素描图（引自 Li et al., 2002）

的趾垫数为 2-3-2。趾端具爪迹，0.3–0.4 cm 长。经过对比，盐锅峡的鸟类足迹的尺寸与 *Aquatilavipes* 和 *Koreanaornis* 相似，但是，盐锅峡的鸟类足迹跟部印迹缺失，趾迹不相连，这与 *Aquatilavipes* 有明显区别，而更符合 *Koreanaornis* 特征（Li et al., 2006）。

鸡鸟足迹属 Ichnogenus *Pullornipes* Lockley, Matsukawa, Ohira, Li, Wright, White et Chen, 2006

模式种　金鸡鸟足迹 *Pullornipes aureus* Lockley, Matsukawa, Ohira, Li, Wright, White et Chen, 2006

鉴别特征　小型四趾型足迹，II、III、IV 三趾呈亚对称型，且趾间角大；III 趾略向行迹中线偏转；拇趾印迹小，一般不与其余三趾印迹相连，拇趾指向后方并偏向行迹中线；行迹窄。

中国已知种　仅模式种。

分布与时代　辽宁，早白垩世。

金鸡鸟足迹 *Pullornipes aureus* Lockley, Matsukawa, Ohira, Li, Wright, White et Chen, 2006

（图 184，图 185）

正模　野外编号 Trackway A（1–4）4 个连续的鸟类足迹和同一条行迹中的另外 7

个连续的鸟类足迹 Trackway A（30–36），原始足迹化石仍然在野外；科罗拉多大学自然历史博物馆（原美国丹佛科罗拉多大学 - 西科罗拉多博物馆）制作模型，编号为：CU 212.21（含 Trackway A1–4）和 CU 212.22（含 Trackway A30–36）。模式产地为辽宁省北票市康家屯（41°44′40.92″N, 120°56′25.74″E）。

鉴别特征　同属。

产地与层位　辽宁北票，下白垩统土城子组（Berriasian）。

评注　金鸡鸟足迹（*Pullornipes aureus*）是 Lockley 等（2006b）为在辽宁省北票市康家屯土城子组发现的鸟类足迹而建立的名称。鸟类足迹为四趾型足迹，宽略大于长（宽 4.4 cm，长 4.1 cm）；平均趾间角 II 53° III 61° IV；拇趾短，趾迹与其余三趾分开，向后指向行迹中线，与 IV 趾夹角为 180°；趾迹基本互不相连，但常见 II、III 趾趾迹相连；行迹窄，平均单步长 15.6 cm，复步长 31.2 cm，III 趾偏向行迹中线。保存鸟类足迹的岩层为绿色细砂岩，层面有许多波痕，出露面积为 10 m 长、4 m 宽。Lockley 等（2006b）识别出 3 条鸟类行迹，分别命名为 Trackway A, B, C（图 184）。在三条行迹中，只有 Trackway A 保存有拇趾印迹。

这是在辽西地区中生代地层中发现大量带羽毛恐龙及鸟类化石之后，首次对鸟类足迹化石的研究与命名。土城子组一般认为属于侏罗纪地层。但是，由于鸟类足迹的发现，至少土城子组含鸟类足迹化石的层位应该属于下白垩统，因为在白垩纪以前的地层中还未有过鸟类足迹的报道。根据与西班牙和加拿大相似鸟类足迹的对比，辽宁北票康家屯土城子组含鸟类足迹的层位可能属于 Berriasian。

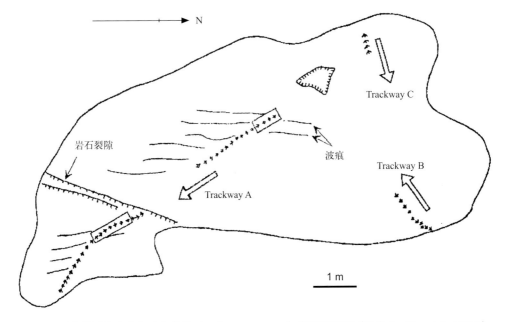

图 184　辽宁北票康家屯金鸡鸟足迹（*Pullornipes aureus*）产地平面图（引自 Lockley et al., 2006b）

Trackway A–C 为野外行迹编号

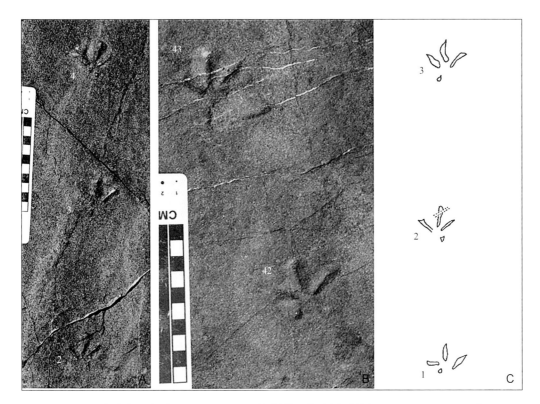

图 185　金鸡鸟足迹（*Pullornipes aureus*）照片及行迹图（引自 Lockley et al., 2006b）

A. 行迹 A 中连续足迹 2–4；B. 行迹 A 中连续足迹 42（右），43（左）；C. 行迹 A 中连续足迹 1–3 线描图，
1, 3 为右足足迹，2 为左足足迹

在一般的鸟类足迹产地，鸟类足迹都十分凌乱，像这种形成很长行迹的鸟类足迹比较少见。Trackway A 应该含 46 个连续的足迹，后来由于风化，中间 16 号到 26 号共 11 个足迹丢失了（图 184）。即便如此，辽宁北票康家屯发现的鸟类行迹仍是目前世界上发现的最长的中生代鸟类行迹（Lockley et al., 2006b）。

康家屯鸟类足迹的拇趾较短，指向后方，并向行迹中线偏斜，与 IV 趾呈 180° 夹角等特征与现生的鸻形目鹬科（Scolopacidae）的鸟类相似。因此推断，康家屯的鸟类足迹的造迹者有着与鹬科鸟类相同的生活环境。

镇东鸟足迹科 Ichnofamily Jindongornipodidae Lockley, Houck, Yang, Matsukawa et Lim, 2006

模式属　镇东鸟足迹属 *Jindongornipes* Lockley, Yang, Matsukawa, Fleming et Lim, 1992

定义与分类　个体中等大小、拇趾指向正后方的鸟类足迹。

鉴别特征　中等大小（6.5–7.5 cm 宽）四趾型足迹，趾迹纤细，II、IV 趾趾间角大（125°–160°），II 趾短于 IV 趾；拇趾长度中等，指向后方，一般与 III 趾的夹角为 180°；

II、III、IV 趾趾垫式为 2-3(4)-4，但一般不清晰；III 趾基本平行于行迹中轴线。

中国已知属　*Jindongornipes*。

评注　如前所述，Lockley 等（1992）建立的鸟类足迹科 Ignotornidae 被重新修订后（Kim et al., 2006），*Jindongornipes kimi* 和 *Koreanaornis hamanensis* 被从足迹科 Ignotornidae 中移了出来。而 *Jindongornipes kimi* 和 *Koreanaornis hamanensis* 是韩国的 Jindong 组中保存的最主要的鸟类足迹化石。这两个足迹种特征区别明显，容易识别，其中，*Jindongornipes kimi* 个体较大（6.5–7.5 cm 宽），拇趾印迹常见，*Koreanaornis hamanensis* 个体较小（2.5–3.0 cm），拇趾印迹不常见。Lockley 等（2006a）就以这两个足迹种为基础建立了足迹科 Jindongornipodidae 和 Koreanornipodidae。

镇东鸟足迹属 Ichnogenus *Jindongornipes* Lockley, Yang, Matsukawa, Fleming et Lim, 1992

模式种　金氏镇东鸟足迹 *Jindongornipes kimi* Lockley, Yang, Matsukawa, Fleming et Lim, 1992

鉴别特征　中等大小四趾型足迹，拇趾印迹发育，III 趾有 4 个趾垫印迹，其余趾趾垫不甚清晰，拇趾印迹弯曲，两个趾节着地；II、IV 趾趾间夹角 125°–150°；IV 趾近端宽阔，与跟迹相连，使足迹形成明显对称图形；足迹宽 6.5–7.5 cm；包括拇趾印迹整个足迹长 8 cm；行迹变化较大，单步角 140°。

中国已知种　仅两个未定种。

分布与时代　山东，早白垩世。

镇东鸟足迹属未定种 1 *Jindongornipes* isp. 1
（图 186）

材料　ZDRC.F3，标本为一下凹鸟类足迹化石，保存在诸城恐龙研究中心。

产地与层位　山东诸城张祝河湾村，下白垩统大盛群田家楼组。

评注　Xing 等（2010b）描述了发现于山东诸城盆地张祝河湾村下白垩统杨家庄组内发现的鸟类足迹：小型四趾型鸟类足迹，趾迹纤细，长略大于宽（3.1 cm 长，2.9 cm 宽），长宽比为 1.07；II、IV 趾趾间夹角 110°–126°；拇趾印迹指向后方，拇趾印迹长度为 II 趾长的一半，III 趾最长，II 趾略长于 IV 趾，爪迹不清晰（图 186）。经与韩国 Jindong 盆地下白垩统 Jindong 组内发现的镇东鸟足迹（*Jindongornipes*）进行了对比后，认为两者有很多相似之处，比如无璞的印迹，而且具有向后的拇趾印迹。但是，Xing 等（2010b）认为镇东鸟足迹（*Jindongornipes*）的拇趾有两个趾垫，并且 II、IV 趾夹角大于山东诸城发

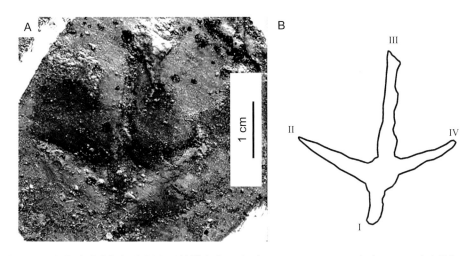

图186　山东诸城张祝河湾村发现的镇东鸟足迹（*Jindongornipes* isp.1）（ZDRC.F3）（引自 Xing et al., 2010b）

A. 足迹化石照片；B. 足迹轮廓

现的鸟类足迹化石，从而认为诸城下白垩统鸟类足迹有别于镇东鸟足迹（*Jindongornipes*）。但是，山东诸城下白垩统鸟类足迹 II、IV 趾夹角为 126°，在镇东鸟足迹（*Jindongornipes*）II、IV 趾夹角（125°–150°）的范围内；另外，Lockley 等（1992）在描述镇东鸟足迹（*Jindongornipes*）时，并没有给定拇趾趾垫特征，只是根据拇趾的印迹特征推测镇东鸟足迹（*Jindongornipes*）的拇趾有两个趾节着地（Lockley et al., 1992）。因此，Xing 等 (2010b)描述的鸟类足迹与镇东鸟足迹（*Jindongornipes*）的两点区别并不明显，只是山东诸城下白垩统的鸟类足迹的个体小于镇东鸟足迹（*Jindongornipes*）的模式种（*J. kimi*），不应归入 *J. kimi*，确定为未定种。另外，Xing 等（2010b）将 *Jindongornipes* 翻译为金东鸟足迹。这个译名值得商榷。实际上，*Jindongornipes* 是根据发现地 Jindong 地区而命名的鸟类足迹。Jindong 的汉语翻译为镇东。因此，*Jindongornipes* 的正确翻译应为镇东鸟足迹。另外，Xing 等（2010b）将鸟足迹的层位定为莱阳群杨家庄组，后经旷红伟等（2013）多次野外调查和对比，查明其层位应该是下白垩统大盛群田家楼组。

镇东鸟足迹属未定种 2 *Jindongornipes* isp. 2

（图 187）

Aquatilavipes isp.：Lü et al., 2010, p. 47

材料　一件采集自东阳建筑工地的石板上保存 22 个鸟足迹化石，其中 8 个足迹比较清晰完整，形成 3 条行迹，无编号，标本保存在浙江东阳博物馆。

产地与层位　浙江东阳，上白垩统方岩组。

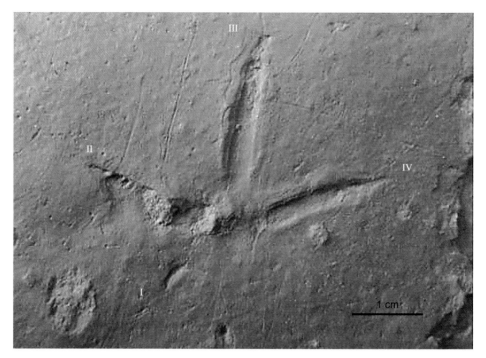

图 187　浙江东阳发现的镇东鸟足迹化石（引自 Lü et al., 2010）

评注　Lü 等（2010）记述了这批标本，足迹四趾型，具拇趾，足迹平均长度 2.94 cm，平均宽 3.74 cm，II、IV 趾间夹角大于 100°，II、III、IV 趾在近端相连，跟部明显。Lü 等 (2010) 认为东阳鸟足迹与 *Aquatilavipes* 相似，但是在东阳鸟足迹中发现了清晰的拇趾印迹，不应属于水生鸟足迹属（*Aquatilavipes*）。足迹的大小属于韩国鸟足迹（*Koreanaornis*）的范畴。但是，东阳的鸟类足迹中的趾迹在近端相连、足迹的跟部明显等特征不属于韩国鸟足迹的范畴，而与镇东鸟足迹相似，只是足迹的个体小了一些（镇东鸟足迹的宽大都在 6.5 cm 以上，而东阳的鸟类足迹只有 4 cm 左右），拇趾印迹也与第 III 趾的印迹的夹角稍小于 180°。因此，东阳的鸟足迹暂时归入镇东鸟足迹属未定种（*Jindongornipes* isp.），尚需进一步研究。另外，在标本上还发现了可能是鸟喙啄地的印迹，与鸟足迹保存在一起，说明造迹鸟留下足迹时正在泥沙中寻找食物。

具蹼鸟足迹科 Ichnofamily Ignotornidae (Lockley, Yang, Matsukawa, Fleming et Lim, 1992) Kim, Kim, Kim et Lockley, 2006

定义与分类　具蹼鸟足迹科 Ignotornidae 是 Kim 等（2006）为下白垩统具蹼的鸟类足迹建立的足迹科。

鉴别特征　四趾型鸟类足迹，拇趾印迹清晰，指向后方并向行迹中线偏斜，拇趾长度占整个足迹长的三分之一，III、IV 趾之间的趾叉（hypex）位于 II、III 趾之间的趾叉（hypex）之前，足迹外形趋于不对称，具半蹼，III、IV 趾之间的蹼较发育，II、IV 趾趾间夹角 110° 至 120°，II、III、IV 趾的趾垫式为 2-3-4，复步较小，行迹中足迹向行迹中线偏斜，趾间近端具蹼（Kim et al., 2006）。

中国已知属 *Goseongornipes*。

评注 如前所述，Lockley 等（1992）建立了鸟类足迹科 Ignotornidae，后由于在韩国下白垩统发现大量鸟类足迹化石，鸟类足迹科 Ignotornidae 被 Kim 等（2006）重新修订，其中明确定义足迹科的鉴别特征为趾间近端具蹼，拇趾十分发达。

固城鸟足迹属 Ichnogenus *Goseongornipes* Lockley, Houck, Yang, Matsaukawa et Lim, 2006

模式种 琼斯固城鸟足迹 *Goseongornipes markjonesi* Lockley, Houck, Yang, Matsaukawa et Lim, 2006

鉴别特征 四趾足迹，III、IV 趾趾间具半蹼，趾间角大，II 70° III 70° IV，拇趾较小，指向后方。

中国已知种 仅一未定种。

分布与时代 韩国、中国（新疆），早白垩世。

固城鸟足迹属未定种 *Goseongornipes* isp.
（图 188）

材料 MDBSM (MGCM).H13，一块保存 6 个足迹的石板，标本保存在新疆魔鬼城恐龙及奇石博物馆。

产地与层位 新疆克拉玛依乌尔禾黄羊泉水库（46°4′25″N, 85°34′57″E），下白垩统吐谷鲁群下部。

评注 Xing 等（2011d）报道了新疆克拉玛依乌尔禾地区的下白垩统中发现的固城鸟足迹属未定种（*Goseongornipes* isp.），共发现 6 个完整的足迹，足迹四趾，平均长 4 cm、宽 5.5 cm，拇趾偶有保存，指向后方，与 III 趾呈 180°，II、IV 趾之间夹角 101°–152°，III、IV 趾间具微薄蹼迹，步幅角 140°，足迹略向行迹中线偏斜。上述这些特征基本符合足迹属 *Goseongornipes* 特征。由于足迹数量较少，详细特征不能完全显示，因此归入 *Goseongornipes* 未定种。这也是首次报道的中国境内发现的具蹼鸟类足迹。

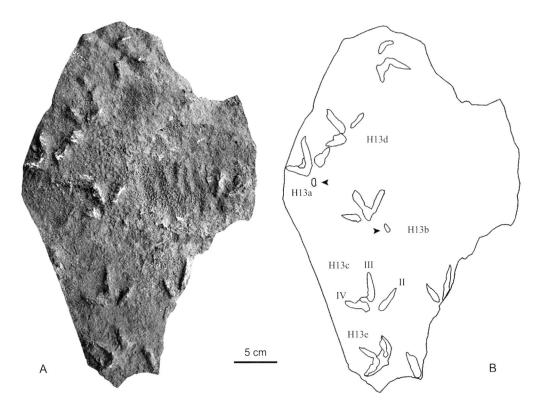

图 188　新疆克拉玛依发现的固城足迹属未定种 (*Goseongornipes* isp.)（引自 Xing et al., 2011d）
A. 标本照片; B. 足迹分布轮廓图, H13a–e 为足迹编号, 黑色箭头指明拇趾印迹, III、IV 趾分叉处显示
蹼的印迹

鸟类足迹科未定 Aves incertae ichnofamiliae

水生鸟足迹属 Ichnogenus *Aquatilavipes* Currie, 1981

模式种　斯韦博尔德水生鸟足迹 *Aquatilavipes swiboldae* Currie, 1981

鉴别特征　小型三趾型足迹，长度一般不超过 4.5 cm，足迹宽是足迹长的 1.26 倍，两足行走，趾行式，两侧趾夹角平均 113º，III 趾长是 II 趾的 1.5 倍、IV 趾的 1.4 倍，跟部印迹清晰，无拇趾印迹。

中国已知种　*Aquatilavipes dodsoni*, *A*. isp.。

分布与时代　新疆，早白垩世。

评注　*Aquatilavipes* 是 Currie（1981）为在加拿大不列颠哥伦比亚东北部下白垩统中发现的鸟足迹化石而建立的鸟类足迹属。Zhen 等（1994）曾经将在四川峨眉地区发现的鸟类足迹归入 *Aquatilavipes*，并建立新足迹种，Li 等（2002）报道甘肃永靖发现了 *Aquatilavipes*，但是后来均被认为属于足迹属 *Koreanaornis*（Li et al., 2006; Lockley et al., 2008, 2012）。李建军等（2011）记录了在内蒙古鄂托克旗查布地区发现的鸟类足迹，并

归入 *Aquatilavipes swiboldae*。Lockley 等（2012）经过仔细对比，认为内蒙古鄂托克查布地区的鸟类足迹与 *Aquatilavipes* 有区别，并据此建立新足迹属种 *Tatarornipes chabuensis*（参考下文）。于是，中国目前的足迹属 *Aquatilavipes* 仅包括在新疆克拉玛依乌尔禾地区发现的 *Aquatilavipes dodsoni* 和一未定种（Xing et al., 2011d）。

多德逊水生鸟足迹 *Aquatilavipes dodsoni* (Xing, Harris, Jia, Luo, Wang et An, 2011) Lockley, Li, Li, Matsukawa, Harris et Xing 2013

（图 189）

Koreanaornis dodsoni：Xing et al., 2011d, p. 310; He et al., 2013, p.1481

正模 MDBSM (MGCM).H14, 一完整鸟类足迹化石，标本保存在新疆魔鬼城恐龙及奇石博物馆，产自新疆维吾尔自治区克拉玛依乌尔禾区黄羊泉水库（46°4′25″N, 85°34′57″E）。

副模 MDBSM (MGCM).H10（2），H11（25），H16（32），H17（8），H18（15），H19（15），H20（19），H30b（20），共 8 块石板上包含 136 个鸟类足迹（小括号里面的数字代表每块石板上所含足迹的数量），其中 H30b 含翼龙足迹，产自新疆维吾尔自治区克拉玛依乌尔禾区黄羊泉水库（46°4′25″N, 85°34′57″E）。

鉴别特征 中小型鸟类足迹，平均长度 4.6 cm（3.0–6.3 cm），平均宽 5.1 cm（3.2–6.8 cm）三趾型，趾迹纤细，宽大于长，II、IV 趾间夹角小于 *Koreanaornis hanmanensis*，无趾垫印迹，无拇趾印迹。

产地与层位 新疆克拉玛依，下白垩统吐谷鲁群下部。

评注 新疆魔鬼城恐龙及奇石博物馆工作人员 2002 年在克拉玛依市乌尔禾区黄羊泉水库附近早白垩世地层中发现了大量的鸟类足迹和恐龙足迹化石，并于 2009 年采集。Xing 等（2011d）对这批足迹进行了研究，共识别出 4 个鸟类足迹属种，包括 *Koreanaornis*、*Goseongornipes*、*Aquatilavipes* 和一新类型足迹（被命名为 *Moguiornipes robusta*）。其中，

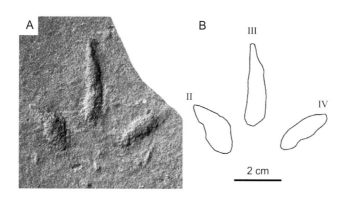

图 189 多德逊水生鸟足迹（*Aquatilavipes dodsoni*）正模 MDBSM (MGCM). H14 照片及轮廓图
（引自 Xing et al., 2011d）

Koreanaornis dodsoni 为中到大型三趾型足迹，无拇趾印迹，III 趾最长，II、IV 趾长度近似，无趾垫，II、III 趾之间的夹角略大于 III、IV 趾之间的夹角。这些足迹的个体长度为 3.0–6.3 cm，宽度为 3.2–6.8 cm，总体上大于 *Koreanaornis hanmanensis*，而且趾间角为 58°–109°，小于模式种的（平均 115°）。因此，Xing 等（2011d）为克拉玛依发现的 *Koreanaornis* 足迹建立一新足迹种。但是，这批鸟类足迹的个体较大，属于 *Aquatilavipes* 的尺寸范围，并且，这个新种的 III 趾长是 II 趾和 IV 趾长的 1.5 倍，这些特征都是 *Aquatilavipes* 的鉴别特征。Lockley 等（2013）建议这个新种应该重新组合到 *Aquatilavipes* 中去，成为 *Aquatilavipes dodsoni*。He 等（2013）也描述了和翼龙足迹保存在一起的 20 个鸟类足迹，并将其鉴定为 *Koreanaornis dodsoni*。实际上，这块含鸟类足迹和翼龙足迹的标本与 Xing 等（2011d）描述的鸟类足迹化石产自同一地点，鸟类足迹形态一致，应一同合并到 *Aquatilavipes dodsoni* 中。

水生鸟足迹属未定种 *Aquatilavipes* isp.

（图 190）

材料 MDBSM (MGCM).H24（16），H26（6），两块石板，含 22 个鸟类足迹，标本保存在新疆魔鬼城恐龙及奇石博物馆。

产地与层位 新疆克拉玛依乌尔禾黄羊泉水库（46°4′25″N, 85°34′57″E），沥青矿区，下白垩统吐谷鲁群下部。

评注 Xing 等（2011d）描述了这批标本。足迹中等大小，平均 4 cm 长、4.4 cm 宽，三趾型，III 趾最长，II、IV 趾之间的夹角平均为 104°，趾垫印迹无法分辨，蹠趾区域明显，无拇趾印迹，趾迹纤细。据此，符合足迹属 *Aquatilavipes* 特征。由于具有明显的蹠趾区域印迹，区别于克拉玛依黄羊泉产地的其他鸟类足迹。

Xing 等（2013e）记述了在新疆乌尔禾沥青矿区发现的鸟类足迹 [MDBSM (MGCM).A1c, 2c, 4g, 5b]，没有命名。这 4 个鸟类足迹化石的大小分别落在 *Koreanaornis*、*Aquatilavipes*

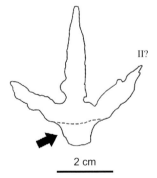

图 190 新疆克拉玛依市乌尔禾区黄羊泉水库附近下白垩统 *Aquatilavipes* isp. 标本照片及轮廓图（引自 Xing et al., 2011d）

黑色箭头指示加长的蹠趾区域

和 *Tatarornipes* 范围内。从保存最好的 MDBSM (MGCM) A4g 来看，其 II 趾与 III 趾的夹角小于 III 趾与 IV 趾的夹角。这一特征与 *Aquatilavipes* 更相似。因此，笔者认为乌尔禾沥青矿区发现的零散鸟类足迹化石 除了 A1c 以外，均可归入水生鸟足迹属未定种（*Aquatilavipes* isp.）。而 MDBSM (MGCM) A1c 号标本需进一步研究。

鞑靼鸟足迹属 Ichnogenus *Tatarornipes* Lockley, Li, Matsukawa et Li, 2012

模式种　查布鞑靼鸟足迹 *Tatarornipes chabuensis* Lockley, Li, Matsukawa et Li, 2012

鉴定特征　中等大小，足迹近对称，足迹长 5.2 cm、宽 6.0 cm，宽大于长，三个功能趾，趾间角大，II 51° III 60° IV，趾迹近端宽，远端窄，呈锥形，行迹窄，单步长，足迹略向行迹中线偏转。

中国已知种　仅模式种。

分布与时代　内蒙古西部、山东，早白垩世。

查布鞑靼鸟足迹 *Tatarornipes chabuensis* Lockley, Li, Matsukawa et Li, 2012
（图 191—图 193）

正模　OCGM BT001，一个完整的上凸鸟类足迹，足迹保存在一块石板上，上面还有 7–8 个不完整的足迹，采自内蒙古鄂托克旗查布 4 号足迹化石点（38°41′30″N，107°20′33″E）。科罗拉多大学自然历史博物馆（原美国丹佛科罗拉多大学 - 西科罗拉多博

图 191　查布鞑靼鸟足迹（*Tatarornipes chabuensis*）正模 (OCGM BT001; CU214.184)
红圈内为正模

图 192　内蒙古鄂托克旗查布地区 15 号点查布鞑靼鸟足迹（*Tatarornipes chabuensis*）及跷脚龙足迹（*Grallator* sp.）野外照片（引自李建军等，2011）

图193 内蒙古鄂托克旗查布地区15号点查布鞑靼鸟足迹（*Tatarornipes chabuensis*）（引自李建军等，2011）

镜头盖直径5.6 cm

物馆）制作模型，CU 214.184。

副模 OCGM BT002–006，采集自内蒙古鄂托克旗查布4号足迹化石点；科罗拉多大学自然历史博物馆（原美国丹佛科罗拉多大学-西科罗拉多博物馆）制作模型，CU 214.6–12, CU214.14, CU 214.184–189；另有，保存在内蒙古鄂托克旗查布1号、5号及15号足迹化石；科罗拉多大学自然历史博物馆（原美国丹佛科罗拉多大学-西科罗拉多博物馆）制作模型：CU 214.3, CU 214.5, CU 214.18–19, CU 214.148–156, CU 214.160。

鉴别特征 同属。

产地与层位 内蒙古鄂托克，下白垩统泾川组。

评注 查布鞑靼鸟足迹（*Tatarornipes chabuensis*）是Lockley等（2012）为描述在内蒙古鄂托克旗查布地区发现的大量的鸟足迹化石而创立的足迹属种名称。内蒙古鄂托克旗是世界上著名的下白垩统恐龙足迹和鸟类足迹产地。在查布地区的300多平方千米的范围内已经发现了16个足迹化石点，其中有4个足迹化石点含有丰富的鸟类足迹化石，足迹数量超过200个。这些鸟类足迹化石形态一致、特征相同，为同一个足迹属种。Li等（2009）、李建军等（2011）将这些足迹归入*Aquatilavipes swiboldae*，但是，后来经过详细对比发现，鄂托克查布鸟足迹化石的个体大于*Aquatilavipes swiboldae*，*Aquatilavipes swiboldae*最长不超过4.5 cm，查布的鸟足迹化石平均长度为5.2 cm，而且查布鸟足迹的趾迹明显粗于*Aquatilavipes swiboldae*，因此，两个类型有明显区别。鄂托克查布地区的鸟类足迹化石足迹三趾型，亚对称图形，II、IV趾间的趾间缝略比II、III趾间的趾间缝靠前，趾垫式为2-3-4（对应于 II、III、IV 趾）。趾迹宽、粗壮，近端宽，向远端渐细，有时有爪迹。足迹宽大于长；II、IV 趾之间的夹角平均为 110.3°，II、III 趾之间的夹角平均为 51.4°，小于 III、IV 趾之间的夹角（平均为 60.3°）；II、III、IV 趾的趾迹总是相连。行迹窄，平均单步为 20.5 cm，平均复步为 41.0 cm，中趾略向内偏转。其中最明显的特点是趾迹粗壮，每个趾迹的形状由近端向远端渐细，整个趾迹呈长锥形，以此区别于其他已经命名的鸟类足迹属种。

陕西足迹属 Ichnogenus *Shensipus* Young, 1966

模式种　铜川陕西足迹 *Shensipus tungchuanensis* Young, 1966

鉴别特征　二足行走足迹，具有三趾，各趾纤细，趾 II 与趾 IV 分得很开，趾间角平均为 II 34° III 59° IV，趾末端具有枪弹状的爪，跟部印迹明显较小。足长 9–10 cm，单步长 9.7 cm，无拇趾印迹。形迹中足迹中线向形迹中线偏斜（修改自杨钟健，1966）。

中国已知种　仅模式种。

分布与时代　陕西、河南，中侏罗世。

铜川陕西足迹 *Shensipus tungchuanensis* Young, 1966
（图 194）

正模　IVPP-V3229，为一保存两个下凹足迹的石板，保存在中国科学院古脊椎动物与古人类研究所。产自陕西省铜川市焦坪煤矿前河露天矿东北坡。

鉴别特征　同属。

产地与层位　陕西铜川、河南义马，中侏罗统直罗组。

评注　铜川陕西足迹（*Shensipus tungchuanensis*）是杨钟健（1966）为描述在陕西省铜川市焦坪煤矿发现的两个足迹化石而创立的足迹属种。根据鉴别特征，铜川的足迹趾迹纤细、两侧趾夹角较大等特点完全属于鸟类足迹特征。陕西足迹（*Shensipus tungchuanensis*）个体较小（小于 10 cm），长宽比值近于 1（平均长 9.5 cm，平均宽 9.4 cm），而且趾迹纤细，均符合鸟类足迹的标准。另外，鸟类足迹在行迹中中趾（III）、中轴线向行迹中线偏斜；陕西铜川的两个足迹形成一个单步，也显示了这个特征。因此，*Shensipus tungchuanensis* 应属于鸟类足迹。但是，*Shensipus tungchuanensis* 的时代为中侏罗世。目前在世界上还没有白垩纪以前鸟类足迹的记录，因此，其中侏罗世的地质时代大大质疑了 *Shensipus tungchuanensis* 归属鸟类足迹的可能性。Lockley 等（2012）认为 *Shensipus tungchuanensis* 为兽脚类恐龙足迹，但其亲缘关系尚无法确定。但是，2009 年在河南义马地区中侏罗统义马组也发现了类似陕西足迹（*Shensipus*）的化石，并发现了向侧后方伸出的拇趾印迹（图 195），增加了其属于鸟类足迹的可能。河南义马的足迹应归入 *Shensipus*，从而完善了 *Shensipus* 的鉴别特征。

图 194　铜川陕西足迹（*Shensipus tungchuanensis*）正模

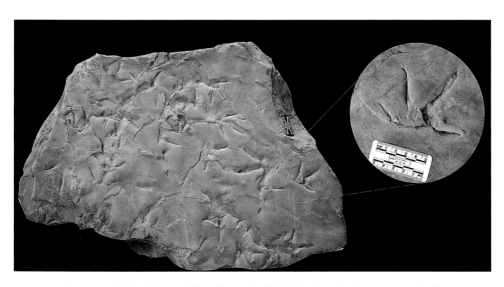

图 195　产自河南义马中侏罗统义马组的疑似鸟类足迹，与 *Shensipus* 相似

魔鬼鸟足迹属 Ichnogenus *Moguiornipes* Xing, Harris, Jia, Luo, Wang et An, 2011

模式种 粗状魔鬼鸟足迹 *Moguiornipes robusta* Xing, Harris, Jia, Luo, Wang et An, 2011

鉴别特征 中等大小鸟类足迹，三趾型，足迹长 4.5–5.8 cm，宽 5–6.3 cm，趾粗壮，II 趾短，III、IV 趾等长。II、IV 趾趾间夹角 90°–99°，无拇趾印迹，无蹼的印迹，III 趾具两个趾垫，每个趾的长宽比值小于 3.0。

分布与时代 新疆，早白垩世。

中国已知种 仅模式种。

粗壮魔鬼鸟足迹 *Moguiornipes robusta* Xing, Harris, Jia, Luo, Wang et An, 2011
（图 196）

正模 MDBSM (MGCM).H25a，一完整上凸的三趾型足迹，标本保存在魔鬼城恐龙及奇石博物馆，产自新疆维吾尔自治区克拉玛依市乌尔禾区黄羊泉水库（46°4′25″N，85°34′57″E）。

副模 MDBSM (MGCM).H25b–d，与正模保存在同一石板上的 3 个上凸足迹化石；MDBSM (MGCM).H27a，另一件上凸的三趾型足迹。

鉴别特征 同属。

产地与层位 新疆克拉玛依，下白垩统吐谷鲁群下部。

评注 粗壮魔鬼鸟足迹（*Moguiornipes robusta*）是 Xing 等（2011d）为描述新疆克拉玛依乌尔禾地区下白垩统发现的一批小型三趾型足迹而创建的属种名称。与恐龙足迹比起来，这些足迹个体较小，趾间角大及宽大于长等，Xing 等（2011d）将其归入鸟类足迹，

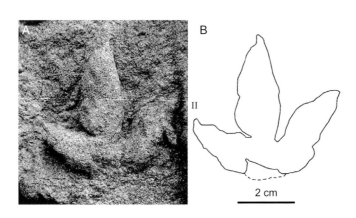

图 196 粗壮魔鬼鸟足迹（*Moguiornipes robusta*）正模（A）及轮廓图（B）（引自 Xing et al., 2011d）

又由于趾迹粗壮而区别于在克拉玛依市乌尔禾区黄羊泉化石点发现的其他鸟类足迹，Xing等（2011b）为其建立新足迹属种。Xing等（2011d）认为粗壮魔鬼鸟足迹（*Moguiornipes robusta*）的造迹鸟类可能与鸊鷉目（Podicipediformes）的鸊鷉（Grebes）或黑鸭（*Fulica*）相似，具有叶状足。但是，*Moguiornipes robusta*的脚趾粗厚，显示了小型鸟脚类恐龙足迹的特征。Lockley等（2013）指出，这种粗脚趾印迹可能是埋藏环境造成的，并不是造迹鸟类本身的特征。

哺乳动物纲　Class MAMMALIA

哺乳动物足迹（纲存疑）属种不定　?Mammalia igen. et isp. indet.

材料　CFPC3和CFPC4，与磁峰彭县足迹（*Pengxianpus cifengensis*）正模保存在一起的两个分散的小型足迹状突起，标本保存在重庆自然博物馆；美国科罗拉多大学自然历史博物馆制作石膏模型，编号为CU176.4（图197）。

产地与层位　四川彭州磁峰乡蟠龙桥足迹化石点，上三叠统须家河组第三段（同磁峰彭县足迹 *Pengxianpus cifengensis* 模式产地）。

评注　在重新研究磁峰彭县足迹（*Pengxianpus cifengensis*）正模的时候，Xing等

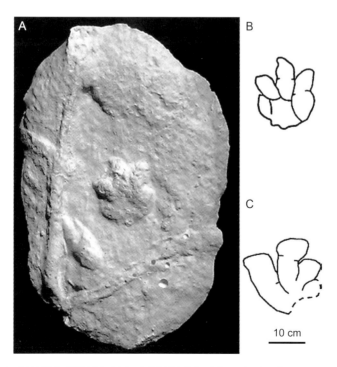

图197　四川彭州市磁峰蟠龙桥发现的疑似哺乳动物足迹（引自 Xing et al., 2013b）
A. CFPC3的石膏模型（CU176.4）；B. CFPC3轮廓图；C. CFPC4轮廓图

（2013b）在保存足迹的层面上发现了两个小型印迹，并认为这两个"印迹"是类似哺乳动物的四足动物足迹。这两个印迹分别为 1.9 cm 和 2 cm 长，1.7 cm 和 2.2 cm 宽，印迹总体形状为圆形，显示出五趾（指）或四趾（指）结构，趾（指）迹短宽，具圆形趾（指）垫，末端圆钝，似乎有不清晰爪迹；III 趾（指）最长。在其中一个"印迹（CFPC4）"上，显示出向内弯曲的趾（指）迹，各趾（指）的近端形成向后的半圆形凹陷（图 197C），后面是脚掌区域（图 197A, B）。Ellenberger（1972，1974）记录了来自南非下侏罗统 Stormberg 群中保存的类似印迹。Lockley 等（2004）在讨论来自美国科罗拉多上三叠统到下侏罗统中发现的似哺乳动物或者下孔类爬行动物行迹的时候与南非的类似的印迹一起进行讨论。Xing 等（2013b）也没有给出彭州磁峰的小型印迹的肯定的结论，但是排除了小型鸟脚类恐龙或类似动物前足印迹（比如 *Atreipus* 和 *Anomoepus*）的可能，因为这些恐龙前足足迹的 IV 指变小，并向侧方伸展，而且小于 II 指，显示了这类恐龙 IV 指退化的趋势。而四川彭州磁峰的小型印迹，如果是前足足迹的话却显示了较长的 IV 指，显示出 IV 指大于 II 指的迹象。因此，Xing 等（2013b）把这两个小型印迹与似哺乳动物四足动物联系了起来。这两个印迹是前足的还是后足的，目前还没有搞清楚。不过，这种印迹出现在四川晚三叠世地层中至少可以说明在中国四川一带在晚三叠世时期有类似哺乳动物存在的可能性。但是，要确认与磁峰彭县足迹保存在一起的两个印迹属于哺乳动物，还需要大量细致的工作，特别是要有更多的发现。更重要的是需要对全世界中生代哺乳动物足迹化石有更深刻的认识，确定哺乳动物足迹的关键性鉴别特征。

参 考 文 献

卜文俊 (Bu W J), 郑乐怡 (Zheng L Y) 译 . 2007. 国际动物命名法规 (第四版). 北京 : 科学出版社 . 1–135

蔡雄飞 (Cai X F), 李长安 (Li C A), 顾延生 (Gu Y S). 1999. 兰州 - 民和盆地首次发现恐龙足印化石 . 地球科学——中国
　　地质大学学报 , 24: 216

蔡雄飞 (Cai X F), 李长安 (Li C A), 占车生 (Zhan C S). 2001. 兰州 - 民和盆地恐龙足印化石的特征及其与环境构造的关
　　系 . 中国区域地质 , 20(1): 62–66

蔡雄飞 (Cai X F), 李长安 (Li C A), 顾延生 (Gu Y S), 张凡 . 2002. 兰州 - 民和盆地恐龙足印赋存特征及寻找方向 . 沉积
　　与特提斯地质 , 22(3): 90–94

蔡雄飞 (Cai X F), 顾延生 (Gu Y S), 李长安 (Li C A). 2005. 兰州 - 民和盆地恐龙足印化石形成的地质特征 . 地层学杂志 ,
　　29(3): 306–308

陈军(Chen J), 旷红伟(Kuang H W), 柳永清(Liu Y Q), 吴清资(Wu Q Z), 程光锁(Cheng G S), 许克民(Xu K M), 彭楠(Peng
　　N), 许欢 (Xu H), 刘海 (Liu H), 徐加林 (Xu J L), 汪明伟 (Wang M W), 王宝红 (Wang B H), 章鹏 (Zhang P). 2013. 山
　　东临沭地区早白垩世晚期恐龙足迹化石特征 . 古地理学报 , 15(4): 505–516

陈述云 (Chen S Y), 黄晓钟 (Huang X Z). 1993. 楚雄苍岭恐龙足迹初步研究 . 云南地质 , 12(3): 267–276

陈伟 (Chen W). 2000. 中国恐龙足迹类群 . 重庆师范学院学报 (自然科学版), 17(4): 56–62

董枝明 (Dong Z M), 周忠立 (Zhou Z H), 伍少远 (Wu S Y). 2003. 记黑龙江畔一鸭嘴龙足印化石 . 古脊椎动物学报 ,
　　41(4): 324–326

杜远生 (Du Y S), 李大庆 (Li D Q), 彭冰霞 (Peng B X), 雷汝林 (Lei R L), 白仲才 (Bai Z C). 2002. 甘肃省永靖县盐锅峡发
　　现大型蜥脚类恐龙足迹 . 地球科学——中国地质大学学报 , 27(4): 376–373

高尚玉 (Gao S Y), 李保生 (Li B S), 董光荣 (Dong G R). 1981. 内蒙古查布地区足迹化石 . 古脊椎动物学报 , 19(2): 193

高玉辉 (Gao Y H). 2007. 四川威远恐龙足迹一新属 . 古脊椎动物学报 , 45(4): 342–345

苟宗海 (Gou Z H), 赵兵 (Zhao B). 2001. 四川大邑 - 崇州地区的白垩、第三系 . 地层学杂志 , 25 (1) : 28–33, 62

郝诒纯 (Hao Y C), 苏德英 (Su D Y), 余静贤 (Yu J X), 李友桂 (Li Y G), 张望平 (Zhang W P), 刘桂芳 (Liu G F) 等 . 1986.
　　中国的白垩系 (中国地层 12). 北京 : 地质出版社 . 1–301

郝诒纯 (Hao Y C), 苏德英 (Su D Y), 余静贤 (Yu J X) 等 . 2000. 中国地层典 - 白垩系 . 北京 : 地质出版社 . 1–124

胡松梅 (Hu S M), 邢立达 (Xing L D), 王昌富 (Wang C F), 杨苗苗 (Yang M M). 2011. 陕西商洛地区下白垩统大型兽脚类
　　恐龙足迹 . 地质通报 , 30(11): 1697–1700

纪友亮 (Ji Y L), 孙玉花 (Sun Y H), 贾爱林 (Jia A L). 2008. 滦平盆地西瓜园组 (上侏罗统—下白垩统) 暗色泥岩中恐龙
　　脚印化石及其地质意义 . 古地理学报 , 10(4): 379–384

金福全 (Jin F Q), 颜怀学 (Yan H X). 1994. 安徽省古沛盆地白垩纪红层中发现的鸟类足迹 . 安徽地质 , 4(3): 57–61

旷红伟(Kuang H W), 柳永清(Liu Y Q), 吴清资(Wu Q Z), 程光锁(Cheng G S), 许克民(Xu K M), 刘海(Liu H), 彭楠(Peng
　　N), 许欢 (Xu H), 陈军 (Chen J), 王宝红 (Wang B H), 徐加林 (Xu J L), 汪明伟 (Wang M W), 章朋 (Zhang P). 2013. 山
　　东沭河裂谷带早白垩世晚期恐龙组集群与古地理背景 . 古地理学报 , 15(4): 436–453

李大庆 (Li D Q), 杜远生 (Du Y S), 龚淑云 (Gong S Y). 2000. 甘肃永靖盐锅峡早白垩世恐龙足迹的新发现 . 地球科学——
　　中国地质大学学报 , 25(5): 498

李大庆 (Li D Q), 杜远生 (Du Y S), 彭冰霞 (Peng B X), 雷汝林 (Lei R L), 白仲才 (Bai Z C). 2001. 甘肃永靖县盐锅峡早白垩世恐龙足迹 1 号点的最新发现. 地球科学——中国地质大学学报, 26(5): 512–528

李建军 (Li J J), 甄朔南 (Zhen S N). 1994. 南极乔治王岛早第三纪鸟类足迹新材料及其古地理意义. 见: 沈炎彬 (Shen Y B) 主编. 南极乔治王岛菲尔德斯半岛地层及古生物研究论文集. 北京: 科学出版社. 239–249

李建军 (Li J J), 巴特尔 (Baatar), 张维虹 (Zhang W H), 胡柏林 (Hu B L), 高立红 (Gao L H). 2006. 内蒙古查布地区下白垩统的巨齿龙足印化石. 古生物学报, 45(2): 221–234

李建军 (Li J J), 白志强 (Bai Z Q), Lockley M G, 周彬 (Zhou B), 刘疆 (Liu J), 宋宇 (Song Y). 2010. 内蒙古乌拉特中旗恐龙足迹研究. 地质学报, 84(5): 723–742

李建军 (Li J J), 白志强 (Bai Z Q), 魏青云 (Wei Q Y). 2011. 内蒙古鄂托克旗下白垩统恐龙足迹. 北京: 地质出版社. 1–226

李日辉 (Li R H), 张光威 (Zhang G W). 2000. 莱阳盆地莱阳群恐龙足迹化石的新发现. 地质论评, 46(6): 605–611

李日辉 (Li R H), 张光威 (Zhang G W). 2001. 山东莱阳盆地早白垩世莱阳群的遗迹化石. 古生物学报, 40(2): 252–261

李日辉 (Li R H), 刘明渭 (Liu M W), 松川正树 (Matsukawa M). 2002. 山东发现侏罗纪恐龙足迹化石. 地质通报, 21(8-9): 596–597

李日辉 (Li R H), Lockley M G, 刘明渭 (Liu M W). 2005a. 山东莒南早白垩世新类型鸟类足迹化石. 科学通报, 50(8): 783–787

李日辉 (Li R H), 刘明渭 (Liu M W), Lockley M G. 2005b. 山东莒南后左山恐龙公园早白垩世恐龙足迹化石初步研究. 地质通报, 24(3): 277–280

李玉文 (Li Y W), 王小红 (Wang X H), 高雅蓉 (Gao Y R). 1983. 四川嘉定群介形类及其时代. 中国地质科学院院报, (3): 107–124

刘天翔 (Liu T X), 许强 (Xu Q), 黄润秋 (Huang R Q), 汤明高 (Tang M G), 范宣梅 (Fan X M). 2006. 三峡库区塌岸预测评价方法初步研究. 成都理工大学学报 (自然科学版), 33(1): 77–83

柳永清 (Liu Y Q), 旷红伟 (Kung H W), 彭楠 (Peng N), 许欢 (Xu H), 陈军 (Chen J), 徐加林 (Xu J L), 刘海 (Liu H), 章朋 (Zhang P). 2012. 冀西北尚义上侏罗统—下白垩统后城组恐龙足迹新发现及生物古地理意义. 古地理学报, 14(5): 617–627

吕洪波 (Lü H B), 章雨旭 (Zhang Y X), 肖家飞 (Xiao J F). 2004. 贵州贞丰中三叠统关岭组中 *Chirotherium*——原始爬行类足迹研究. 地质学报, 78(4): 468–475

吕君昌 (Lü J C), 张兴辽 (Zhang X L), 贾松海 (Jia S H), 胡卫勇 (Hu W Y), 吴炎华 (Wu Y H), 季强 (Ji Q). 2007. 河南省义马县中侏罗统义马组兽脚类恐龙足印化石的发现及其意义. 地质学报, 81(4): 439–445

吕君昌 (Lü J C), 金幸生 (Jin X S), 高春玲 (Gao C L), 杜天明 (Du T M), 丁明 (Ding M), 盛益明 (Sheng Y M), 魏雪芳 (Wei X F). 2013. 空中之龙——中国翼龙化石研究最新进展. 杭州: 浙江科学技术出版社. 1–127

彭冰霞 (Peng B X). 2003. 甘肃永靖盐锅峡恐龙足迹及其古环境和古生态初步研究. 中国地质大学硕士论文

彭冰霞 (Peng B X), 杜远生 (Du Y S), 李大庆 (Li D Q), 白仲才 (Bai Z C). 2004. 甘肃永靖盐锅峡早白垩世翼龙足迹的发现及意义. 地球科学——中国地质大学学报, 29(1): 21–24

彭光照 (Peng G Z), 叶勇 (Ye Y), 高玉辉 (Gao Y H). 2005. 自贡地区侏罗纪恐龙动物群. 成都: 四川人民出版社. 1–236

彭楠 (Peng N), 柳永清 (Liu Y Q), 旷红伟 (Kuang H W), 吴清资 (Wu Q Z), 刘海 (Liu H), 陈军 (Chen J), 许欢 (Xu H), 徐加林 (Xu J L), 汪明伟 (Wang M W), 王宝红 (Wang B H), 王克柏 (Wang K B), 陈树清 (Chen S Q), 张艳霞 (Zhang Y X). 2013. 山东沂沭断裂带早白垩世晚期恐龙足迹特征差异性. 古地理学报, 15(4): 517–528

其和日格 (Chairag), 余庆文 (Yu Q W). 1999. 兰州 - 民和盆地首次发现白垩纪恐龙足印化石. 中国区域地质, 18(2): 223

商平 (Shang P). 1986. 辽宁阜新发现足印化石. 古脊椎动物学报, 24(1): 1–77

汪明伟 (Wang M W), 旷红伟 (Kuang H W), 柳永清 (Liu Y Q), 彭楠 (Peng N), 刘海 (Liu H), 吴清资 (Wu Q Z), 徐加林 (Xu J L), 陈军 (Chen J), 许欢 (Xu H), 程光锁 (Cheng G S), 王宝红 (Wang B H), 章鹏 (Zhang P). 2013. 山东郯城和江苏东海早白垩世晚期恐龙足迹化石新发现及古环境. 古地理学报, 15(4): 490–504

王宝红 (Wang B H), 柳永清 (Liu Y Q), 旷红伟 (Kuang H W), 彭楠 (Peng N), 许欢 (Xu H), 陈军 (Chen J), 刘海 (Liu H), 徐加林 (Xu J L), 汪明伟 (Wang M W). 2013. 山东诸城棠棣戈庄早白垩世晚期恐龙足迹化石新发现及其意义. 古地理学报, 15(4): 454–466

王德有 (Wang D Y), 冯进城 (Feng J C). 2008. 中国河南恐龙蛋和恐龙化石. 北京: 地质出版社. 1–320

王全伟 (Wang Q W), 阚泽忠 (Kan Z Z), 梁斌 (Liang B), 蔡开基 (Cai K J). 2005. 四川天全地区晚三叠世地层中发现恐龙足迹化石. 地质通报, 24(12): 1179–1180

王申娜 (Wang S N). 2012. 绝壁上的龙迹, 重庆綦江恐龙大发现. 华夏地理, 2012 年 11 月: 138–151

王雪华 (Wang X H), 马骥 (Ma J). 1989. 贵州贞丰发现中三叠世早期恐龙足迹. 中国区域地质, (2): 186–189

吴相超 (Wu X C), 肖本职 (Xiao B Z), 彭朝全 (Peng C Q). 2003. 重庆长江鹅公岩大桥东锚碇岩体力学参数研究. 地下空间, 23(2): 136–138 转 152

邢立达 (Xing L D). 2010. 四川古蔺地区下侏罗统自流井组恐龙足迹简报 (中文快报). 地质通报, 29(11): 1730–1732

邢立达 (Xing L D), 王丰平 (Wang F P), 潘世刚 (Pan S G), 陈伟 (Chen W). 2007. 重庆綦江中白垩统夹关组恐龙足迹群的发现及其意义. 地质学报, 81(11): 1591–1604

邢立达 (Xing L D), Mayer A, 陈郁 (Chen Y). 2011. 重庆市綦江县莲花保寨: 中国古人与恐龙足迹共存的直接证据. 地质通报, 30(10): 1531–1537

许欢 (Xu H), 柳永清 (Liu Y Q), 旷红伟 (Kuang H W), 王克柏 (Wang K B), 陈树清 (Chen S Q), 张艳霞 (Zhang Y X), 彭楠 (Peng N), 陈军 (Chen J), 汪明伟 (Wang M W), 王宝红 (Wang B H). 2013. 山东诸城早白垩世中期超大规模恐龙足迹群及其古地理与古生态. 古地理学报, 15(4): 467–488

杨春燕 (Yang C Y), 蒋兴奎 (Jiang X K), 李奎 (Li K), 柳伟波 (Liu W B), 乌尼拉哈 (Wuni L H). 2012. 四川资中中侏罗统虚骨龙足迹化石研究. 成都理工大学学报 (自然科学版), 39(4): 379–387

杨春燕 (Yang C Y), 李奎 (Li K), 蒋兴奎 (Jiang X K), 刘建 (Liu J), 乌尼拉哈 (Wuni L H), 司毅 (Si Y). 2013. 四川资中金李井镇肉食龙足迹化石再研究. 古生物学报, 52(2): 223–233

杨兴隆 (Yang X L), 杨代环 (Yang D H). 1987. 四川盆地恐龙足迹化石. 成都: 四川科技出版社. 1–30

杨钟健 (Young C C). 1966. 陕西铜川的足印化石. 古脊椎动物与古人类, 10(1): 68–71

杨钟健 (Young C C).1979a. 云南西双版纳傣族自治州的足印化石. 古脊椎动物与古人类, 17(2): 114–115

杨钟健 (Young C C). 1979b. 河北滦平县足印化石. 古脊椎动物与古人类, 17(2): 116–117

叶勇 (Ye Y), 彭光照 (Peng G Z), 江山 (Jiang S). 2012. 四川盆地恐龙足迹化石研究综述. 地质学刊, 36(2): 129–133

余心起 (Yu X Q). 1999. 皖南休宁地区恐龙脚印等化石的产出特征. 安徽地质, 9(2): 94–101

余心起 (Yu X Q), 小林快次 (Kobayashi Y), 吕君昌 (Lü J C). 1999. 安徽省黄山地区恐龙 (足迹) 脚印化石的初步研究. 古脊椎动物学报, 37(4): 285–290

曾祥渊 (Zeng X Y). 1982. 湘西北沅麻盆地红层中发现的恐龙足印化石. 湖南地质, (1): 57–58

张传藻 (Zhang C Z). 1980. 马陵山上的恐龙脚印. 博物, 84(3): 22

张建平 (Zhang J P), 邢立达 (Xing L D), Gierlinski G D, 武法东 (Wu F D), 田明中 (Tian M Z), Currie P. 2012. 中国北京恐龙足迹的首次记录. 科学通报, 57(2-3): 144–152

张永忠 (Zhang Y Z), 张建平 (Zhang J P), 吴平 (Wu P), 张学斌 (Zhang X B), 白松 (Bai S). 2004. 辽西北票地区中 - 晚侏罗世土城子组恐龙足迹化石的发现. 地质论评, 50(6): 561–566

赵资奎 (Zhao Z K). 1979. 河南内乡新的恐龙蛋类型和恐龙脚印化石的发现及其意义. 古脊椎动物与古人类, 17(4): 304–309

甄朔南 (Zhen S N), 李建军 (Li J J), 甄百鸣 (Zhen B M).1983. 四川岳池的恐龙足迹研究. 北京自然博物馆研究报告, (25): 1–21

甄朔南 (Zhen S N), 李建军 (Li J J), 饶成刚 (Rao C G), 胡绍锦 (Hu S J). 1986. 云南晋宁的恐龙足迹研究. 北京自然博物馆研究报告, (33): 1–19

甄朔南 (Zhen S N), 李建军 (Li J J), 韩兆宽 (Han Z K), 杨兴隆 (Yang X L). 1996. 中国恐龙足迹研究. 成都 : 四川科技出版社. 1–10

宗立一 (Zong L Y), 吕君昌 (Lü J C), 温万成 (Wen W C), 杨卿 (Yang Q), 万杨 (Wan Y). 2013. 宁夏恐龙足迹的发现及其意义. 世界地质, 32(3): 427–436

Abel O. 1935. Vorzeitliche Lebensspuren. Jena: Gustav Fischer. 1–644

Adams T L, Strganac C, Polcyn M J, Jacobs L L. 2010. High resolution three-dimensional laser-scanning of the type specimen of *Eubrontes* (?) *glenrosensis* Shuler, 1935, from the Comanchean (Lower Cretaceous) of Texas: Implications for digital archiving and preservation. Palaeontologia Electronica, 13(3): 1–11

Alexander R M. 1976. Estimates of speeds of dinosaurs. Nature, 261: 129–130

Allen J R L. 1997. Subfossil mammalian tracks (Flandrian) in the Severn Estuary, S.W. Britain: Mechanics of formation, preservation and distribution. Philosophical Transactions of the Royal Society of London, Series B 352: 481–518

Alonso R. 1980. Icnitas de dinosaurios (Ornithopoda, Hadrosauridae) en el Cretacico superior del norte Argentina. Acta Geologica Lilloana, (15): 55–63

Azuma Y, Li R, Currie P J, Dong Z M, Shibata M, Lü J C. 2006. Dinosaur footprints from the Lower Cretaceous of Inner Mongolia, China. Memoir of the Fukui Prefectural Dinosaur Museum, 5: 1–14

Baird D. 1957. Triassic reptile footprint faunules from Milford, New Jersey. Bulletin: Museum of Comparative Zoology, 117: 449–520

Bartholomai A. 1966. Fossil footprint in Queensland. Australia Natural History, 15: 147–150

Billon-Bruyat J P, Mazin J M. 2003. The systematic problem of tetrapod ichnotaxa: The case study of *Peteraichnus* Stokes, 1957 (Pterosauria, Pterodactyloidea). Geological Society, London, Special Publication, 23: 315–324

Bird R T. 1944. Did *Brontosaurus* ever walk on land? Natural History, 53: 63–67

Bird R T. 1954. We captured a "live" brontosaur. The National Geographic Magazine, 105: 707–722

Buckland W. 1828. Note sur des traces de tortues observées dan le grès rouge. Annales Des Science Naturelles, 13: 85–86

Carpenter K. 1984. Skeletal reconstruction and life restoration of Sauropelta (Ankylosauria: Nodosauridea) from the Cretaceous of North America. Canadian Journal of Earth Science, 21: 1491–1498

Carrano M T, Wilson J A. 2001. Taxon distributions and the tetrapod track record. Paleobiology, 27(3): 564–582

Charig A. 1979. A New Look at the Dinosaurs. London: British Museum (Natural History) London, 1–160

Chen P J, Li J J, Matsukawa M, Zhang H C, Wang Q F, Lockley M G. 2006. Geological ages of dinosaur-track bearing formations in China. Cretaceous Research, 27: 22–32

Chen R J, Lü J C, Zhu Y X, Azuma Y, Zheng W J, Jin X S, Noda Y, Shibata M. 2013. Pterosaur tracks from the early Late Cretaceous of Dongyang City, Zhejiang Province, China. Geological Bulletin of China, 32(5): 683–698

Cope E D. 1867. Account of extinct reptiles which approach birds. Proceeding of the Academy of Natural Sciences, Philadelphia, 1867: 234–235

Cope E D. 1869. Synopsis of the extinct Batrachia, Reptilia and aves of North America. Transactions of the American Philosophical Society, 14: 1–252

Currie P J. 1981. Bird footprints from the Gething Formation (Aptian, Lower Cretaceous) of northeastern British Columbia, Canada. Journal of Vertebrate Paleontology, 1: 257–264

Currie P J. 1983. Hadrosaur trackways from the Lower Cretaceous of Canada. Acta Paleontological Polanica, 28: 63–73

Dodson P, Berensmeyer A K, Bakker R T, McIntosh J S. 1980. Taphonomy of the dinosaur beds of the Jurassic Morrison Formation. Paleobiology, 1980(6): 208–232

Du Y S, Li D Q, Peng B X, Lei R L, Bai Z C. 2001. Dinosaur footprints of Early Cretaceous in Site 1, Yanguoxia, Yongjing County, Gansu Province. Journal of China University of Geosciences, 12(2): 99, 154

Ellenberger P. 1972. Contribution à la classification des pites de Vertébrés du Trias: les types du Stormberg d'Afrique du Sud (I). Paleovertebrata, Mémoire Extrordinaire: 1–152

Ellenberger P. 1974. Contribution à la classification des Pistes de Vertébrés du Trias: les types du Stormberg d'Afrique du Sud (II). Paleovertebrata, Mémoire Extrordinaire: 1–141

Erben H K, Ashraf A R, Böhm H, Hahn G, Hambach U, Krumsiek K, Stets J, Thein J, Wurster P. 1995. Die Kreide/ Tertiar-Grenze in Nanxiong-Becken (Kontinentalfazies, Sudost China). Erdwissenschaftliche Forschung, 32: 1–245

Farlow J O, Pittman J G, Hawthorne J M. 1989. *Brontopodus birdii*, Lower Cretaceous sauropod footprints from the U. S. Gulf coastal plain. In: Gillette D D, Lockley M G eds. Dinosaur Tracks and Traces. Cambridge: Cambridge University Press. 371–394

Frey R W. 1975. The realm of ichnology, its strengths and limitations. In: Frey R W ed. The Study of Trace Fossils. Berlin and New York: Springer-Verlag. 13–38

Fujita M, Azuma Y, Lee Y N, Lü J C, Dong Z M, Noda Y, Urano K. 2007. New theropod track site from the Upper Jurassic Tuchengzi Formation of Liaoning Province, northeastern China. Memoir of the Fukui Prefectural Dinosaur Museum, 6: 17–25

Gangloff R S, May K C, Storer J E. 2004. An early Late Cretaceous dinosaur tracksite in Central Yukon Territory, Canada. Ichnos, 11: 299–309

Gatesy S M, Middleton K M, Jenkins F A Jr, Shubin N H. 1999. Three-dimensional preservation of foot movements in Triassic theropod dinosaurs. Nature, 399(13): 141–144

Gierlinski G. 1994. Early Jurassic theropod tracks with the metatarsal impressions. Prezglad Geologiczny, 42: 280–284

Harris J D. 1998. Dinosaur footprints from Garden Park, Colorado. Morden Geology, 23: 291–307

Haubold H. 1971. Ichnia amphibiorum et reptiliorum fossilium. In: Kuhn O ed. Handbuch der Paläoherpetologie. Stuttgart and Portland: Gustav Fischer Verlag. 1–121

Haubold H. 1984. Saurierfährten (2nd ed) A. Ziemsen Verlag. Wittenberg Lutherstadt. 1–231

Haubold H. 1986. Archosaur footprints at the terrestrial Triassic-Jurassic transition. In: Padian K ed. The Beginning of the Age of Dinosaurs. Cambridge: Cambridge University Press. 189–201

Haubold H. 2006. Die Saurierfährten *Chirotherium barthii* Kaup, 1835—das Typusmaterial aus dem Buntsandstein bei Hildburghausen/Thüringen und das "Chirotherium-Monument". Veröffentlichungen Naturhistorisches Museum Echleusingen, 21: 3–31

Hay O P. 1902. Bibliography and catalogue of the fossil vertebrate of North America. U. S. Geological Survey Bulletin, 179: 1–868

He Q, Xing L D, Zhang J P, Lockley M G, Klein H, Persons IV W S, Qi L Q, Jia C K. 2013. New Early Cretaceous pterosaur-bird track assemblage from Xinjiang, China: Palaeothology and Palaeoenvironment. Acta Geologica Sinica (English Edition), 87(6): 1477–1485

Heilmann G. 1927. The Origin of Birds. Appleton, New York [reprinted 1972 by Dover Publication, New York]. 1–208

Hitchcock E. 1836. Ornithichnology. Description of the footmarks of birds (Ornithoidichnites) on New Red Sandstone in Massachusetts. American Journal of Science, 29: 307–340

Hitchcock E. 1841. Final Report on the Geology of Massachusetts. Amherst and Northampton: Adams and Butler. 1–831

Hitchcock E. 1843. Description of five new species of fossil footmarks, from the red sandstone of the Connecticut river. Reports of the First, Second and Third Meetings of Association of American Geologists and Naturalists. Philadelphia: 254–264

Hitchcock E. 1845. An attempt to name, classify and describe the animal that made the fossil footmarks of New England. Proceedings of the 6th Annual Meeting of the Association of American Geologists and Naturalists. New Haven, Connecticut 6: 23–25

Hitchcock E. 1847. Description of two species of fossil footprints found in Massachusetts and Connecticut or of animals that made them. American Journal of Science and Arts (Ser. 2), 4: 46–57

Hitchcock E. 1858. Ichnology of New England. A report on the sandstone of the Connecticut valley, especially its fossil footmarks. Boston: William White. 1–220

Hitchcock E. 1865. Supplement to the Ichnology of New England. Boston: Wright and Potter. 1–96

Hunt A P, Lucas S G. 2006. Tetrapod ichnofacies of the Cretaceous. In: Lucas S G, Sullivan R M eds. Late Cretaceous Vertebrates from the Western Interior. New Mexico Museum of Natural History and Science Bulletin, 35: 61–68

Hunt A P, Lucas S G. 2007. Tetrapod ichnofacies: a new paradigm. Ichnos, 14: 59–68

Huxley T H. 1868. On the animals which are most nearly intermediate between reptiles and birds. Quarterly Journal of the Geological Society of London, 26: 12–31

Ishigaki S. 1989. Footprints of swimming sauropods from Morocco. In: Gillette D D, Lockley M G eds. Dinosaur Tracks and Traces. Cambridge: Cambridge University Press. 83–86

Kaup J J. 1835. Their-Fährten von Hildburghausen; Chirotherium oder Chirosaurus. Neues Jahrbuch für Mineralogie, Geognosie, Geologie und Petrefaktenkunde. 327–328

Kaye J M, Russell D A. 1973. The oldest record of hadrosaurian dinosaurs in North America. Journal of Paleontology, 47: 91–93

Kim B K. 1969. A study of several sole marks in the Haman Formation. Journal of the Geological Society of Korea, 5(4): 243–258

Kim J Y, Kim S H, Kim K S, Lockley M G. 2006. The oldest record of webbed bird and pterosaur tracks from South Korea (Cretaceous Haman Formation, Changseon and Sinsu Islands): More evidence of high avian diversity in East Asia. Cretaceous Research, 27 (1): 56–69

Kim J Y, Kim K S, Lockley M G. 2008. New didactyl dinosaur footprints (Dromaeosauripus hamanensis ichnogen. et ichnosp. nov.) from the Early Cretaceous Haman Formation, south coast of Korea. Palaeogeography, Palaeoclimatology, Palaeoecology, 262: 72–78

King M J, Sarjeant W A S, Thompson D B, Tresise G. 2005. A revised systematic ichnotaxonomy and review of the vertebrate footprint ichnofamily Chirotheriidae from the British Triassic. Ichnos, 12: 241–299

Klein H, Lucas S G. 2010. Tetrapod footprints—their use in biostratigraphy and biochronology of the Triassic. Geological Society, London, Special Publications, 334: 419–446

Krebs B. 1965. Die Triasfauna der Tessiner Kalkalpen. XIX. *Trchinosuchus freox* nov. gen. nov. sp. Schweizerische Paläontologische Abhandlungen, 81: 1–140

Krebs B. 1966. Zur Deutung der *Chirotherium* Fahrten. Natur und Museum, Frankfurt-am-Main, 96: 389–397

Kuban G J. 1994. An Overview of Dinosaur Tracking. M.A.P.S. Digest, 1994 April. Mid-America Paleontology Society, Rock Island, IL, http://paleo.cc/paluxy/ovrdino.htm.

Kuhn O. 1958. Die Fährten der vorzeitlichen Amphibien und Reptilien. Bamberg: Verlagshaus Meisenbach KG Bamberg. 1–64

Kuhn O. 1963. Ichnia tetrapodorum. Fossilium catalogus I: Animalia Paris. 101: 1–176

Le Loeuff J, Lockley M G, Meyer C A, Petit J P. 1999. Earliest tracks of Liassic basal thyreophoran. Journal of Vertebrate Paleontology, 18: 58–59

Lee Y N, Lee H J. 2006. A sauropod trackway in Donghae-Myeon, Geseon County, South Gyeongsang Province, Korera and its paleobiological implications of Uhangri manus-only sauropod tracks. Journal of Paleontology Society of Korea, 22(1): 1–14

Leidy J. 1856. Notice of remains of extinct reptiles and fishes, discovered by Dr. F.V. Hayden in the Bad Lands of the Judith River, Nebraska Territory. Proceeding of the Academy of Natural Sciences. Philadelphia, 8: 72–73

Leonardi G. 1981. Novo icnogenero de tetrapode Mesozoic da Formacao Botucatu, Araraquara, SP. Anais da Academia Brasileira de Ciencias, 53(4) : 793–805

Leonardi G. 1984. Le imprente fossili di dinosauri. In: Bonaparte J F, Colbert E H, Currie P J, Ricqlès A, Kielan-Jaworowska Z, Leonardi G, Morello N, Taquet P eds. Sulle Orme de Dinosauri. Venice: Erizzo Editrice. 165–186

Leonardi G. 1986. Glossary and Mannual of the tetrapod palaeoichnology. Brasilia: Departamento Nacional de Produção Mineral, Brasilia, Brasil. 1–153

Li D, Azuma Y, Arakawa Y. 2002. A new Mesozoic bird track site from Gansu Province, China. Memoir of the Fukui Prefectural Dinosaur Museum, 1: 92–95

Li D Q, Azuma Y, Fujita M, Lee Y N, Arakawa Y. 2006. A preliminary report on two new vertebrate track site including dinosaurs from the Early Cretaceous Hekou Group, Gansu, China. Journal of the Paleontological Society of Korea, 22(1): 29–49

Li J J, Li Z H, Zhang Y G, Zhou Z H, Bai Z Q, Zhang L F, Ba T Y. 2008. A new species of *Cathayornis* from the Lower Cretaceous of Inner Mongolia, China and its stratigraphic significance. Acta Geologica Sinica, 82(6): 1115–1123

Li J J, Lockley M G, Bai Z Q, Zhang L F, Wei Q Y, Ding Y, Matsukawa M, Hayashi K. 2009. New bird and small theropod tracks from the Lower Cretaceous of Otog Qi, Inner Mongolia, P. R. China. Memoirs of Beijing Museum of Natural History, 61: 51–79

Li J J, Lockley M G, Zhang Y G, Hu S M, Matsukawa M, Bai Z Q. 2012. An important ornithischian tracksite in the Early Mesozoic of the Shenmu Region, Shaanxi, China. Acta Geologica Sinica, 86(1): 1–10

Li R H, Lockley M G, Makovicky P, Matsukawa M, Norell M, Harris J. 2008. Behavioral and faunal implications of deinonychosaurian trackways from the Lower Cretaceous of China. Naturwissenschaft, 95: 185–191

Li R H, Lockley M G, Matsukawa M, Wang K B, Liu M W. 2011. An unusual theropod track assemblage from the Cretaceous of the Zhucheng area, Shandong Province, China, Cretaceous Research, 32: 422–432

Lim S K, Yang S Y, Lockley M G. 1989. Large dinosaur footprint assemblages from the Cretaceous Jindong Formation of

Southen Korea. In: Gillette D D, Lockley M G eds. Dinosaur Tracks and Traces. Cambridge: Cambridge University Press. 333–336

Llompart C. 1984. Un nuevo yacimiento de ichnitas de dinosaurios en las facies Garumnienses de la Conca de Tremp (Leida Espana). Acta Geologica Hispanica, 19: 143–147

Lockley M G. 1986. The palebiological and paleoenvironmental importance of dinosaur footprints. Palaios, 1: 37–47

Lockley M G. 1987. Dinosaur footprints from the Dakota Group of eastern Colorado. The Mountain Geologist, 24(4): 107–122

Lockley M G. 1991. Tracing dinosaurs, a new look at an ancient world. Cambridge: Cambridge University Press. 1–238

Lockley M G. 1998a. The vertebrate track record. Nature, 396: 429–432

Lockley M G.1998b. Philosophical perspectives on theropod track morphology: blending qualities and quantities in the science of ichnology. Gaia, 15: 279–300

Lockley G M. 2000. An amended description of the theropod footprint *Bueckeburgichnus maximus* Kuhn 1958, and its bearing on the megalosaur tracks debate. lchnos, 7(3): 217–225

Lockley M G. 2002. A guide to the fossil footprints of the world. Denver: A Lockley-Peterson publication. 1–124

Lockley M G, Conrad K. 1989. The paleoenvironmental context and preservation of dinosaur tracksites in the western United States. In: Gillette D D, Lockley M G eds. Dinosaur Tracks and Traces. Cambridge: Cambridge University Press. 121–134

Lockley M G, Gillette D. 1989. Dinosaur tracks and traces: An overview. In: Gillette D D, Lockley M G eds. Dinosaur tracks and traces. Cambridge: Cambridge University Press. 3–10

Lockley G M, Harris J D. 2010. On the trail of early birds: A review of the fossil footprint record of avian morphological and behavioral evolution. In: Ulrich P K, Willett J H eds. Trends in Ornithology Research. Hauppauge: Nova Publisher. 1–63

Lockley M G, Hunt A P. 1995. Dinosaur tracks and other fossil footprints of the western United States. New York: Columbia University Press.1–338

Lockley M G, Matsukawa M. 2009. A review of vertebrate track distributions in East and Southeast Asia. J Paleont Soc Korea, 25(1): 17–42

Lockley M G, Wright J L. 2003. Pterosaur swim tracks and other ichnological evidence of behaviour and ecology. In: Buffetaut E, Mazin J M eds. Evolution and Palaeobiology of Pterosaurs. Geological Society, London, Special Publications, 217: 297–313

Lockley M G, Yang S Y, Matsukawa M, Fleming F, Lim S K. 1992. The track record of Mesozoic birds: Evidence and implications. Philosophical Transactions of the Royal Society of London: Biological Sciences, 336(1277): 113–134

Lockley M G, Farlow J O, Meyer C A. 1994a. *Brontopodus* and *Parabrontopodus* ichnogen. nov. and the significance of wide and narrow-gauge sauropod trackways. Gaia: Revista de Geociencias, Museu Nacional de Historia Natural (Lisbon), 10: 135–146

Lockley M G, Hunt A P, Meyer C. 1994b. Vertebrate tracks and the ichnofacies concept: implications for paleoecology and palichnostratigraphy. In: Donovan S ed. The Palaeobiology of Trace Fossils. Chichester: Wiley. 241–268

Lockley M G, Meyer C, Hunt A P, Lucas S G. 1994c. The distribution of sauropod tracks and trackmakers. Gaia: Revista de Geociencias, Museu Nacional de Historia Natural (Lisbon), 10: 233–248

Lockley M G, Logue T J, Moratalla J J, Hunt A P, Schultz R J, Robinson J W. 1995. The fossil trackway pteraichnus is pterosaurian, not crocodilian: Implications for the global distribution of pterosaur tracks. Ichnos, 4: 7–20

Lockley M G, Foster J, Hunt A P. 1998a. A short summary of dinosaur tracks and other fossil footprints from the Morrison

Formation. In: Carpenter K, Chure D, Kirkland J eds. The Upper Jurassic Morrison Formation: An interdisciplinary study. Modern Geology, 23: 277–290

Lockley M G, Meyer C A, Moratalla J J. 1998b. *Therangospodus*: trackway evidence for the widespread distribution of a Late Jurassic theropod with well-padded feet. Gaia, 15: 339–353

Lockley M G, Meyer C A, Santos V F. 1998c. *Megalosauripus* and the problematic concept of megalosaur footprints. Gaia, 15: 313–337

Lockley M G, Wright J, White D, Matsukawa M, Li J J, Feng L, Li H. 2002. The first sauropod trackways from China. Cretaceous Research, 23(3): 363–381

Lockley M G, Matsukawa M, Li J J. 2003. Crouching theropods in taxonomic jungles: Ichnological and ichnotaxonomic investigations of footprints with metatarsal and ischial impressions. Ichnos, 10: 169–177

Lockley M G, Nadon G, Currie P J. 2004. A diverse dinosaur-bird footprint assemblage from the Lance Formation, Upper Cretaceous, eastern Wyoming: Implications for ichnotaxonomy. Ichnos, 11: 229–249

Lockley M G, Yang S, Matsukawa M. 2005. *Minisauripus*—the track of a diminutive dinosaur from the Cretaceous of Korea: Implications for correlation in East Asia. Journal of Vertebrate Paleontology, 25: 84A

Lockley M G, Houck K, Yang S Y, Matsukawa M, Lim S K. 2006a. Dinosaur-dominated footprint assemblages from the Cretaceous Jindong Formation, Hallyo Haesang National Park area, Goseong County, South Korea: evidence and implications. Cretaceous Research, 27 (1): 70–101

Lockley M G, Matsukawa M, Ohita H, Li J J, Wright J L, White D, Chen P J. 2006b. Bird tracks from Liaoning Province China: New insights into avian evolution during the Jurassic-Cretaceous transition. Cretaceous Research, 27: 33–43

Lockley M G, Li R H, Harris J, Matsukawa M, Liu M W. 2007. Earliest zygodactyl bird feet: evidence from Early Cretaceous Road Runner-like traces. Naturwissenschaft, 94: 657–665

Lockley M G, Kim H K, Kim J Y, Kim K S, Matsukawa M, Li R H, Li J J, Yang S Y. 2008. *Minisauripus*—the track of a diminutive dinosaur from the Cretaceous of China and South Korea: Implications for stratigraphic correlation and theropod foot morphodynamics. Cretaceous Research, 29(1): 115–130

Lockley M G, Li R, Matsukawa M, Li J. 2010a. Tracking Chinese crocodylians: *Kuangyuanpus*, *Laiyangpus*, and implications for naming crocodylian and crocodylian-like tracks and associated ichnofacies. In: Milàn J, Lucas S G, Lockley M G, Spielmann J A eds. Crocodyle Tracks and Traces. New Mexico Museum of Natural History and Science, Bulletin 51: 99–108

Lockley M G, Lucas S G, Milan J, Harris J D, Avanzini M, Foster J R, Spielmann J A. 2010b. The fossil record of crocodylian tracks and traces: an overview. In: Milàn J, Lucas S G, Lockley M G, Spielmann J A eds. Crocodyle Tracks and Traces. New Mexico Museum of Natural History and Science, Bulletin 51: 1–14

Lockley M G, Car K, Martin J, Milner A R C. 2011. New theropod tracksites from the Upper Cretaceous "Mesaverde" Group, western Colorado: implications for ornithomimosaur track morphology. In: Sullivan R M, Lucas S G, Spielmann J A eds. Fossil Record 3. New Mexico Museum of Natural History and Science, Bulletin 53: 321–329

Lockley M G, Li J J, Matsukawa M, Li R H. 2012. A new avian ichnotaxon from the Cretaceous of Nei Mongol, China. Cretaceous Research, 34: 84–93

Lockley M G, Li J J, Li R H, Matsukawa M, Harris J, Xing L D. 2013. A review of the theropod track record in China, with special reference to type ichnospecies: implications for ichnotaxonomy and paleobiology. Acta Geologica Sinica, 87(1): 1–20

Lockley M G, Li R H, Matsukawa M, Xing L D, Li J J, Liu M W, Xu X. 2015. Tracking the yellow dragons: Implications of China's largest dinosaur tracksite (Cretaceous of Zhucheng area, Shandong Province, China). Palaeogeography, Palaeoclimatology, Palaeoecology, 423: 62–79

Lü J C, Azuma Y, Wang T, Li S X, Pan S G. 2006. The first discovery of dinosaur footprint from Lufeng of Yunnan Province, China. Memoir of the Fukui Prefectural Dinosaur Museum, 5: 35–39

Lü J C, Chen R J, Azuma Y, Zheng W J, Tanaka I, Jin X S. 2010. New pterosaur tracks from the early Late Cretaceous of Dongyang City, Zhejiang Province, China. Acta Geoscientica Sinica, 31(Sup 1): 46–48

Lucas A M, Stettenheim P R. 1972. Avian anatomy, Integument (United States Department of Agriculture, Handbook 362). Washington: United States Government Printing Office. 1–750

Lucas S G, Klein H, Lockley M G, Spielmann J A, Gierliński G D, Hunt A P, Tanner L H. 2006. Triassic-Jurassic stratigraphic distribution of the theropod footprint ichnogenus Eubrontes. In: Harris J D, Lucas S G, Spielmann J A, Lockley M G, Milner A R C, Kirklan J I eds. The Triassic-Jurassic Terrestrial Transition. New Mexico Museum of Natural History and Science Bulletin, 37: 86–93

Lull R S. 1904. Fossil footprints of the Jura-Trias of North America. Boston Society of Natural History, Memoirs, 5: 461–557

Lull R S. 1915. Triassic life of the Connecticut Valley. Connecticut Geological Natural History Servey, Bulletin, 24: 1–285

Lull R S. 1917. The Triassic flora and fauna of the Connecticut Valley. Bulletin of the United States Geological Survey, 597: 105–127

Lull R S. 1953. Triassic life of the Connecticut Valley, Connecticut Geological Natural History Servey, Bulletin 81: 1–336

Manning P L. 2004. A new approach to the analysis and interpretation of tracks: examples from the Dinosauria. In: McIlroy D ed. The application of ichnology to palaeoenvironmental and stratigraphical analysis. Geological Society of London, Special Publication, 228: 93–128

Mantell G A. 1825. Notice on the Iguanodon, a newly discovered fossil reptile, from the sandstone of Tilgate Forest, in Sussex. Philos Trans R Soc London, 115: 179–186

Marsh O C. 1881. Principal characters of American Jurassic dinosaurs. Part. V. American Journal of Science (ser 3), 21: 417–423

Marsh O C. 1896. The dinosaurs of North America. The 16th Annual Report of United States Geological Survey, 1891–95. 133–414

Matsukawa M, Futakami M, Lockley M G, Chen P J, Chen J H, Cao Z Y, Bolotsky U L. 1995. Dinosaur footprints from the Lower Cretaceous of eastern Manchuria, Northeast China: evidence and implications. Palaios, 10: 3–15

Matsukawa M, Lockley M G, Li J J. 2006. Cretaceous terrestrial biotas of East Asia, with special reference to dinosaur-dominated ichnofaunas: towards a synthesis. Cretaceous Research, 27: 3–21

Matsukawa M, Shibata K, Kukihara R, Koarai K, Lockley M G. 2005. Review of Japanese dinosaur track localities: Implications for ichnotaxonomy, paleogeography and stratigraphic correlation. Ichnos, 12: 201–222

Matsukawa M, Hayashi K, Zhang H C, Zhen J S, Chen P J, Lockley M G. 2009. Early Cretaceous sauropod tracks from Zhejiang Province, China. Bulletin of Tokyo Gakugei University, Division of Natural Science, 61: 89–96

Mensink H, Mertmann D. 1984. Dinosaurier-Fährten (*Gigantosauropus asturiensis* n.g.n.sp.; *Hispanosauropus hauboldi* n.g.n.sp.) im Jura Asturiens bei La Griega und Ribadesella (Spanien). Monatshefte: Neues Jahrbuch für Geologie und Paläontologie. 405–415

Niedźwiedzki G. 2006. Large theropod footprints from the Early Jurassic of the Holy Cross Mountains, Poland. Przegląd

Geologiczny, 54: 615–621

Nopcsa F. 1915. Die Dinosaurier der siebenbürgischen Landesteile Ungarns. Mitteilungen des Jahrbuchs der Konigliche Ungarische Geologischen Reichsanstalt, Budapest 23: 1–26

Olsen O C. 1980. Fossil great lakes of the Newark Supergroup in New Jersey. In: Manspeizer W ed. Field Study of New Jersey Geology and Guide to Field Trip. 52nd Annual Meeting of the New York State Geological Association Newark. Rutgers University. 352–398

Olsen P E, Padian K. 1986. Earliest records of *Batrachopus* from the southwesten United States, and a revision of some early Mesozoic crocodylomorph ichnogenera. In: Padian K ed. The Beginning of the Age of Dinosaurs. Cambridge: Cambridge University Press. 259–273

Olsen P E, Smith J B, McDonald N G. 1998. Type material of the type species of the classic theropod footprint genera Eubrontes, *Anchisauripus* and *Grallator* (Early Jurassic, Hartford and Deerfield basins, Connecticut and Massachusetts, USA). Journal of Vertebrate Paleontology, 18: 586–601

Owen R. 1842. Report on British fossil reptiles. Part II. Report of the British Association for the Advancement of Science, 11: 60–204

Padian K. 1999. Dinosaur tracks in the computer age. Nature, 399: 103–104

Padian K, Olsen E. 1984. The fossil trackway *Pteraichnus* not pterosaurian, but crocodilian. Journal of Paleontology, 58: 178–184

Paik I S, Kim H J, Lee Y I. 2001. Dinosaur track-bearing deposits in the Cretaceous Jindong Formation, Korea: occurrence, palaeoenvironments and preservation. Cretaceous Research, 22: 79–92

Parrish J M. 1986. Structure and function of the tarsus in the phytosaurs (Reptilia: Archosauria). In: Padian K ed. The Beginning of the Age of Dinosaurs. Cambridge: Cambridge University Press. 35–43

Peabody F E. 1948. Reptile and amphibian trackways from the Lower Triassic Moenkopi Formation of Arizona and Utah. Bulletin of the Department of Geological Sciences, University of California, 27: 295–468

Piubelli D, Avanzini M, Mietto P. 2005. The Early Jurassic ichnogenus *Kayentapus* at Lavinidi Marco ichnosite (NE Italy). Global distribution and palaeongeographic implications. Bell Soc Geol It, 124: 259–267

Romasko A. 1986. Man—a contemporary of the dinosaurs? Creation/Evolution, 6: 28–29

Romer A S. 1956. Osteology of the Reptiles. Illinois: The University of Chicago Press. 1–772

Santos V F, Lockley M G, Meyer C A, Carvalho J, Galopim de Carvalho A M, Moratalla J J. 1994. A new sauropod tracksite from the Middle Jurassic of Portugal. Gaia, 10: 5–14

Sarjeant W A S. 1975. Fossil tracks and impressions of vertebrates. In: Frey R W ed. The Study of Trace Fossils. Berlin and New York: Springer-Verlag. 283–324

Sarjeant W A S, Delair J B, Lockley M G. 1998. The footprints of *Iguanodon*: a history and taxonomic study. Ichnos, 6(3): 183–202

Shikama T. 1942. Footprints from Chinchou, of *Jeholosauripus*, the Eo-Mesozoic dinosaur. The Bulletin of the Central Museum of Changchun, 3: 21–31

Shuler E W. 1917. Dinosaur tracks in the Glen Rose Limestone, near Glen Rose Texas. American Journal of Science, XLIV(4): 294–298

Shuler E W. 1935. Dinosaur track mounted in the bandstand at Glen Rose, Texas. Field and Laboratiry, 4: 9–13

Soergel W. 1925. Die Fährten der Chirotheria. Eine Paläobiologische Studie. Jena: Gustav Fischer. 1–92

Sollas W J. 1879. On some three-toe footprints from the Triassic conglomerate of South Wales. Quarterly Journal of the Geo-
    logical Society of London, 35: 511–516

Steinbock R T. 1989. Ichnology of the Connecticut Valley: a vignette of American science in the early nineteenth century. In:
    Gillette D D, Lockley M G eds. Dinosaur Tracks and Traces. Cambridge: Cambridge University Press. 27–32

Sternberg C M. 1932. Dinosaur tracks from Peace River, British Columbia. National Museum of Canada Bulletin, 68: 59–85

Stokes W M L. 1957. Pterodactyl tracks from the Morrision Formation. Journal of Paleontology, 31(5): 952–954

Sullivan C, Hone D W E, Cope T D, Liu Y, Liu J. 2009. A new occurrence of small theropod tracks in the Houcheng (Tuchengzi)
    Fomation of Hebei Province, China. Vertevrata PalAsiatica, 47(1): 35–52

Teilhard de Chardin P, Young C C. 1929. On some traces of vertebrate life in the Jurassic and Triassic beds of Shansi and
    Shensi. Bulletin of the Geological Society of China, 8: 131–133

Thulborn T. 1990. Dinosaur Tracks. London: Chapman and Hall. 1–410

Thurlborn R A, Wade M. 1984. Dinosaur trackway in the Winton Formation (mid-Cretaceous) of Queensland. Memoirs of the
    Queensland Museum, 21: 413–517

Unwin D M. 1989. A predictive method for the identification of vertebrate ichnites and its application to pterosaur tracks. In:
    Gillette D D, Lockley M G eds. Dinosaur Tracks and Traces. Cambridge: Cambridge University Press. 259–274

Weishampel D B, Dodson P, Osmólska H. 1990. The Dinosauria. Berkeley, CA: University of California Press. 1–733

Welles S P. 1971. Dinosaur footprints from the Kayenta Formation of northern Arizona. Plateau, 44: 27–38

Whyte M A, Romano M. 1994. Probable sauropod footprints from the Middle Jurassic of Yorkshire, England. Gaia, 10: 15–26

Whyte M A, Romano M. 2001a. A dinosaur ichnocoenosis from the Middle Jurassic of Yorkshire, UK. Ichnos, 8: 223–234

Whyte M A, Romano M. 2001b. Probable stegosaurian dinosaur tracks from the Saltwick Formation (Middle Jurassic) of
    Yorkshire, England. Proceedings of the Geologists' Association, 112: 45–54

Wings O, Schellhorn R, Mallison H, Thuy B, Wu W H, Sun G. 2007. The first dinosaur tracksite from Xinjiang, NW China
    (Middle Jurassic Sanjianfang Formation, Turpan Basin) — a preliminary report. Global Geology, 10 (2): 113–129

Xing L D, Harris J D, Dong Z M, Lin Y L, Chen W, Guo S B, Ji Q. 2009a. Ornithopod (Dinosauria Ornithischian) tracks from
    the Upper Cretaceous Zhutian Formation in the Nanxiong Basin, Guangdong, China and general observations on large
    Chinese ornithopod footprints. Geological Bulletin of China, 28(7): 829–843

Xing L D, Harris J D, Feng X Y, Zhang Z J. 2009b. Theropod (Dinosauria: Saurischia) tracks from Lower Cretaceous Yixian
    Formation at Sihetun Village, Liaoning Province, China and possible track makers. Geological Bulletin of China, 28(6):
    705–712

Xing L D, Harris J D, Sun D H, Zhao H Q. 2009c. The earliest known deinonychosaur tracks from the Jurassic-Cretaceous
    boundary in Hebei Province, China. Acta Palaeontologica Sinica, 48(4): 662–671

Xing L D, Harris J D, Toru S, Masato F, Dong Z M. 2009d. Discovery of dinosaur footprints from the Lower Jurassic Lufeng
    Formation of Yunnan Province, China and the new observations on *Changpeipus* (with Chinese abstract). Geological
    Bulletin of China, 28(1): 16–29

Xing L, Harris J D, Jia C K. 2010a. Dinosaur tracks from the Lower Cretaceous Mengtuan Formation in Jiangsu, China and
    morphological diversity of local sauropod tracks. Acta Palaeontologica Sinica, 49(4): 448–460

Xing L D, Harris J D, Wang K B, Chen S Q, Zhao C J, Li R H. 2010b. An early Cretaceous non-avian dinosaur and bird
    footprint assemblage from the Laiyang Group in the Zhucheng Basin, Shandong Province, China. Geological Bulletin of
    China, 29(8): 1105–1112

Xing L D, Harris J D, Currie, P J. 2011a. First record of dinosaur trackway from Tibet, China. Geological Bulletin of China, 30(1): 173–178

Xing L D, Harris J D, Gierliński G. 2011b. *Therangospodus* and *Megalosauripus* track assemblage from the Upper Jurassic-Lower Cretaceous Tuchengzi Formation of Chicheng County, Hebei Province, China and their paleoecological implications. Vertebrata PalAsiatica, 49(4): 423–434

Xing L D, Harris J D, Gierli ń ski G, Wang W M, Wang Z Y, Li D Q. 2011c. Mid-Cretaceous non-avain theropod trackways from southern margin of the Sichuan Basin, China. Acta Palaeontologica Sinica, 50(4): 470–480

Xing L D, Harris J D, Jia C K, Luo Z J, Wang S N, An J F. 2011d. Early Cretaceous bird —dominated and dinosaur footprint assemblage from the northwestern border of the Junggar Basin, Xinjiang, China. Palaeoworld, 20: 308–321

Xing L D, Mayor A, Chen Y, Harris J D, Burns M E. 2011e. The folklore of dinosaur trackways in China: impact on paleontology. Ichnos, 18: 213–220

Xing L D, Bell P R, Harris J D, Currie P J. 2012a. An unusual, three-dimensionally preserved, large hadrosaurifor pes track from "Mid" -Cretaceous Jiaguan Formation of Chongqing, China. Acta Geological Sinica, 86(2): 304–312

Xing L D, Gierlinski G D, Harris J D, Divay J D. 2012b. A probable crouching theropod dinosaur trace from the Tuchengzi Formation in Chicheng area, Hebei Province, China. Geological Bulletin of China, 31(1): 20–25

Xing L D, Harris J D, Gierlinski G D, Gingras M K, Divay J D, Tang Y G, Currie P J. 2012c. Early Cretaceous pterosaur tracks from a "buries" dinosaur tracksite in Shandong Province, China. Palaeoworld, 21: 50–58

Xing L D, Lockley M G, He Q, Matsukawa M, Persons IV W S, Xiao Y W, Zhang J P. 2012d. Forgotten Paleogene limulid tracks: *Xishuangbanania* from Yunnan, China. Palaeoworld, 22: 217–221

Xing L D, Lockley M G, Klein H, Li D Q, Zhang J P, Wang F P. 2012e. Dinosaur and pterosaur tracks from the "mid"-Cretaceous Jiaguan Formation of Chongqing, China: review and new observation. In: Xing L D, Lockley M G eds. Abstract Book of Qijiang International Dinosaur Tracks Symposium, Chongqing Municipality, China. Taibei: Dashi Culture Press. 98–101

Xing L D, Klein H, Lockley M G, Li J J, Zhang J P, Matsukawa M, Xiao J F. 2013a. *Chirotherium* Trackways from the Middle Triassic of Guizhou, China. Ichnos, 22: 99–107

Xing L D, Klein H, Lockley M G, Wang S L, Chen W, Ye Y, Matsukawa M, Zhang J P. 2013b. Earliest records of theropod and mammal-like tetrapod footprints in the Upper Triassic of Sichuan Basin, China. Vertebrata PalAsiatica, 51(3): 184–198

Xing L D, Li D Q, Harris J D, Bell P R, Azuma Y, Fujita M, Lee Y N, Currie P J. 2013c. A new deinonychosaurian track ichnospecies from the Lower Cretaceous Hekou Group, Gansu Province, China. Acta Palaeontologica Polonica, 58 (4): 723–730

Xing L D, Lockley G M, Chen W, Gierliński G D, Li J J, Persons IV A S, Matsukawa M, Ye Y, Gingras M K, Wang C W. 2013d. Two theropod track assemblages from the Jurassic of Chongqing, China, and the Jurassic Stratigraphy of Sichuan Basin. Vertebrata PalAsiatica, 51(2): 107–130

Xing L D, Lockley G M, Klein H, Zhang J P, He Q, Divay J D, Qi L Q, Jia C K. 2013e. Dinosaur, bird and pterosaur footprints from the Lower Cretaceous of Wuerhe asphaltite area, Xinjiang, China, with notes on overlapping track relationships. Palaeoworld, 22: 42–51

Xing L D, Lockley G M, Li Z D, Klein H, Zhang J P, Gierlinski G D, Ye Y, Persons IV W S, Zhou L. 2013f. Middle Jurassic theropod trackways from the Panxi region, Southwest China and a consideration of their geologic age. Palaeoworld, 22:

36–41

Xing L D, Lockley M G, Marty D, Klein H, Buckley L G, McCrea R T, Zhang J P, Gierliński G D, Divay J D, Wu Q Z. 2013g. Diverse dinosaur ichnoassemblages from the Lower Cretaceous Dasheng Group in the Yishu fault zone, Shandong Province, China. Cretaceous Research, 45: 114–134

Xing L D. Lockley G M, McCrea R T, Gierliński G D, Bukley L G, Zhang J P, Qi L Q, Jia C K. 2013h. First record of *Deltapodus* tracks from the Early Cretaceous of China. Cretaceous Reaearch, 42: 55–65

Xing L D, Lockley M G, Piñuela L, Zhang J P, Klein H, Li D Q, Wang F P. 2013i. Pterosaur trackways from the Lower Cretaceous Jiaguan Formation (Barrenmian-Albian) of Qijiang, Southwest China. Palaeogeography, Palaeoclimatology, Palaeoecology, 392: 177–185

Xing L D, Lockley M G, Zhang J P, Andrew R C M, Klein H, Li D Q, Person W S IV, Ebi J F. 2013j. A new Early Cretaceous dinosaur track assemblage and the first definite non-avian theropod swim trackway from China. Chinese Science Bulletin (English Version), 58: 2370–2378

Xing L D, Lockley M G, Marty D, Pinuela L, Klein H, Zhang J P, Persons W S. 2015. Re-description of the partially collapsed Early Cretaceous Zhaojue dinosaur tracksite (Sichuan Province, China) by using previously registered video coverage. Cretaceous Research, 52: 138–152

Yabe H, Inai Y, Shikama T. 1940. Discovery of dinosarian footprints from the Cretaceous(?) of Yangshan, Chinchou. Preliminary note. Proceedings of the Imperial Academy of Japan, 16(10): 560–563

You H L, Azuma Y. 1995. Early Cretaceous dinosaur footprints from Luanping, Hebei Province, China. In: Sun A L, Wang Y Q eds. The Sixth Symposium on Mesozoic Terrestrial Ecosystems and Biota 1995. Beijing: China Ocean Press. 151–156

Young C C. 1943. Note on some fossil footprints in China. Bulletin of the Geological Society of China, 13(3-4): 151–154

Young C C. 1960. Fossil footprints in China. Vert Palas, 4(2): 53–67

Zhang J P, Li D Q, Li M L, Lockley M G, Bai Z. 2006. Diverse dinosaur-pterosaur-bird track assemblages from the Hekou Formation, Lower Cretaceous of Gansu Province, Northwest China. Cretaceous Research, 27: 44–55

Zhen S N, Li J J, Rao C G, Mateer N J, Lockley M G. 1989. A review of dinosaur footprints in China. In: Gillette D D, Lockley M G eds. Dinosaur Tracks and Traces. Cambridge: Cambridge University Press. 187–197

Zhen S N, Li J J, Zhang B K, Chen W, Zhu S L. 1994. Dinosaur and bird footprints from the Lower Cretaceous of Emei County, Sichuan, China. Memoirs of Beijing Museum of Natural History, 54: 105–120

汉-拉学名索引

拉-汉学名索引

附表 脊椎动物目以上高阶元分类表
（鸟纲和哺乳动物纲省略）

【本表依据"总序"中阐明的原则，主要依据我国已发现的化石门类建立。我国未发现者在单元名后以 - 表示；†代表仅在化石中保存的单元；* 表示在该单元中包括已被分出的另一单系单元（紧随其后）的祖先种，因此是并系单元；""内为其他类型的并系或复系单元。】

Phylum Chordata
    Subphylum Urochordata
    Subphylum Cephalochordata
    Subphylum Vertebrata (Craniata)
      Infraphylum Agnatha
          Class Cyclostomata
            Subclass Mlyxini
            Subclass Petromyzontida
          †Class Ostracodermata
            †Subclass Anaspida-
            †Subclass Astraspids-
            †Subclass Arandaspida-
            †Subclass Heterostraci-
            †Subclass Thelodontida
            †Subclass Pituiaspida-
            †Subclass Osteostraci-
            †Subclass Galeaspida
      Infraphylum Gnathostomata
        Magnoclass Pisces
          †Class Placodermi
            †Order Antiarcha
            †Order Arthrodira
            †Order Petalichthyida
            †Order Acanthothoraci
            †Order Ptyctodontida-
            †Oder Rhenanida-
         †Class Acanthodii
            †Order Climatiiformes
            †Order Ischacanthiformes

†Order Acanthiformes

Class Chondrichthyes

Subclass Holocephali

Subclass Elasmobranchi

Class Actinopterygii

Subclass Cladistia

Subclass Chondrostei

Subclass Neopterygii

Order Semiodontiformes

Order Amiiformes

Infraclass Teleostei

Class Sarcopterygii

Subclass Actinista

Subclass Dipnomorpha

Subclass Tetrapodomorpha*

Magnoclass Tetrapoda

Superclass Batrachomorpha

Class Amphibia

†Subclass "Labyrinthodontia"

†Order "Ichthyostegalia"

†Order Reptiliomorpha

†Order Temnospondyli*

Subclass Lissamphibia

Superorder Caudata

Order Urodela

Superorder Salientia

Order Anura

Superclass Amniota

Grandoclass Reptilia (Sauropsida)

Subclass Anapsida

†Order Procolophonia

†Order Pareiasauroidea

Order Testudina

Subclass Diapsida

Order Araeoscelidia

†Order Captorhinomorpha?

†Infraclass Ichtyosauria

Infraclass Lepidosauromorpha

†Superorder Sauropterygia

†Order Placodontia

†Order Nothosauroidea

†Order Plesiosauria
Superorder Lepidosauria
Order Sphenodontida
Order Squamata
Infraclass Archosauromorpha
Superorder Archosauria
Order Crurotarsi
（Suborder Crocodylia）
†Superorder Avemetatarsalia
†Order Pterosauria
†Superorder Dinosauria
†Order Ornithichia
†Order Saurichia*
Class Aves
Grandoclass Synapsida
†Order Pelycosauria-
†Order Therapsida*
Class Mammalia

《中国古脊椎动物志》总目录

（共三卷二十三册，计划 2015 − 2020 年出版）

第一卷　鱼类　主编：张弥曼，副主编：朱敏

第一册（总第一册）　**无颌类**　朱敏等 编著　（2015 年出版）

第二册（总第二册）　**盾皮鱼类**　朱敏、赵文金等 编著

第三册（总第三册）　**辐鳍鱼类**　张弥曼、金帆等 编著

第四册（总第四册）　**软骨鱼类 棘鱼类 肉鳍鱼类**

　　　　张弥曼、朱敏等 编著

第二卷　两栖类 爬行类 鸟类　主编：李锦玲，副主编：周忠和

第一册（总第五册）　**两栖类**　王原等 编著　（2015 年出版）

第二册（总第六册）　**基干无孔类 龟鳖类 大鼻龙类**　李锦玲、佟海燕 编著

第三册（总第七册）　**鱼龙类 海龙类 鳞龙型类**　高克勤、李淳、尚庆华 编著

第四册（总第八册）　**基干主龙型类 鳄型类 翼龙类**

　　　　吴肖春、李锦玲、汪筱林等 编著

第五册（总第九册）　**鸟臀类恐龙**　董枝明、尤海鲁、彭光照 编著　（2015 年出版）

第六册（总第十册）　**蜥臀类恐龙**　徐星、尤海鲁等 编著

第七册（总第十一册）　**恐龙蛋类**　赵资奎、王强、张蜀康 编著　（2015 年出版）

第八册（总第十二册）　**中生代爬行类和鸟类足迹**　李建军 编著　（2015 年出版）

第九册（总第十三册）　**鸟类**　周忠和、张福成等 编著

第三卷　基干下孔类 哺乳类　*主编：邱占祥，副主编：李传夔*

PALAEOVERTEBRATA SINICA

(3 volumes 23 fascicles, planned to be published in 2015−2020)

Volume I Fishes

Editor-in-Chief: **Zhang Miman**, Associate Editor-in-Chief: **Zhu Min**

Volume II Amphibians, Reptilians, and Avians

Editor-in-Chief: **Li Jinling**, Associate Editor-in-Chief: **Zhou Zhonghe**

Volume III Basal Synapsids and Mammals

Editor-in-Chief: **Qiu Zhanxiang**, Associate Editor-in-Chief: **Li Chuankui**

(Q—3593.01)

www.sciencep.com

ISBN 978-7-03-045684-7

9 787030 456847 >

定　价：188.00元